Sebastian Grohmann

Berechnung von $K_{pc\,/\,pch}$ - Werten nach verschiedenen Verfahren

Sebastian Grohmann

BERECHNUNG VON $K_{pc\,/\,pch}$ - WERTEN NACH VERSCHIEDENEN VERFAHREN

ibidem-Verlag
Stuttgart

Bibliografische Information Der Deutschen Bibliothek

Die Deutsche Bibliothek verzeichnet diese Publikation in der Deutschen Nationalbibliografie; detaillierte bibliografische Daten sind im Internet über <http://dnb.ddb.de> abrufbar.

∞

Gedruckt auf alterungsbeständigem, säurefreien Papier
Printed on acid-free paper

ISBN: 3-89821-204-1

Printed in Germany

Vorwort

Die verschiedenen Verfahren zur Berechnung und Ermittlung der k_{pch}-Werte basieren alle auf der Annahme von ebenen Gleitflächen. Ebenso wie die klassischen Verfahren – nach Coulomb und Culmann – legt auch die DIN 4085, Februar 1987, den Fall der ebenen Gleitflächen zu Grunde.
Die DIN 4085-100, April 1996, geht differenzierter mit dieser Problematik um und betrachtet neben den geraden Gleitflächen nun auch gekrümmte Gleitflächen.
Der Entwurf der E DIN 4085-2002-12 geht in den Berechnungen nach Pregl und dem Diagramm für K_{pch} – Werte nach Sokolovsky ausschließlich von gekrümmten Gleitflächen aus.

Ziel dieser Studie soll sein, die verschiedenen Berechnungsverfahren zur Ermittlung der k_{pch}-Werte differenziert aufzuzeigen sowie die grundlegenden Unterschiede der klassischen Verfahren – wie die Ermittlung nach Coulomb, Culmann oder DIN 4085, Februar 1987, DIN 4085-100 April 1996 – darzulegen und mit denen der E DIN 4085-2002-12 zu vergleichen.

Darüber hinaus ist das Anliegen der vorliegenden Studie, die Kurven des Diagramms „Ermittlung der Erddruckbeiwerte k_{pch} für gekrümmte Gleitflächen“ nach Sokolovsky/ Pregl aus den Bautabellen für Bauingenieure von Schneider (Tafel 11.44a) - dieses Diagramm ist Bestandteil der E DIN 4085-2002-12 – zu überprüfen. Sämtliche neue Formeln der E DIN 4085-2002-12, zur Berechnung der Erdwiderstandsbeiwerte nach Pregl sollen als Tabellen ausgewertet und mit dem Diagramm nach Sokolovsky verglichen werden.
Ferner wird diese Arbeit die auftretenden Abweichungen der Berechnungsergebnisse der verschiedenen Berechnungsverfahren untereinander gegenüberstellen.

Inhaltsverzeichnis

1. Abbildungsverzeichnis

2. Verweisungen

Die vorliegende Studie enthält durch datierte oder undatierte Verweisungen Festlegungen aus anderen Publikationen. Diese Verweisungen sind an den jeweiligen Stellen im Text zitiert, und die Publikationen sind nachstehend aufgeführt. Bei datierten Verweisungen gehören spätere Änderungen oder Überarbeitungen nur zu dieser Studie, falls sie durch Änderung oder Überarbeitung eingearbeitet sind. Bei undatierten Verweisungen gilt die letzte Ausgabe der in Bezug genommenen Publikation, einschließlich Änderung.

3. Bezeichnungen

A	[kN/m]	Resultierende der Adhäsion
A_F	[m^2]	Flächeninhalt
a	[kN/m^2]	Adhäsion
C	[kN/m]	Kohäsionskraft
Cc	[1]	Kompressionsbeiwert
D	[1]	Lagerungsdichte
D	[1]	Dehnungstensor
d	[m]	Einbindetiefe einer Wand
E	[kN/m^2]	Elastizitätsmodul
E_a	[kN/m]	aktiver Erddruck
E_p	[kN/m]	passiver Erddruck / Erdwiderstand
Eo	[kN/m]	Erdruhedruck
Es	[kN/m^2]	Steifemodul
Ev	[kN/m^2]	Verformungsmodul
G	[kN/m]	Gewichtskraft
G_{Br}	[kN/m]	Gewichtskraft eines Bruchkörpers
H	[m]	Höhe
I	[1]	Identitätstensor
c I	[1]	Konsistenzzahl
D I	[1]	bezogene Lagerungsdichte
p I	[1]	Plastizitätszahl
N	[kN/m]	Normalkraft
OCR	[1]	Überkonsolidierungsrate (overconsolidation)
P	[kN]	Einzellast
Q	[kN/m]	Bodenreaktionskraft
R	[m]	Radius
S	[kN/m]	Strömungskraft
Sr	[1]	Sättigungsgrad
T	[kN/m^2]	Spannungstensor
T_v	[1]	bezogene Konsolidierungszeit
U	[1]	Ungleichförmigkeitszahl
U_c	[1]	Verfestigungsgrad
U_z	[1]	Konsolidierungsverhältnis
V	[m^3]	Rauminhalt
V_a	[m^3]	Volumenanteil der Luft einer Bodenprobe
V_p	[m^3]	Volumenanteil der Poren einer Bodenprobe
V_s	[m^3]	Volumenanteil des Feststoffes einer Bodenprobe
V_w	[m^3]	Volumenanteil des Wassers einer Bodenprobe
a	[%]	Siebdurchgang
b	[m]	Breite
c	[kN/m^2]	Kohäsion
c´	[kN/m^2]	Kohäsionsanteil der dränierten Scherfestigkeit

c_u	[kN/m^2]	Undränierte Scherfestigkeit
c_v	[m^2/s]	Konsolidierungsbeiwert
d	[mm]	Korndurchmesser
e	[1]	Porenzahl
e_a	[kN/m^2]	aktive Erddruckspannung
e_p	[kN/m^2]	Erdwiderstandsspannung
e_0	[kN/m^2]	Erdruhedruckspannung
g	[m/s^2]	Erdbeschleunigung
h	[m]	Höhe
h_k	[m]	kapillare Steighöhe
i	[1]	hydraulischer Gradient
k	[m/s]	Durchlässigkeitsbeiwert
k_a	[1]	aktiver Erddruckbeiwert
k_{ac}	[1]	aktiver Erddruckbeiwert, Berücksichtigung Kohäsion
k_{pc}	[1]	Erdwiderstandsbeiwert, Berücksichtigung der Kohäsion
k_p	[1]	Erdwiderstandsbeiwert
k_0	[1]	Erdruhedruckbeiwert
l	[m]	Länge
m	[1]	Kehrwert der Querkontraktionszahl
m	[kg]	Masse einer Bodenprobe
m_d	[kg]	Masse der Feststoffanteile einer Bodenprobe
m_w	[kg]	Masse des Wassers einer Bodenprobe
n	[1]	Porenanteil
$\overline{n}$	[1]	Normaleneinheitsvektor
p	[kN/m^2]	Flächenlast
q	[m^3/s]	Wassermenge pro Zeiteinheit
r	[m]	Radius
r_m	[m]	mittlerer Radius
s	[m]	Zusammendrückung / Setzung
s_a	[m]	Wandverschiebung bei aktivem Erddruck
s_p	[m]	Wandverschiebung bei passivem Erddruck
s_0	[m]	Sofortsetzung
$\infty\ s$	[m]	Endsetzung
t	[s]	Zeit
$\overline{t}$	[kN/m^2]	Spannungsvektor
u	[kN/m^2]	Porenwasserdruck
v	[m/s]	Filtergeschwindigkeit
$\overline{v}$	[m]	Verschiebungsfeld
v_b	[m/s]	Bahngeschwindigkeit von Wasserteilchen
w	[1]	natürlicher Wassergehalt des Bodens
w_L	[1]	Wassergehalt an der Fließgrenze
w_P	[1]	Wassergehalt an der Ausrollgrenze
w_S	[1]	Wassergehalt an der Schrumpfgrenze
z	[m]	geodätische Höhe

α	[°]	Wandneigung
β	[°]	Böschungsneigung
γ	[kN/m^3]	Wichte des feuchten Bodens
γ'	[kN/m^3]	Wichte des Bodens unter Auftrieb
γ_d	[kN/m^3]	Trockenwichte
γ_r	[kN/m^3]	Wichte des wassergesättigten Bodens
γs	[kN/m^3]	Kornwichte des Bodens
γw	[kN/m^3]	Wichte des Wassers
δ_a	[°]	Wandreibungswinkel aktiv
δ_p	[°]	Wandreibungswinkel passiv
$\varepsilon 11$, $\varepsilon 22$, $\varepsilon 33$, $\varepsilon 12$, $\varepsilon 13$, $\varepsilon 21$	[1]	Dehnungen
$\varepsilon 23$, $\varepsilon 31$, $\varepsilon 32$	[1]	Scherungen und Gleitungen
η	[1]	Globale Sicherheit
ϑ	[°]	Bruchflächenwinkel eines Erdkeils
ϑa, ϑp	[°]	Bruchflächenwinkel nach RANKINE für den aktiven bzw. passiven Grenzzustand
μ	[1]	Reibungskoeffizient
ν	[1]	Querkontraktionszahl
σ	[kN/m^2]	totale Normalspannung
σ'	[kN/m^2]	wirksame Spannung
$\sigma 0$	[kN/m^2]	Normalspannung in der Fundamentsohle
$\sigma 1$, $\sigma 2$, $\sigma 3$	[kN/m^2]	Hauptspannungen
$\sigma 11$, $\sigma 22$, $\sigma 33$, $\sigma 11^*$, $\sigma 22^*$, $\sigma 33^*$	[kN/m^2]	Normalspannungen in verschiedenen Richtungen
$\sigma 12$, $\sigma 13$, $\sigma 21$, $\sigma 23$, $\sigma 31$, $\sigma 32$	[kN/m^2]	Schubspannungen. 1. Index: Richtung der Schnittflächennormalen
τ	[kN/m^2]	Schubspannung in einer Schnittfläche
φ	[°]	Reibungswinkel des Bodens (allgemein)
φ'	[°]	Reibungswinkel (wirksamer Scherparameter)
ω	[°]	Ergänzungswinkel

(vgl. Prof. Dr.-Ing. W. Richwien, Universität Essen Fachbereich Bauwesen Grundbau und Bodenmechanik, Bodenmechanik, Ausgabe SS 2001)

4. Definition

Wenn Erdstoffe durch eine lotrechte oder leicht geneigte Wand begrenzt werden, dann wirkt zwischen der Wand und dem Boden ein bestimmter Druck. Diesen Druck nennt man Erddruck. Die Größe des Erddrucks hängt davon ab, wie sich die Wand gegenüber dem Erdstoff bewegt. Hierbei werden drei Fälle unterschieden:

1. **Aktiver Erddruck:** Es finden Verschiebungen statt, bei denen sich Boden und Wand voneinander weg bewegen. Dieser Druck ist der kleinste Erddruck, der auf eine nachgiebige Wand einwirken kann.

2. **Passiver Erddruck:** Es finden Verschiebungen statt, bei denen sich Boden und Wand aufeinander zu bewegen. Dieser Druck ist der größte Erddruck, der von der Wand auf den Boden ausgeübt werden kann. Er wird auch Erdwiderstand genannt.

3. **Ruhedruck:** In Richtung senkrecht zur Wandebene finden keinerlei Verschiebungen statt. Der Erdruhedruck ist größer als der aktive Erddruck und muss immer dann berücksichtigt werden, wenn keine ausreichende Nachgiebigkeit der Wand vorliegt.

Aktiver und passiver Erddruck bilden zwei Grenzspannungszustände, zwischen denen, je nach Art der Verschiebungen alle Zwischenwerte auftreten können. Ein spezieller Fall ist dabei der Zustand, bei dem die Relativbewegungen Null sind.

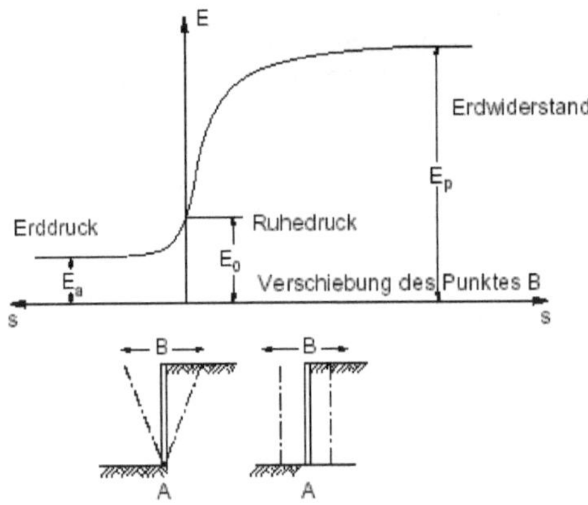

Bild 1: Einfluss der Verschiebung auf den Erddruck

(vgl. Univ.-Prof. Dr.-Ing. S. Savidis, Technische Universität Berlin, Fachgebiet Grundbau und Bodenmechanik, Skript, Grundbau und Bodenmechanik 2, Seite 11-1)

4.1 Kohäsion

Bei bindigen Böden wirkt in der Gleitfuge eine Kohäsionskraft C, die der Bewegung des Erdkeils entgegengesetzt gerichtet ist. Der aktive Erddruck wird durch eine im Boden wirkende Kohäsion c´ verringert. Die Kohäsion ist eine Bodenkenngröße, die vom Überlagerungsdruck unabhängig ist, aus diesem Grund verteilt sich der Einfluss der Kohäsion auf den Erddruck gleichmäßig auf die gesamte Höhe.

Der Erddruckanteil der Kohäsion $e_{ac} = 2 * c'$ wird vom aktiven Erddruck e_a abgezogen. Der Mindestdruck mit $k_a = 0,2$ muss allerdings angesetzt werden.

4.2 Kohäsion in Verbindung mit Reibung

Der aktive Erddruck verringert sich noch weiter, wenn zusätzlich zur Kohäsion noch Reibung wirkt (Reibungswinkel δ und φ).
Hierzu vergrößert sich der passive Erddruck (Erdwiderstand) im Gegensatz zum aktiven Erddruck, wenn Kohäsion vorhanden ist. Diese Kohäsion auf der passiven Seite darf bei der Erdwiderstandsberechnung aber nur dann angesetzt werden, wenn das Vorhandensein gewährleistet ist.

4.3 Passiver Erddruck mit Kohäsion für $\alpha = \beta = \delta_p = 0$

Ist eine Kohäsion *c* vorhanden, so vergrößert sich der Erdwiderstand gemäß folgendem Bild

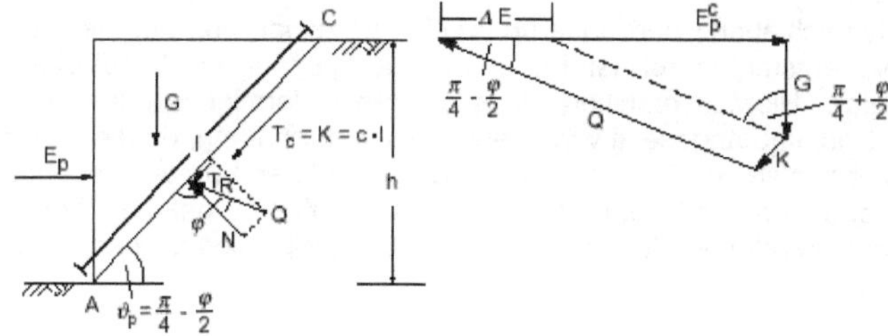

Bild 2: Passiver Erddruck mit Kohäsion und freigeschnittenem Monolith

(vgl. Univ.-Prof. Dr.-Ing. S. Savidis, Technische Universität Berlin, Fachgebiet Grundbau und Bodenmechanik, Skript, Grundbau und Bodenmechanik 2, Seite 11-11)

5. Berechnung der Erddruckbeiwerte nach Coulomb (Monolith- Theorie)

Die erste analytische Lösung eines Erddruckproblems stammt von Coulomb (1776). Dabei wurden folgende fünf Voraussetzungen als gegeben angenommen:

1. es handelt sich um ein ebenes Verformungsproblem, d.h. es genügt die Betrachtung eines Querschnittes;
2. gibt die Wand nach, bildet sich eine ebene Gleitfuge, auf der ein Erdkörper (Monolith) abrutscht;
3. in der Gleitfuge ist die volle Reibung mobilisiert, es gilt das Coulombsche Gesetz für trockene Reibung: $\tau = \sigma \cdot \tan\varphi$
4. es stellt sich diejenige Gleitfuge ein, bei welcher die Stützkraft E ein Maximum ist;
5. die Rückseite der Stützmauer ist lotrecht (α = 0), die Erdoberfläche waagerecht (β = 0); zwischen Mauerfläche und Boden tritt keine Reibung auf (δ = 0). Der Boden ist kohäsionslos (c = 0).

(TU Berlin · FG Grundbau und Bodenmechanik (Hrsg), Grundbau II - Stand 10.10.02)

Die klassische Erddrucktheorie nach Coulomb basiert auf der Annahme von ebenen Gleitflächen. Hierzu vorab die Anwendungsbereiche von ebenen Gleitflächen.

5.1 Anwendungsbereiche der ebenen Gleitflächen:

a) Art der Wandbewegung
Bei einer Parallelverschiebung und näherungsweise bei einer Drehung der Wand um ihren Fußpunkt, entsteht im rolligen Boden eine gerade, nur am Wandfuß leicht gekrümmte Gleitfuge. Hieraus resultiert, dass die dreieckförmige Erddruckverteilung, wie sie von Coulomb angesetzt wird, verwendet werden kann, da die wesentlichen Voraussetzungen seiner Theorie erfüllt sind. Bei anderen Wandbewegungen, die einen höher liegenden Erddruckangriffspunkt haben tritt eine gekrümmte Gleitfuge auf. Die Erddruckkraft steigt gegenüber dem Wert der Coulombschen Theorie um maximal ca. 10 % an.

b) Gelände- und Wandneigung
Treten ungewöhnliche Gelände -und Wandneigungen auf, kann auch eine auf größeren Länge gekrümmte Gleitfuge auftreten. Für diesen Fall entsprechen die rechnerischen Voraussetzungen (gerade Gleitfuge) nicht mehr den Beobachtungen in der Natur (gekrümmte Gleitfuge).

(Prof. Dr.-Ing. M. Pulsfort; Prof. Dr.-Ing. B. Walz, Bergische Universität Gesamthochschule Wuppertal, Bodenmechanik 2, Skript zur Vorlesung, Bodenmechanik 2; Stand Sommersemester 2001, Seite 30)

5.2 Anwendungsbereich der geraden Gleitflächen zur Berechnung des Erdwiederstandes

Nur im Sonderfall $\alpha = \beta = \delta_p = 0$ ist die maßgebende Gleitfläche eine Ebene mit dem Gleitflächenwinkel $\vartheta_p = 45° + \varphi/2$. Der Erdwiderstandsbeiwert ist dann

$$K_{pgh} = \tan^2(45° + \varphi/2) = (1 + \sin\varphi)/(1 - \sin\varphi).$$

Liegt nicht der Sonderfall vor, liefert die Berechnung des passiven Erddrucks mit ebenen Gleitflächen zu große Werte. Daher müssen Erdwiderstandsbeiwerte verwendet werden, die auf gekrümmten Gleitflächen basieren.
In der Praxis wird trotzdem gerne mit ebenen Gleitflächen gearbeitet, solange die Abweichung des K_{pc} – Wertes von dem der gekrümmten Gleitfläche noch nicht zu groß ist, da gleichzeitig ϑ_p berechnet oder aus Tabellen abgelesen werden kann. Die Abweichung ist gering, solange $\varphi < 35°$ ist und $|\delta p| \leq \frac{2}{3}$ angesetzt wird; ferner wird für die Anwendung einer geraden Gleitfläche $\alpha = \beta = 0$ vorausgesetzt.

(Prof. Dr.-Ing. M. Pulsfort; Prof., Bergische Universität Gesamthochschule Wuppertal, Unterirdisches Bauen, Grundbau, Bodenmechanik, Bodenmechanik 2, Skript zur Vorlesung, Bodenmechanik 2; Stand Sommersemester 2001, Seite 46)

Bei der Erddrucktheorie nach Coulomb werden grundsätzlich zwei Fälle unterschieden, den des aktiven Erddrucks und den des passiven Erddrucks. Im Zuge dieser Studie wird sich ausschließlich mit dem passiven Erddruck und mit dessen Ermittlung mit Hilfe der Erddruckbeiwerte beschäftigt.

Beim passiven Fall, dem Erdwiderstand, bewegt sich die Wand zum Erdreich hin.
Coulomb geht davon aus, dass ein in sich starrer Erdkeil (Monolith) verschoben wird (Linienbruch). Durch Ansatz der auf einen Keil wirkenden Kräfte, kann mittels Kräftezerlegung eine Erddruckkraft als Resultierende ermittelt werden.

(vgl. Prof. Dr.-Ing. W. Richwien, Universität Essen Fachbereich Bauwesen Grundbau und Bodenmechanik Bodenmechanik, Ausgabe SS 2001, Seite 8.1)

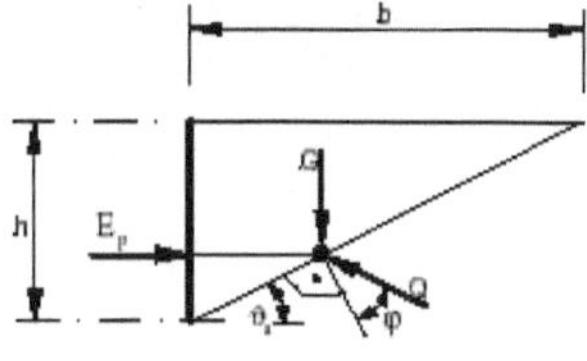

Bild 3: Passive Kräfte am Erdkeil

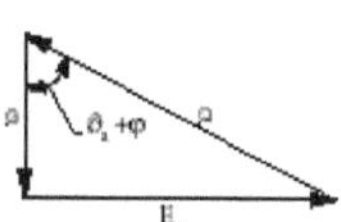

Bild 4: Kräftezerlegung

(Prof. Dr.-Ing. W. Richwien, Universität Essen Fachbereich Bauwesen Grundbau und Bodenmechanik Bodenmechanik, Ausgabe SS 2001, Seite 8.1)

5.3 Einfluss der Wandreibung

Gleitet ein Bodenkeil auf einer Bruchfuge ab, so entstehen zwischen Wand und Bodenkörper Reibungskräfte, wenn die Wandoberfläche rau ist. Der Bodenkörper hängt sich quasi an der Wand auf. Die Erddruckkraft ist dann nicht mehr horizontal, sondern geneigt anzusetzen. Die Größe und Richtung des Wandreibungswinkels bestimmt maßgebend die Größe des Erddruckes,

Setzt sich ein abrutschender Bodenkeil stärker als die Wand ($\delta_a > 0$), so wirkt sich die Wandreibung mindernd auf den Erddruck aus. Dies ist bei Stützwänden in der Regel der Fall. Sollte sich aber die Wand stärker setzen ($\delta_a < 0$), wie der dahinterliegende Boden, wie dies z.B. bei vernagelten Spritzbetonschalen der Fall sein kann, so erhöht sich der Erddruck.

(TUM Zentrum Geotechnik, Übung Erddruck, Geotechnik im SS 2002, Grundbau und Bodenmechanik, Seite K5)

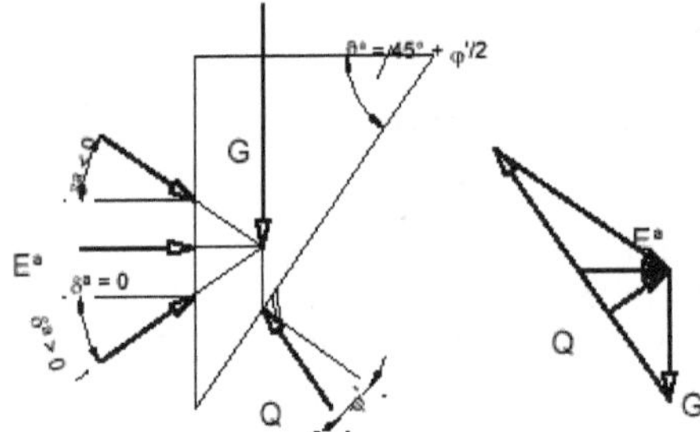

Bild 5: Einfluss des Wandreibungswinkels auf die Größe des aktiven Erddrucks

(ebd.)

5.4 Neigungswinkel des Erdwiderstandes

Hinsichtlich des Neigungswinkels des Erdwiderstandes gilt folgenden Überlegung:

Die Wand wird gegen den Boden gedrückt, dadurch bewegt sich der Boden gegenüber der Wand nach oben. Die Richtung dieses Neigungswinkels des Erdwiderstandes ist als ein negativer Winkel definiert, der den Erdwiderstand gegenüber dem Fall $\delta_p = 0$ stark vergrößert. Positive Winkel δ_p kommen kaum vor.

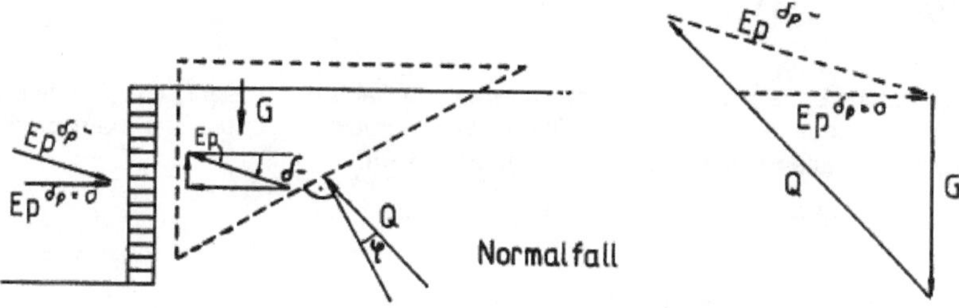

Bild 6: Einfluss des Neigungswinkels δ_p auf die Größe der Erdwiderstandskraft

(Prof. Dr.-Ing. M. Pulsfort; Prof., Bergische Universität Gesamthochschule Wuppertal, Unterirdisches Bauen, Grundbau, Bodenmechanik, Bodenmechanik 2, Skript zur Vorlesung, Bodenmechanik 2; Stand Sommersemester 2001, Seite 45)

5.5 Wandreibungswinkel δ

Beschaffenheit der Wandfläche	**Wandreibungswinkel max $\|\delta\|$**
verzahnt, z.B.: der Wandbeton wird so eingebracht, dass er in die Hohlräume des angrenzenden Bodens eindringen kann.	φ'
rauh, z.B.: Mauerwerk; Ortbeton bei sägerauher Schalung; Stahl, stark rostig; Holz, sägerauh	$\frac{2}{3}\varphi'$
wenig rauh, z.B.: Stahl; Ortbeton bei sehr glatter Schalung; Holz, gehobelt	$\frac{1}{2}\varphi'$
glatt, z.B.: Stahl, beschichtet oder mit bituminösem Anstrich	0

Bild 7: Tabelle der Wandreibungswinkel δ

(TU Berlin · FG Grundbau und Bodenmechanik (Hrsg), Grundbau II - Stand 10.10.02, Seite 11-32)

5.6 Erddruckbeiwerte unter Berücksichtigung der Kohäsion nach Coulomb

Homogene Böden:

Die Theorie von Coulomb lässt sich formal auch für den Fall der Reibung und Kohäsion ansetzten

$$E_p = \frac{1}{2} * \gamma * h^2 * K_a + 2c * h * \sqrt{K_p}$$

Bei geschichtetem Boden wird die Erddruckverteilung nach der Theorie von Rankine angesetzt. Für die Aussagen über die Verteilung des Erddrucks ergibt die Theorie nach Rankine für die horizontalen Erdspannungen und $\alpha = \beta = \delta = 0$:

$$e_{ph} = \sigma'_z * K_{ph} + 2c * \sqrt{K_{ph}}$$

Die Erddruckverteilung ist nach der Theorie von Rankine schichtweise linear.

Da die Erddruckbeiwerte nach Coulomb auf der Annahme von ebenen Gleitflächen basieren und diese K_{pch} – Werte stark auf der unsicheren Seite angesiedelt sind, werden diese zunehmend weniger verwendet.
Auf Grund der Tatsache, dass die Ermittlung der Erdwiderstandsbeiwerte mit der Annahme von gekrümmten Gleitflächen, Werte liefert die den natürlichen Verhältnisse näher kommen, als die der Coulombschen Annahme der ebenen Gleitflächen, gewinnen diese Berechnungsverfahren immer mehr an Bedeutung, außerdem liefern sie Werte die eher auf der sicheren Seite liegen.
Der Vollständigkeit halber werden in dieser Studie auch die K_{pch} – Werte nach Coulomb in Form von Tabellen im Anhang aufgeführt.

Vereinfacht kann man folgenden Term der oben angegebenen Gleichung als
K_{pc} – Wert bezeichnen.

K_{pch} –Wert: $K_{pch} = 2 * c * \sqrt{K_{ph}} * \cos \delta_p$

K_{pc} – Wert: $K_{pc} = 2 * c * \sqrt{K_{ph}}$

6. Berechung der Erddruckbeiwerte, K_{pch} nach DIN 4085, Februar 1987[1]

Grundlage hierfür ist die DIN 4085, Berechnung des Erddrucks, Berechnungsgrundlagen, Februar 1987, Abschnitt 5.2.2.2 Anteil aus Kohäsion

6.1 Erddruck kohäsiver Böden

Bei Vorhandensein einer Kohäsion *c* wirkt zusätzlich in der Gleitfläche die Kohäsionskraft

K = c * l

entgegen der Bewegungsrichtung des Erdkörpers. Die Lage der Gleitfuge, im Grenzzustand festgelegt durch ϑ, ist unabhängig von *c*.

Ist eine Kohäsion *c* vorhanden, so vergrößert sich der Erdwiderstand gemäß dem nachstehenden Bild.

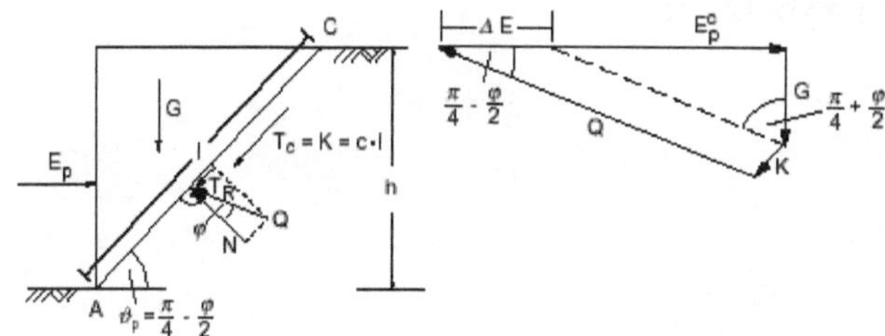

Bild 8: Passiver Erddruck mit Kohäsion und freigeschnittenem Monolith

(vgl. Univ.-Prof. Dr.-Ing. S. Savidis, Technische Universität Berlin, Fachgebiet Grundbau und Bodenmechanik, Skript, Grundbau und Bodenmechanik 2, Seite 11-1)

und es ist:

$$E_p = \gamma * \frac{h^2}{2} * K_p + 2ch * \sqrt{K_p}$$

$$e_p = \frac{\partial E_p}{\partial h} = \gamma * h * K_p + 2c * \sqrt{K_p}$$

[1] Alle in diesem Kapitel verwendeten und aufgeführten Formeln, Diagramme und Grafiken sind der DIN 4085, Februar 1987, Baugrund, Berechnung des Erddrucks, Berechnungsgrundlagen, entnommen

Für die Berechnung des Erddruckbeiwerts infolge Kohäsion wird in DIN 4085 die Formel von OHDE angegeben. OHDE vernachlässigt die Bodeneigenlast und geht davon aus, dass die Kohäsion gleichmäßig in der ebenen Gleitfläche auftritt.
Bei Anwendung der Formeln nach DIN 4085 sind die dort maßgebenden Voraussetzungen zu berücksichtigen. Die Berechnung beruht auf dem Grenzwertverfahren nach COULOMB und setzt eine starre Wand, ebene Gleitflächen und vorgegebene Richtung des Erddrucks durch den Wandreibungswinkel voraus.

Die Gleitflächenwinkel für Kohäsion nach OHDE betragen:

$$\vartheta_{a,\,p} = 45° \pm \left(\frac{cal\varphi'}{2} + \frac{\delta_{a,\,p}}{2} + \frac{\alpha}{2} + \frac{\beta}{2} \right)$$

Bei unkonsolidierten, bindigen Böden müssen die Werte φ_u und c_u aus undränierten Scherversuchen angesetzt werden. Bei Wänden, die sich um den Fußpunkt oder einen tiefer gelegenen Punkt drehen, müssen die rechnerischen Zugspannungen vernachlässigt werden.

Für den Anteil der Erddrucklast infolge Kohäsion werden folgende Formeln benutzt. (die Adhäsion wird hierbei vernachlässigt) [2]

$$E_{ach,\,pch} = \pm h * calc' * K_{ach,\,pch}$$

$$E_{acv,\,pcv} = E_{ach,\,pch} * \tan(\delta_{a,\,p} - \alpha)$$

$$K_{ach,\,pch} = \frac{2 * \cos cal\varphi' * \cos\beta * (1 - \tan\alpha * \tan\beta) * \cos(\alpha - \delta_{a,\,p})}{1 \pm \sin(cal\varphi' \pm \delta_{a,\,p} \pm \alpha \pm \beta)}$$

$$E_{ac,\,pc} = \frac{E_{ach,\,pch}}{\cos(\alpha - \delta_{a,\,p})}$$

$$K_{ac,\,pc} = \frac{K_{ach,\,pch}}{\cos(\alpha - \delta_{a,\,p})}$$

[2] Diese aufgeführten Formeln sind der DIN 4085, Februar 1987, Baugrund, Berechnung des Erddrucks, Berechnungsgrundlagen, entnommen

Für den Sonderfall waagerechtes Gelände, senkrechte Wand und Wandreibungswinkel $\delta = 0$ wird:

$$K_{ac,\,pc} = K_{ach,\,pch} = 2 * \tan(45° \pm cal\varphi'/2)$$

Für Reibungswinkel

$cal\varphi' = cal\varphi_u = 0$ wird $K_{ach.pch} = 2$

Formelzeichen:

cal c´ Kohäsion (Rechenwert) des drainierten Bodens
cal c_u Kohäsion (Rechenwert) des undrainierten Bodens

Hierin bedeuten die Indizes:

a aktiv
p passiv
h horizontal
v vertikal
c aus Kohäsion
cal steht für Rechenwert.

(TU Berlin · FG Grundbau und Bodenmechanik (Hrsg), Grundbau II - Stand 10.10.02 Seite11-12, 11-13)

6.2 Vorzeichendefinition für den passiven Erddruck

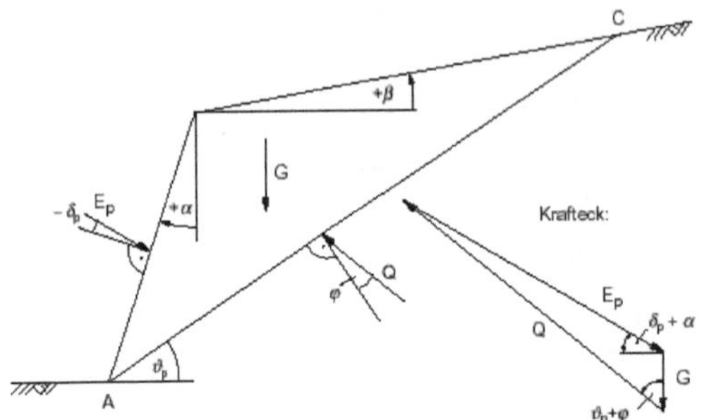

Bild 9: Kräfte am passiven Erdkeil, Passiver Erddruck – Vorzeichendefinition

α	Neigungswinkel der Wand
β	Neigungswinkel der Geländeoberfläche
δ	Wandreibungswinkel

(Universität Essen Fachbereich Bauwesen Grundbau und Bodenmechanik Prof. Dr.-Ing. W. Richwien, Bodenmechanik, Ausgabe SS 2001, Seite 8.3)

7. Berechnung der K_{pch} – Werte nach DIN 4085-100, April 1996[3]

Grundlage hierfür ist die DIN 4085-100, Baugrund, Berechung des Erddrucks; Teil 100: Berechnung nach dem Konzept mit Teilsicherheitsbeiwerten, Ausgabe April 1996

Die DIN 4085-100 geht differenzierter mit der Ermittlung des Erddrucks um und betrachtet zum einen ebenen Erddruckflächen, nach der klassischen Erddrucktheorie von Coulomb und zum anderen gekrümmte Gleitflächen.

7.1 Ebene Gleitflächen

Nach der Coulombschen Erddrucktheorie und unter Annahme ebener Gleitflächen, gilt für den Grundfall: $\boldsymbol{\alpha = \beta = \delta_p = 0}$

$$K_{pp} = K_{pg}$$

$$K_{pc} = 2\sqrt{K_{pg}}$$

$$K_{pa} = \sqrt{K_{pg}}$$

und

$$\vartheta_p = 45° - \frac{\varphi}{2}$$

mit

$$K_{pg} = \frac{1+\sin\varphi}{1-\sin\varphi} = \tan^2\left(45° + \frac{\varphi}{2}\right) = \frac{1}{K_{ag}}$$

Für diesen Fall lautet die Gleichung zur Ermittlung des passiven Erddrucks:

$$E_p = \left(\frac{\gamma * h^2}{2} + p * h\right) * K_{pg} + 2 * c * h * \sqrt{K_{pg}} - A_p * \sqrt{K_{pg}}$$

[3] Alle Formeln, Diagramme und Grafiken die in diesem Kapitel enthalten sind, sind der DIN 4085-100, Baugrund, Berechung des Erddrucks; Teil 100: Berechnung nach dem Konzept mit Teilsicherheitsbeiwerten, Ausgabe April 1996

Die Coulomb´sche Erddrucktheorie liefert für Fälle die vom Grundfall abweichen in der Regel auf der unsicheren Seite liegende Ergebnisse. Bei der Berechnung solcher vom Grundfall abweichender Fälle sind gekrümmte Gleitflächen zu Grunde zu legen.

(Vgl. DIN 4085-100, Baugrund, Berechung des Erddrucks; Teil 100: Berechnung nach dem Konzept mit Teilsicherheitsbeiwerten, Ausgabe April 1996, Seite 236-29)

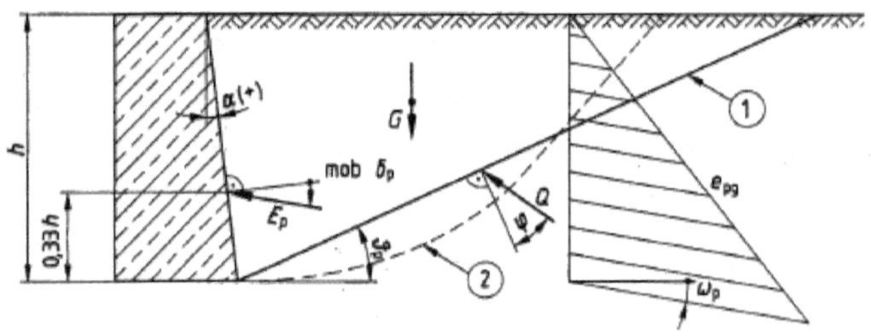

Bild 10: 1 Ebene Gleitfläche (Coulombsche Erddrucktheorie)
2 Gekrümmte Gleitflächen

(Prof. Dr.-Ing. M. Pulsfort; Prof. Dr.-Ing. B. Walz, Bergische Universität Gesamthochschule Wuppertal, Unterirdisches Bauen, Grundbau, Bodenmechanik, Bodenmechanik 2, Skript zur Vorlesung, Bodenmechanik 2; Stand Sommersemester 2001, Seite 49)

7.2 Erdwiderstand mit gekrümmte Gleitflächen

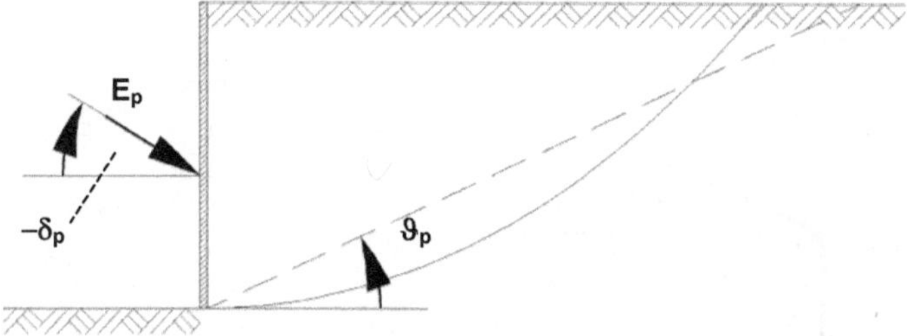

Bild 11: Gekrümmte Gleitfuge beim Erdwiderstand

(Bergische Universität, Gesamthochschule Wuppertal, Unterirdisches Bauen, Grundbau, Bodenmechanik, Bodenmechanik 2, für ebene Gleitflächen, Skript zur Vorlesung, Bodenmechanik 2; Stand Sommersemester 2001, Seite 48)

7.2.1 Allgemeines

Nur wenn die Erdwiderstandskraft horizontal angreift (δ_p = 0) entsteht eine im wesentlichen gerade Gleitfuge, d. h. die Rechnung nach Coulomb trifft zu. Nach
Bild 6 ist bei nach unten gerichtetem Erdwiderstandsvektor mit einer gekrümmten Gleitfuge zu rechnen. Hierbei ist der Erdwiderstand kleiner als er sich nach Coulomb für den gleichen Wandreibungswinkel δ_p ergeben würde.

Es gibt einerseits Tabellen für den Erdwiderstandsbeiwert bei Voraussetzung gekrümmter (Caquot - Kerisel) bzw. gebrochener (mit geraden Teilabschnitten) Gleitfugen (Streck). Andererseits wird in der DIN V 4085-100 ein Verfahren angegeben, mit dem die Erdwiderstandsbeiwerte für gekrümmte Gleitfugen berechnet werden können.

(Bergische Universität, Gesamthochschule Wuppertal, Unterirdisches Bauen, Grundbau, Bodenmechanik, Bodenmechanik 2, für ebene Gleitflächen, Skript zur Vorlesung, Bodenmechanik 2; Stand Sommersemester 2001, Seite 48)

7. 3 Vorzeichendefinition für die Erdwiderstandbeiwerte nach DIN 4085- 100, Abschnitt 7.6.2, gekrümmte Gleitflächen Formeln 42 bis 56, Seite 236-30 und 236-31, $\varphi > 0$

Vorzeichendefinition des Geländeneigungswinkels und des Wandneigungswinkels

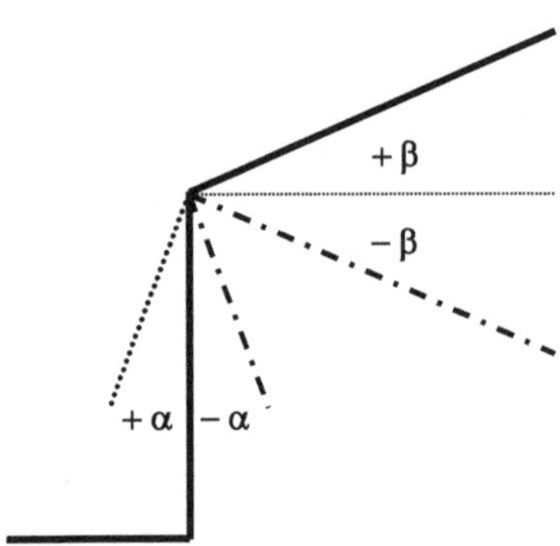

Bild 12: Vorzeichendefinition Geländeneigungswinkel und Böschungswinkel

7.4 Verfahren mit gekrümmten Gleitfugen nach DIN 4085-100[4]

Es gilt die Grundformel mit den definierten Größen:

$$E_p = \frac{1}{2} * \gamma * h^2 * K_{pg} + p * h * K_{pp} + c * h * K_{pc}$$

Die Erdwiderstandsbeiwerte setzen sich multiplikativ zusammen aus:

- dem Grundwert $K_{pg,o}$ bzw. $K_{pp,o}$ bzw. $K_{pc,o}$
- einem Faktor i zur Berücksichtigung des Neigungswinkels δ_p des Erdwiderstandes (gegenüber der Normalen zur Wandrückseite),
- einem Faktor g zur Berücksichtigung der Geländeneigung β,
- einem Faktor t zur Berücksichtigung der Neigung der Wandrückseite.

(Bergische Universität, Gesamthochschule Wuppertal, Unterirdisches Bauen, Grundbau, Bodenmechanik, Bodenmechanik 2, für ebene Gleitflächen, Skript zur Vorlesung, Bodenmechanik 2; Stand Sommersemester 2001, Seite 48 und 49)

Die passiven Erddruckbeiwerte mit der Wandneigung α = 0 dürfen nach den nachfolgenden Gleichungen ermittelt werden, wobei die Winkel im Bogenmaß (rad) einzusetzen sind.

Für $\alpha \neq 0°$ gilt die Tabelle 5, der DIN 4085-100, die in der Literatur steht mit, deren Hilfe der Erddruck für gekrümmte oder gebrochene Gleitflächen ermittelt werden kann.

Für Wandneigungen α = 0 und Geländeoberflächenneigung β = 0, gilt Tabelle 6 der DIN 4085-100, siehe Anhang dieser Studie.

---

[4] Alle Formeln, Diagramme und Grafiken die in diesem Kapitel enthalten sind, sind der DIN 4085-100, Baugrund, Berechung des Erddrucks; Teil 100: Berechnung nach dem Konzept mit Teilsicherheitsbeiwerten, Ausgabe April 1996

7.5 Formeln für die Ermittlung der Erdwiderstandsbeiwerte nach DIN 4085-100, Abschnitt 7.6.2; φ > 0[5]

Gekrümmte Gleitflächen **für φ > 0**

$$K_{pg} = K_{pg,0} * i_{pg} * g_{pg}$$

$$K_{pp} = K_{pp,0} * i_{pp} * g_{pp}$$

$$K_{pc} = \cot\varphi * \left(K_{pp,0} * i_{pc} * g_{pc} - 1{,}0/\cos\delta\right)$$

mit $$K_{pg,0} = K_{pp,0} = \frac{1{,}0 + \sin\varphi}{1{,}0 - \sin\varphi}$$

$$i_{pg}(\delta \le 0) = 1{,}0 + \left(e^{1{,}77*\tan\varphi} - 0{,}5\right) * \left(\tan|\delta|\right)^{0{,}78+0{,}61*\varphi}$$

$$i_{pg}(\delta \ge 0) = 1{,}0 - 0{,}89 * (\tan\delta)^{0{,}577}$$

$$g_{pg}(\beta \le 0) = 1{,}0 - 1{,}33 * \left(\tan|\beta|\right)^{0{,}836}$$

$$g_{pg}(\beta \ge 0) = 1{,}0 + \left(e^{1{,}70*\tan\varphi} - 0{,}56\right) * (\tan\beta)^{0{,}77+0{,}61*\varphi}$$

$$i_{pp}(\delta \le 0) = \frac{\cos\delta + \sin\varphi * \cos\varepsilon_2}{1{,}0 + \sin\varphi} * e^{(\varepsilon_2 - \delta)*\tan\varphi}$$

mit $$\sin\varepsilon_2 = -\frac{\sin\delta}{\sin\varphi}$$

[5] Alle Formeln sind der DIN 4085-100, Baugrund, Berechung des Erddrucks; Teil 100: Berechnung nach dem Konzept mit Teilsicherheitsbeiwerten, Ausgabe April 1996 entnommen

$$i_{pp}(\delta \geq 0) = 1{,}0 - 1{,}98 * \delta + 1{,}10 * \delta^2$$

$$g_{pp}(\beta \leq 0)$$
$$= 1{,}0 + \left(0{,}896 + 1{,}265 * \varphi + 0{,}84 * \varphi^2\right) * \beta - \left(6{,}59 - 27{,}154 * \varphi + 35{,}478 * \varphi^2 - 18{,}577 * \varphi^3\right) * \beta^2$$

$$g_{pp}(\beta \geq 0) = \frac{\cos\beta * (1 - \sin\varphi)}{\cos\beta - \sin\varphi * \cos\varepsilon_1} * e^{(\beta + \varepsilon_1) * \tan\varphi}$$

$$\sin\varepsilon_1 = \frac{\sin\beta}{\sin\varphi}$$

$$i_{pc}(\delta \leq 0) = i_{pp}$$

$$i_{pc}(\delta \geq 0)$$
$$= 1{,}0 - \left(0{,}809 + 2{,}031 * \tan\varphi - 0{,}746 * \tan^2\varphi\right) * \delta + \left(0{,}313 + 3{,}941 * \varphi - 2{,}901 * \varphi^2\right) * \delta^2$$

$$g_{pc}(\beta \leq 0)$$
$$= 1{,}0 - (0{,}015 - 2{,}396 * \varphi) * \beta + \left(3{,}357 - 9{,}132 * \varphi + 12{,}624 * \varphi^2 - 5{,}433 * \varphi^3\right) * \beta^2$$

$$g_{pc}(\beta \geq 0) = e^{2 * \beta * \tan\varphi}$$

7.6 Formeln für die Ermittlung der Erdwiderstandsbeiwerte nach DIN 4085-100, Abschnitt 7.6.2; φ = 0 [6]

Gekrümmte Gleitflächen **für φ = 0**

$$K_{pg} = 1{,}0$$

$$K_{pp} = 1{,}0$$

$$K_{pc} = K_{pc,0} * i_{pc} * g_{pc}$$

$$K_{pc,0} = 2{,}0$$

$$i_{pc}(a/c \leq 0) = 1{,}265 - 0{,}265 * (1 + a/c)^{1{,}89}$$

mit $a = A_p / h$

$$i_{pc}(a/c \geq 0) = 1 - 0{,}630 * a/c + 0{,}275 * (a/c)^2 - 0{,}645 * (a/c)^3$$

$$g_{pc} = 1{,}0 + \beta$$

---

[6] Alle Formeln sind der DIN 4085-100, Baugrund, Berechung des Erddrucks; Teil 100: Berechnung nach dem Konzept mit Teilsicherheitsbeiwerten, Ausgabe April 1996 entnommen

7.7 Berechnungsergebnisse der K_{pc} – Werte für $\varphi = 0$

Wie die Berechnungsergebnisse der nachfolgenden Tabellen (siehe Anhang dieser Studie) zeigen, sind die in der DIN 4085-100, Abschnitt 7.6.2, zur Berücksichtigung der Kohäsion in Verbindung mit der Adhäsion verwendeten Formeln nicht geeignet, um diese direkten Zusammenhänge hinreichend zu berücksichtigen, da bei geringer Kohäsion und geringer bis auch höherer Adhäsion im Ergebnis negative und viel zu große Zahlenwerte für die Erdwiderstandsbeiwerte K_{pc} entstehen. Diese sind den Tabellen zu entnehmen (siehe Anhang dieser Studie).
Um aufzuzeigen ab welchem Punkt der Berechnung - ab welcher Formel - die Probleme mit den negativen, sowie den zu großen Zahlenwerten auftreten, wird dies an Hand eines Beispiels – unter der Annahme von, zu dieser Berechnung und zum Nachvollziehen, einfache Rahmenbedingungen – verdeutlicht.

Angenommene Rahmenbedingungen:

Beispiel 1:

φ = 0,0°
$\alpha = \beta$ = 0,0°
c = 1,0
a = 5,0
a/c = 5,0

g_{pc} = 1,0
$K_{pc,0}$ = 2,0

i_{pc} (a/c>0) = 1-0,63*a/c+0,275*(a/c)²-0,645*(a/c)³
= 1-0,63*5,0+0,275*5,0²-0,645*5,0³
= **-75,90**

$$i_{pc}\,(a/c>0) = 1-0{,}63 \cdot a/c+0{,}275 \cdot (a/c)^2-0{,}645 \cdot (a/c)^3 = 1-0{,}63 \cdot 5{,}0+0{,}275 \cdot 5{,}0^2-0{,}645 \cdot 5{,}0^3 = \mathbf{-75{,}90}$$

$$K_{pc} = K_{pc,0} * i_{pc} * g_{pc} = 2{,}0 * (-75{,}90) * 1{,}0 = \mathbf{-\,151{,}80}$$

Diese Beispielrechnung zeigt, dass sobald das Verhältnis der Adhäsion zur Kohäsion größer Null wird, die Formel für i_{pc} (a/c>0) verwendet werden muss und an dieser Stelle wird i_{pc} immer negativ, denn je größer die Annäherung des Verhältnisses a/c an 1,0 umso größer wird auch das Ergebnis. Dieses Ergebnis der Verhältnisrechnung a/c wird umso größer, je größer das Verhältnis a/c wird (a/c > 1,0). Die Zahlenwerte bleiben weiterhin negativ (gilt für a/c > 1,0).

Beispiel 2:

φ = 0,0°
$\alpha = \beta$ = 0,0°
c = 5,0
a = 5,0
a/c = 1,0

g_{pc} = 1,0
$K_{pc,0}$ = 2,0

i_{pc} (a/c>1,0) = 1-0,63*a/c+0,275*(a/c)²-0,645*(a/c)³
= 1-0.63*1,0+0,275*1,0²-0,645*1,0³
= **0,00**

K_{pc} = $K_{pc,0} * i_{pc} * g_{pc}$
= 2,0 * 0,0 * 1,0
= **0,00**

Dieses zweite Beispiel zeigt, das sobald das Verhältnis a/c = 1,0 ist, wird der i_{pc} – Wert ebenfalls Null und somit muss auch der K_{pc} – Wert Null werden.

Beispiel 3:

φ = 0,0°
$\alpha = \beta$ = 0,0°
c = 14,0
a = 10,5
a/c = 0,75

g_{pc} = 1,0
$K_{pc,0}$ = 2,0

i_{pc} (a/c>1,0) = 1-0,63*a/c+0,275*(a/c)²-0,645*(a/c)³
= 1-0,63*0,75+0,275*(0,75)²-0,645*(0,75)³
= **0,4101**

K_{pc} = $K_{pc,0} * i_{pc} * g_{pc}$
= 2,0 * 0,9633 * 1,0
= **0,9633**

Beispiel 4:

φ = 0,0°
$\alpha = \beta$ = 0,0°
c = 16,0
a = 5,0
a/c = 0,3125

g_{pc} = 1,0
$K_{pc,0}$ = 2,0

i_{pc} (a/c>1,0) = 1-0,63*a/c+0,275*(a/c)²-0,645*(a/c)³
= 1-0,63*0,3125+0,275*(0,3125)²-0,645*(0,3125)³
= **0,8103**

K_{pc} = $K_{pc,0}$ * i_{pc} * g_{pc}
= 2,0 * 0,8103 * 1,0
= **1,6206**

Diese Beispiele (3 und 4) wiederum zeigen, dass sobald das Verhältnis a/c gegen Null geht, wird der i_{pc} – Wert positiv und größer.

In der nachfolgenden Tabelle (siehe Anhang) sind die in den oben geführten Beispielen aufgeführten und durchgeführten Berechnungen der i_{pc} – Werte , sowie deren Ergebnisse dargestellt. Die oben angesprochenen negativen und großen Zahlenwerte sind in dieser Tabelle ebenfalls dargestellt (siehe Anhang dieser Studie).

Zusammenfassend ist nachgewiesen, das wenn

- a/c gegen Null geht, geht i_{pc} gegen 1,0
- a/c größer 1,0 wird und sich dem Wert der Adhäsion annähert, wird i_{pc} im negativen Bereich immer größer.
- erst das Verhältnis von a/c < 1,0 wird, werden die Ergebnisse für i_{pc} positiv.
- das Verhältnis a/c nicht kleiner Null werden kann und somit diese Formel ($i_{pc}(a/c \leq 0) = 1{,}265 - 0{,}265 * (1 + a/c)^{1{,}89}$ dafür keine Anwendung finden kann.

Dieses Resümee zeigt auf, das die verwendeten Formeln 58 bis 64 im Abschnitt 7.6.2 der DIN 4085-100, April nicht uneingeschränkt Verwendung finden können, da sie nicht für alle Verhältnisse der Adhäsion zur Kohäsion vernünftige Ergebnisse liefern.
Es gibt ferner keinen Boden der die Eigenschaften der nahezu gegen Unendlich gehenden Kohäsion aufweisen kann, die Adhäsion ist ebenfalls nur begrenzt in dem selben Boden verfügbar. Daher wird die Formel für $i_{pc} < 0$ keine Anwendung finden.
Da es keine Böden gilbt, bei denen die oben angesprochenen Eigenschaften auftreten, wäre es möglich, dass man einen fiktiven Wert für die Kohäsion ansetzt, der nahezu gegen Unendlich geht, was aber ausschließlich für felsartigen Böden gilt, wie z. B. Granit, den man mit der Scherspannung bei Betondruckversuchen ungefähr gleich setzen, vergleichen könnte Dies würde dann für felsartige Böden gelten, aber für solche und deren Berechnung sind separate Berechnungsverfahren vorhanden. Die in dieser Arbeit untersuchten Berechnungsverfahren sind für Betrachtung von so gearteten Böden nicht geeignet.

Diese zur Berücksichtung der Adhäsion und der Kohäsion im Boden, zur Ermittlung der K_{pc} – Werte verwendeten Formeln sind nicht geeignet, um dieses Verhältnis wirklich zu berücksichtigen. Aus den oben angegebenen Gründen, wurde die Berücksichtigung der Einflüsse des Verhältnis der Adhäsion zur Kohäsion in Form der Formeln zur Ermittlung der i_{pc} – Werte mit der Unterscheidung $a/c > 0$ oder $a/c < 0$ in dem Entwurf der DIN 4085; 2002-12 nicht mehr einbezogen.

8. Ermittlung der Erdwiderstandsbeiwerte, $K_{pc\,/\,pch}$ nach E DIN 4085 - Entwurf- Dezember 2002, Berechnung des Erddrucks [7]

Die DIN 4085 -Entwurf- Dezember 2002, Berechnung des Erddrucks ist als Ersatz für DIN 4085, Februar 1987 und DIN V 4085-100, April 1996 vorgesehen.

8.1 Anwendungsbereich

Diese Norm gilt für die Berechnung des Erddrucks auf Bauwerke.

Die enthaltenen Erddruckansätze beziehen sich auf den ebenen und den räumlichen Fall für den aktiven und den passiven Grenzzustand und für dazwischen liegende Spannungszustände.

Die in die Norm aufgenommenen Regeln ermöglichen ein einheitliches Vorgehen beim Ansatz des Erddrucks in bautechnischen Berechnungen. Sie enthalten notwendigerweise dem Kenntnisstand angemessene Vereinfachungen.

Die Norm gilt nicht für bergmännisch hergestellte Bauwerke.

(E DIN 4085, Dezember 2002, Berechnung des Erddrucks, Vorwort Seite5)

8.2 Anwendungswarnvermerk

Dieser Norm - Entwurf wird der Öffentlichkeit zur Prüfung und Stellungnahme vorgelegt. Weil die beabsichtigte Norm von der vorliegenden Fassung abweichen kann, ist die Anwendung dieses Entwurfes besonders zu vereinbaren.

(vgl. E DIN 4085, Dezember 2002, Berechnung des Erddrucks, Titelseite)

Die in diesem Norm-Entwurf enthaltenen weiterentwickelten Berechnungsverfahren sind unabhängig vom Sicherheitskonzept. Sie können daher sinngemäß auch im Zusammenhang mit dem globalen Sicherheitskonzept der geltenden Normen angewendet werden.

(E DIN 4085, Dezember 2002, Berechnung des Erddrucks, Vorwort Seite 5)

---

[7] Alle Formeln, Diagramme und Grafiken die in diesem Kapitel enthalten sind, sind der E DIN 4085 –Entwurf-Dezember 2002, Berechung des Erddrucks

8.3 Änderungen

Gegenüber DIN 4085; 1987-2 und DIN V 4085-100; 1996-4 wurden folgende Änderungen vorgenommen:

- Erweiterte und ergänzte Berechnungsverfahren
- Berücksichtigt das Konzept der Teilsicherheitsbeiwerte unter Zugrundelegung des probabilistischen Sicherheitskonzeptes nach E DIN 1054.

(E DIN 4085, Dezember 2002, Berechnung des Erddrucks, Vorwort Seite 5)

8.4 Formeln zur Berechnung der Erdwiderstandsbeiwerte nach Pregl

Die passiven Erddruckbeiwerte nach der Theorie des Charakteristikenverfahrens lassen sich nach Pregl näherungsweise mit Hilfe der nachfolgend aufgeführten Gleichungen berechnen. Sie gelten etwa für parallele Wandverschiebung.

φ > 0

$$K_{pc} = \cot\varphi * \left(K_{pp,0} * i_{pc} * g_{pc} * t_{pc} - \frac{1}{\cos\alpha * \cos\delta} \right)$$

mit

$$K_{pg,0} = K_{pp,0} = \frac{1+\sin\varphi}{1-\sin\varphi}$$

$$\delta_p \leq 0$$

$$i_{pc} = i_{pp}$$

$$i_{pp} = (1 - 1{,}33 * \delta_p)^{0{,}08+2{,}37*\varphi}$$

$\delta_p > 0$

$$i_{pc} = (1 + 4{,}46 * \delta p * \tan\varphi)^{-1{,}14+0{,}57*\varphi}$$

$\beta \leq 0$

$$g_{pc} = (1 + 0{,}001 * \beta * \tan\varphi)^{205{,}4+2232*\varphi}$$

$\beta > 0$

$$g_{pc} = e^{2*\beta*\tan\varphi}$$

$\alpha > 0$

$$t_{pc} = t_{pp}$$

$$t_{pp} = \frac{e^{-2*\alpha*\tan\varphi}}{\cos\alpha}$$

(E DIN 4085, Dezember 2002, Berechnung des Erddrucks, Seite 59 - 60)

φ = 0

$$K_{pc} = K_{pc,0} * i_{pc} * g_{pc} * t_{pc}$$

mit

$$K_{pc,0} = 2$$

$$i_{pc} = 1$$

$$g_{pc} = 1 + \beta$$

$$t_{pc} = \frac{1-\alpha}{\cos\alpha}$$

$$\Rightarrow K_{pc} = \frac{2 * (1+\beta) * (1-\alpha)}{\cos\alpha}$$

((E DIN 4085, Dezember 2002, Berechnung des Erddrucks, Seite 60)

8.5 Bemerkung und Auswertung der Tabellen, Erdwiderstandsbeiwerte nach E DIN 4085-2002-12; $\varphi > 0$

Nach der tabellarischen Ermittlung der Erdwiderstandsbeiwerte (siehe Anhang), nach den Formeln der E DIN 4085-2002-12, Seite 59 - 60 stimmen diese errechneten Ergebnisse nicht mit denen, aus dem Diagramm von Sokolovsky (E DIN 4085-2002-12, Seite 56, Bild B.9) überein.
Aus diesem Grund wäre es sinnvoll, die K_{pch} – Werte aus dem Diagramm abzulesen, das auf den Berechnungen mit den Formeln nach Pregl basiert, da diese auf der sicheren Seite liegen. (siehe Anhang, Diagramm Erddruckbeiwerte K_{pch} für gekrümmte Gleitflächen bei $\alpha = \beta = 0$ nach E DIN 4085-2002-12, Seite 59 - 60)

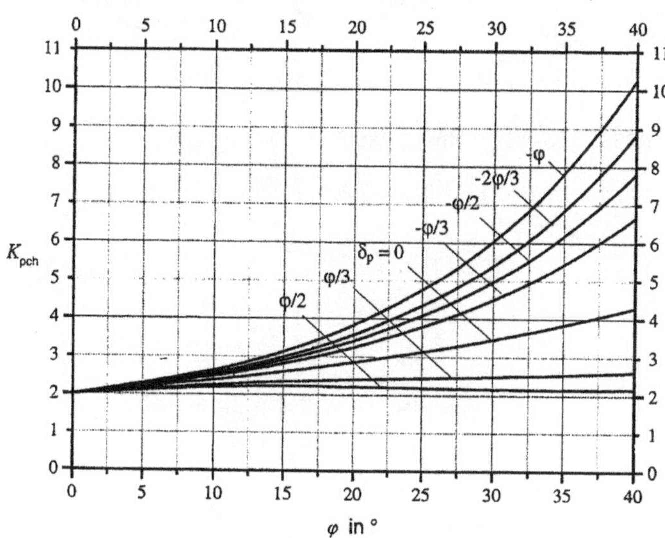

Bild 13: Erddruckbeiwerte K_{pch} für gekrümmte Gleitflächen bei $\alpha = \beta = 0$ nach Sokolovsky

(E DIN 4085-2002-12, Seite 56, Bild B.9)

Zur Erläuterung und zum Veranschaulichen werden nachfolgend einige Berechnungsbeispiele aufgeführt. Die verwendeten Formeln sind bereits oben aufgeführt und werden deshalb nicht erneut angegeben, sondern nur deren Teilergebnisse.

Beispiel 1:

$\alpha = \beta = 0$
$\delta_p = 2/3\ \varphi$
$\varphi = 40°$

$K_{pp,0} = 4,599$
$i_{pc}\ (\delta_p > 0) = 0,4731$
$g_{pc} = 1,0$
$t_{pc} = 1,0$
$\cot\ \varphi = 1,1918$
$-1/(\cos\alpha * \cos\delta) = 1,1190$

$K_{pc} \quad = 1,1918 * (4,599 * 0,4731 * 1,0 * 1,0 - 1,1190) = 1,2595$

$K_{pch} \quad = K_{pc} * \cos\delta_p = 1,2595 * \cos\ (2/3 * 40) = 1,1255$

Wert aus Sokolovsky – Diagramm (Bild 13) = $K_{pch} \approx 2,20$

Beispiel 2:

$\alpha = \beta = 0$
$\delta_p = 1/2\ \varphi$
$\varphi = 40°$

$K_{pp,0} = 4,599$
$i_{pc}\ (\delta_p > 0) = 0,5379$
$g_{pc} = 1,0$
$t_{pc} = 1,0$
$\cot\ \varphi = 1,1918$
$-1/(\cos\alpha * \cos\delta) = 1,0642$

$K_{pc} \quad = 1,1918 * (4,599 * 0,5379 * 1,0 * 1,0 - 1,0642) = 1,67996$

$K_{pch} \quad = K_{pc} * \cos\delta_p = 1,67996 * \cos\ (1/2 * 40) = 1,57865$

Wert aus Sokolovsky – Diagramm (Bild 13) = $K_{pch} \approx 2,15$

Beispiel 3:

$\alpha = \beta = 0$
$\delta_p = 1/3\ \varphi$
$\varphi = 40°$

$K_{pp,0} = 4{,}599$
$i_{pc}\ (\delta_p > 0) = 0{,}6283$
$g_{pc} = 1{,}0$
$t_{pc} = 1{,}0$
$\cot\ \varphi = 1{,}1918$
$-1/(\cos\alpha * \cos\delta) = 1{,}0277$

$K_{pc} = 1{,}1918 * (4{,}599 * 0{,}6283 * 1{,}0 * 1{,}0 - 1{,}0277) = 2{,}2189$

$K_{pch} = K_{pc} * \cos\delta_p = 2{,}2189 * \cos(1/3 * 40) = 2{,}1591$

Wert aus Sokolovsky – Diagramm (Bild 13) = $K_{pch} \approx 2{,}60$

Beispiel 4:

$\alpha = \beta = 0$
$\delta_p = 0$
$\varphi = 40°$

$K_{pp,0} = 4{,}599$
$i_{pc}\ (\delta_p \leq 0) = 1{,}0$
$g_{pc} = 1{,}0$
$t_{pc} = 1{,}0$
$\cot\ \varphi = 1{,}1918$
$-1/(\cos\alpha * \cos\delta) = 1{,}0$

$K_{pc} = 1{,}1918 * (4{,}599 * 1{,}0 * 1{,}0 * 1{,}0 - 1{,}0) = 4{,}289$

$K_{pch} = K_{pc} * \cos\delta_p = 4{,}289 * \cos 0 = 4{,}289$

Wert aus Sokolovsky – Diagramm (Bild 13) = $K_{pch} \approx 4{,}30$

Beispiel 5:

$\alpha = \beta = 0$
$\delta_p = -1/3\ \varphi$
$\varphi = 40°$

$K_{pp,0} = 4{,}599$
$i_{pc}\ (\delta_p \leq 0) = 1{,}5961$
$g_{pc} = 1{,}0$
$t_{pc} = 1{,}0$
$\cot\ \varphi = 1{,}1918$
$-1/(\cos\alpha * \cos\delta) = 1{,}0277$

$K_{pc} \quad = 1{,}1918 * (4{,}599 * 1{,}5961 * 1{,}0 * 1{,}0 - 1{,}0277) = 7{,}5235$

$K_{pch} \quad = K_{pc} * \cos\delta_p = 7{,}5235 * \cos(-1/3 * 40) = 7{,}3207$

Wert aus Sokolovsky – Diagramm (Bild 13) = $K_{pch} \approx 6{,}70$

Beispiel 6:

$\alpha = \beta = 0$
$\delta_p = -1/2\ \varphi$
$\varphi = 40°$

$K_{pp,0} = 4{,}599$
$i_{pc}\ (\delta_p \leq 0) = 1{,}93765$
$g_{pc} = 1{,}0$
$t_{pc} = 1{,}0$
$\cot\ \varphi = 1{,}1918$
$-1/(\cos\alpha * \cos\delta) = 1{,}0642$

$K_{pc} \quad = 1{,}1918 * (4{,}599 * 1{,}93765 * 1{,}0 * 1{,}0 - 1{,}0642) = 9{,}3521$

$K_{pch} \quad = K_{pc} * \cos\delta_p = 9{,}3521 * \cos(-1/2 * 40) = 8{,}7881$

Wert aus Sokolovsky – Diagramm (Bild 13) = $K_{pch} \approx 7{,}90$

Beispiel 7:

$\alpha = \beta = 0$
$\delta_p = -2/3\ \varphi$
$\varphi = 40°$

$K_{pp,0} = 4,599$
$i_{pc}\ (\delta_p \leq 0) = 2,3065$
$g_{pc} = 1,0$
$t_{pc} = 1,0$
$\cot\ \varphi = 1,1918$
$-1/(\cos\alpha * \cos\delta) = 1,1190$

$K_{pc} = 1,1918 * (4,599 * 2,3065 * 1,0 * 1,0 - 1,1190) = 11,3085$

$K_{pch} = K_{pc} * \cos\delta_p = 11,3085 * \cos(-2/3 * 40) = 10,1056$

Wert aus Sokolovsky – Diagramm (Bild 13) = $K_{pch} \approx 8,90$

Beispiel 7:

$\alpha = \beta = 0$
$\delta_p = -\ \varphi$
$\varphi = 40°$

$K_{pp,0} = 4,599$
$i_{pc}\ (\delta_p \leq 0) = 3,1242$
$g_{pc} = 1,0$
$t_{pc} = 1,0$
$\cot\ \varphi = 1,1918$
$-1/(\cos\alpha * \cos\delta) = 1,3054$

$K_{pc} = 1,1918 * (4,599 * 3,1242 * 1,0 * 1,0 - 1,3054) = 15,568$

$K_{pch} = K_{pc} * \cos\delta_p = 15,568 * \cos 0 = 15,568$

Wert aus Sokolovsky – Diagramm (Bild 13) = $K_{pch} \approx 10,20$

8.6 Anmerkung zu den Formeln und zu den Berechnungsergebnissen

Wie bereits oben angesprochen stimmen die abgelesenen und die berechneten Ergebnisse nicht überein. Wobei es dem Anwender freigestellt ist, zur Ermittlung des Erdwiderstands $E_{pch} = c * h * K_{pch}$, den K_{pch} – Wert nach Bild B 9, E DIN 4085-2002-12, Seite 56, Erdwiderstandsbeiwerte für gekrümmte Gleitflächen nach Sokolovsky, siehe Seite 32 und Seite 56, E DIN 4085-2002-12 zu ermitteln, oder dies mit Hilfe der Formeln nach Pregl auf den Seiten 59 und 60 der E DIN zu tun.
Da die berechneten K_{pch} – Werte nach Pregl größer sind, wie die abgelesenen nach Sokolovsky, ist es aus Sicherheitsgründen anzuraten, die nach Sokolovsky abgelesenen Werte zur Berechnung des Erddrucks heran zu ziehen, da diese auf der sicheren Seite liegen.

Die sich rein aus mathematischen Gründen ergebenden negativen K_{pch} – Werte sollten nicht angesetzt werden, sondern mit 1,0 angenommen werden, da die Kohäsion bei negativem K_{pch} – Wert nicht mehr in ihrer grundsätzlich, aus bodenmechanischen Überlegungen stützenden Funktion wirkt, sondern bei negativen Ergebnissen treibend wirkt.

Das Diagramm nach Sokolovsky aus der E DIN 4085-2002-12, sowie auch die Formeln zur Berechnung der K_{pch} – Werte nach der E DIN 4085-2002-12, lassen Reibungswinkel φ bis zu 40° zu, wobei dazu anzumerken ist, dass bei Böden mit Reibungswinkeln größer 30° ($\varphi > 30°$) üblicherweise keine Kohäsion mehr vorhanden ist, da es sich dann eigentlich um rollige Böden handelt.

Des Weiteren ist es möglich die Formeln nach Pregl, sowie auch das Diagramm nach Sokolovsky für positive Wandreibungswinkel $\delta_p > + 1/3\ \varphi$ zu verwenden, wobei dieser Wandreibungswinkel höchstens mit $+ 1/3\ \varphi$ angesetzt werden darf, da ansonsten die Ersatzkraft C nicht mehr angesetzt werden kann. Dies gilt nur bei einer eingespannte Wand, wenn der Σ V Nachweis nicht eingehalten ist, dann darf der Wandreibungswinkel in den positiven Bereich gedreht werden.

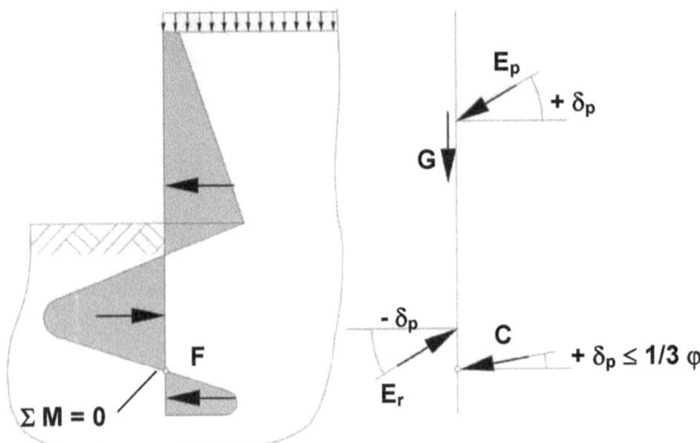

Bild 14: Eingespannte Trägerbohlwand mit der Ersatzkraft C

(vgl. Wendehorst, Bautechnische Zahlentafeln, 29. neubearbeitete Auflage Oktober 2000 B.G. Teubner Stuttgart, Seite 1113)

9. Zusammenfassung

9.1 Zusammenfassung und Gegenüberstellung der Berechnungsergebnisse der $K_{pc\,/\,pch}$–Werte nach verschiedenen Verfahren

Diese Zusammenstellung und Gegenüberstellung soll die Abweichungen und Differenzen der verschiedenen Berechnungsverfahren aufzeigen. Um diese Ergebnisse möglichst gut vergleichen zu können, wird sich diese Studie darauf beschränken, ausschließlich die markanten Werte von $\alpha = \beta = 0$ mit einander zu vergleichen. Der Vergleich dieser Berechnungsergebnisse wird in Form einer Tabelle angestellt, die nachfolgend aufgeführt ist (siehe Anhang). Des Weiteren werden die Abweichungen untereinander prozentual angegeben.

9.2 Auswertung und Vergleich der Berechnungsergebnisse der $K_{pc\,/\,pch}$ – Werte nach verschiedenen Verfahren

Um die prozentualen Abweichungen der verschiedenen Berechnungsverfahren aufzuzeigen, werden die Ergebnisse untereinander verglichen und gegeneinander gegenüber gestellt. Der Vergleich erfolgt mit den Ergebnissen der aktuellen Version der E DIN 4085-2002-12. Die Berechnungsergebnisse nach Coulomb, die Ergebnisse nach DIN 4085, Februar 1987 und die der Berechnung nach DIN 4085-100, April 1996 werden mit denen der E DIN 4085-2002-12 verglichen.
Hier werden ausschließlich die K_{pc} – Werte mit einander verglichen, da die prozentuale Abweichung sich bei den K_{pch} – Werten ebenso fortsetzt.

Beispiel: 1

$\varphi > 0$
$\alpha = \beta = 0$
$\varphi = 25\,°$
$\delta_p = -\,\varphi$

K_{pc} - Wert nach E DIN 4085-2002-12 (mit dem verglichen wird)	=	6,432
K_{pc} - Wert nach DIN 4085, Februar 1987	=	8,549
Abweichung in Prozent [%]	=	32,914

K_{pc} - Wert nach E DIN 4085-2002-12 (mit dem verglichen wird)	=	6,432
K_{pc} - Wert nach DIN 4085-100, April 1996	=	6,216
Abweichung in Prozent [%]	=	3,358

K_{pc} - Wert nach E DIN 4085-2002-12 (mit dem verglichen wird)	=	6,432
K_{pc} - Wert nach Coulomb	=	7,022
Abweichung in Prozent [%]	=	9,169

Beispiel: 2

$\varphi > 0$
$\alpha = \beta = 0$
$\varphi = 25\ °$
$\delta_p = -\,2/3\ \varphi$

K_{pc} - Wert nach E DIN 4085-2002-12 (mit dem verglichen wird)	=	5,368
K_{pc} - Wert nach DIN 4085, Februar 1987	=	5,645
Abweichung in Prozent [%]	=	5,160

K_{pc} - Wert nach E DIN 4085-2002-12 (mit dem verglichen wird)	=	5,368
K_{pc} - Wert nach DIN 4085-100, April 1996	=	5,401
Abweichung in Prozent [%]	=	0,615

K_{pc} - Wert nach E DIN 4085-2002-12 (mit dem verglichen wird)	=	5,368
K_{pc} - Wert nach Coulomb	=	5,180
Abweichung in Prozent [%]	=	3,497

Beispiel: 3

$\varphi > 0$
$\alpha = \beta = 0$
$\varphi = 25\ °$
$\delta_p = -\,1/2\ \varphi$

K_{pc} - Wert nach E DIN 4085-2002-12 (mit dem verglichen wird)	=	4,822
K_{pc} - Wert nach DIN 4085, Februar 1987	=	4,746
Abweichung in Prozent [%]	=	1,576

K_{pc} - Wert nach E DIN 4085-2002-12 (mit dem verglichen wird)	=	4,822
K_{pc} - Wert nach DIN 4085-100, April 1996	=	4,880
Abweichung in Prozent [%]	=	1,203

K_{pc} - Wert nach E DIN 4085-2002-12 (mit dem verglichen wird)	=	4,822
K_{pc} - Wert nach Coulomb	=	4,523
Abweichung in Prozent [%]	=	6,197

Beispiel: 4

$\varphi > 0$
$\alpha = \beta = 0$
$\varphi = 25\,°$
$\delta_p = -1/3\,\varphi$

K_{pc} - Wert nach E DIN 4085-2002-12 (mit dem verglichen wird)	=	4,267
K_{pc} - Wert nach DIN 4085, Februar 1987	=	4,067
Abweichung in Prozent [%]	=	4,678

K_{pc} - Wert nach E DIN 4085-2002-12 (mit dem verglichen wird)	=	4,267
K_{pc} - Wert nach DIN 4085-100, April 1996	=	4,321
Abweichung in Prozent [%]	=	1,266

K_{pc} - Wert nach E DIN 4085-2002-12 (mit dem verglichen wird)	=	4,267
K_{pc} - Wert nach Coulomb	=	3,981
Abweichung in Prozent [%]	=	6,698

Beispiel: 5

$\varphi > 0$
$\alpha = \beta = 0$
$\varphi = 25\,°$
$\delta_p = 0$

K_{pc} - Wert nach E DIN 4085-2002-12 (mit dem verglichen wird)	=	3,139
K_{pc} - Wert nach DIN 4085, Februar 1987	=	3,139
Abweichung in Prozent [%]	=	0,000

K_{pc} - Wert nach E DIN 4085-2002-12 (mit dem verglichen wird)	=	3,139
K_{pc} - Wert nach DIN 4085-100, April 1996	=	3,139
Abweichung in Prozent [%]	=	0,000

K_{pc} - Wert nach E DIN 4085-2002-12 (mit dem verglichen wird)	=	3,139
K_{pc} - Wert nach Coulomb	=	3,139
Abweichung in Prozent [%]	=	0,000

Beispiel: 6

$\varphi > 0$
$\alpha = \beta = 0$
$\varphi = 25\,°$
$\delta_p = 1/3\ \varphi$

K_{pc} - Wert nach E DIN 4085-2002-12 (mit dem verglichen wird)	=	2,008
K_{pc} - Wert nach DIN 4085, Februar 1987	=	2,569
Abweichung in Prozent [%]	=	27,938

K_{pc} - Wert nach E DIN 4085-2002-12 (mit dem verglichen wird)	=	2,008
K_{pc} - Wert nach DIN 4085-100, April 1996	=	2,057
Abweichung in Prozent [%]	=	2,440

Beispiel: 7

$\varphi > 0$
$\alpha = \beta = 0$
$\varphi = 25\,°$
$\delta_p = 1/2\ \varphi$

K_{pc} - Wert nach E DIN 4085-2002-12 (mit dem verglichen wird)	=	1,589
K_{pc} - Wert nach DIN 4085, Februar 1987	=	2,369
Abweichung in Prozent [%]	=	49,087

K_{pc} - Wert nach E DIN 4085-2002-12 (mit dem verglichen wird)	=	1,589
K_{pc} - Wert nach DIN 4085-100, April 1996	=	1,622
Abweichung in Prozent [%]	=	2,077

Beispiel: 8

$\varphi > 0$
$\alpha = \beta = 0$
$\varphi = 25\,°$
$\delta_p = 2/3\ \varphi$

K_{pc} - Wert nach E DIN 4085-2002-12 (mit dem verglichen wird)	=	1,227
K_{pc} - Wert nach DIN 4085, Februar 1987	=	2,213
Abweichung in Prozent [%]	=	80,358

K_{pc} - Wert nach E DIN 4085-2002-12 (mit dem verglichen wird)	=	1,227
K_{pc} - Wert nach DIN 4085-100, April 1996	=	1,257
Abweichung in Prozent [%]	=	2,444

Als Abschluss wird aus allen prozentualen Abweichungen, des jeweiligen Berechnungsverfahrens, mit den verschiedenen Wandreibungswinkel δ_p ein arithmetisches Mittel gebildet, um eine ungefähre Vorstellung darüber zu liefern, in wie weit sich die verschiedenen Berechnungsverfahren unterscheiden.

Es muss angeführt werden, dass die großen Abweichungen, auf die theoretischen positiven Wandreibungswinkel bezogen sind. Die Abweichungen bei den üblicherweise vorkommenden negativen Wandreibungswinkeln, sind hingegen hier realistisch.
Es sollte nicht der Eindruck entstehen, dass die errechneten Werte alle völlig falsch sind, weil die Abweichungen so groß sind, dies kommt aus den oben genannten Gründen zustande.

9.3 Arithmetisches Mittel der verschiedenen Berechnungsverfahren mit unterschiedlichen Wandreibungswinkeln δ_p

Mittlere Abweichung der Berechnung nach DIN 4085-100, April 1996	= 69,92 %
Mittlere Abweichung der Berechnung nach DIN 4085, Februar 1987	= 1,675 %
Mittlere Abweichung der Berechnung nach Coulomb	= 5,112 %

10. Literaturverzeichnis

- DIN V 4085-100, April 1996 – ICS 93.020, Baugrund, Berechnung des Erddrucks; Teil 100: Berechnung nach dem Konzept mit Teilsicherheitsbeiwerten

- DIN V 4085-100, April 1996 – ICS 93.020, Baugrund, Berechnung des Erddrucks; Teil 100: Berechnung nach dem Konzept mit Teilsicherheitsbeiwerten Abschnitt 7.6.1 Ebene Gleitflächen

- DIN V 4085-100, April 1996 – ICS 93.020, Baugrund, Berechnung des Erddrucks; Teil 100: Berechnung nach dem Konzept mit Teilsicherheitsbeiwerten Abschnitt 7.6.2 Gekrümmte Gleitflächen

- DIN 4085, Februar 1987, Grundbau Berechnung des Erddruckes, Berechnungsgrundlagen Abschnitt 5.2.2.2 Anteil aus der Kohäsion

- Beiblatt 1 zu DIN 4085, Februar 1987, Grundbau Berechnung des Erddruckes, Berechnungsgrundlagen

- E DIN 4085: 2002-12 - Entwurf - Baugrund, Berechnung des Erddrucks

- Grundlagen der Geotechnik, Hans Henning Schmidt, G.B. Teubner Stuttgart, 1996

- „Vereinfachte Ermittlung der Erddruckbeiwerte“ Die Bautechnik, 28. Jahrgang Heft 8, August 1951 von Dr.- Ing. habil. Hermann Blum, Dortmund

- Erddrucklehre und Anwendungen , Grundlagen Werner- Ingenieur- Texte 46, Prof. Dipl.-Ing. Wilhelm Stiegler, 2. Auflage, 1984, Werner-Verlag

- Grundbau, Walter Kinze, Dietrich Franke, 1. Auflage, Wiesbaden, Berlin, Bauverlag, 1983

- Erddruck auf Stützmauern, Dr.- Ing. Heinrich- Müller Breslau, Alfred Kröner Verlag Stuttgart

- Erddruck, Erdwiderstand und Tragfähigkeit des Baugrundes, Gesichtspunkte für die Berechnung, Praktische Beispiele und 118 Erddrucktabellen, Prof. Ing. H. Krey, fünfte ergänzte Auflage von J. Ehrenberg, Berlin 1936, Ernst & Sohn Verlag

- Experimentelle Bestimmung der Erddruckbeiwerte, Dipl.-Ing. Dr. techn. Helfried Breymann, Bundesministerium f. Bauten u. Technik Straßenforschung, Heft 307

- Ermittlung des Erddrucks im Bruchzustand bei Drehung einer Wand um den Kopfpunkt, Andreas Winkler Dissertation, Institut für Geotechnik, Technische Universität Dresden, Mitteilungen Heft 8, Dresden 2001

- Tables for the calculation of passive pressure, active pressure and bearing capacity of foundations, Albert Caquot, Jean Kerisel, 1948

- Grundlagen der Bodenmechanik, Caquot/ Kerisel, Deutsche Übersetzung und Überarbeitung der dritten Auflage von Dr. Gerhard Scheuch

- Statics of soil media, V.V. Sokolovski, London Butterworths Scientific Publication, 1960

- Grundbau Taschenbuch, Herausgeber und Schriftleiter Ulrich Smoltczyk, 3.Auflage, Teil 1, 1980, Verlag von Wilhelm Ernst & Sohn

- Grundbau Taschenbuch, Herausgeber und Schriftleiter Ulrich Smoltczyk, 3.Auflage Teil 2, 1982, Verlag von Wilhelm Ernst & Sohn

- Grundbau, Schulze / Simmer, 14. Auflage, B.G. Teubner, Stuttgart, 1967

- Aktiver Erddruck unter Berücksichtigung der Kohäsion, Peter Gussmann, Institut für Geotechnik Universität Stuttgart, Institut für Geotechnik TU – Dresden, Mitteilungen Heft 3, 1995, Festschrift zum 60. Geburtstag vom Prof. Dr. Ing.- habil. Dietrich Franke.

- Bodenmechanik, Universität Essen Fachbereich Bauwesen, Grundbau und Bodenmechanik, Prof. Dr.- Ing. W. Richwien, Ausgabe SS 2001

- Grundbau II, TU-Berlin, FG-Grundbau und Bodenmechanik, Stand 10.10.2002

- Schneider Bautabellen für Bauingenieure, 15. überarbeitet Auflage 2002, Werner Verlag, Düsseldorf

- Wendehorst, Bautechnische Zahlentafeln, 29. neubearbeitete Auflage Oktober 2000 B.G. Teubner Stuttgart

- TU Berlin · FG Grundbau und Bodenmechanik (Hrsg), Grundbau II - Stand 10.10.02

- Bergische Universität Gesamthochschule Wuppertal, Unterirdisches Bauen, Grundbau, Bodenmechanik, Bodenmechanik 2, Skript zur Vorlesung, Bodenmechanik 2; Prof. Dr.-Ing. M. Pulsfort;Prof. Dr.-Ing. B. Walz, Stand Sommersemester 2001

- Lehrstuhl für Bodenmechanik und Grundbau Universität Karlsruhe, o. Prof. Dr. - Ing. Dr. h.c. G. Gudehus; Formelsammlung zur Vorlesung Bodenmechanik 1

- Universität Essen Fachbereich Bauwesen Grundbau und Bodenmechanik Prof. Dr.-Ing. W. Richwien, Bodenmechanik, Ausgabe SS 2001, Bearbeiter: Dr.-Ing. E. Perau, cand.-Ing. T. Homm

- Bergische Universität, Gesamthochschule Wuppertal, Unterirdisches Bauen, Grundbau, Bodenmechanik, Bodenmechanik 2, Tafeln für Erddruck- und Erdwiderstandsbeiwerte, für ebene Gleitflächen

- Technische Universität Berlin, Fachgebiet Grundbau und Bodenmechanik, Skript, Grundbau und Bodenmechanik 2, Univ.-Prof. Dr.-Ing. S. Savidis

- Fachhochschule Coburg Fachbereich Bauingenieurwesen Prof. Dr.-Ing. Ullrich Hanses, Arbeitsblätter zur Lehrveranstaltung Geotechnik im SS 2002

- TUM Zentrum Geotechnik, Übung Erddruck, SS 2002, Grundbau und Bodenmechanik

- TUM Zentrum Geotechnik, SS 2002, Grundbau und Bodenmechanik, Erddruck

- TUM Zentrum Geotechnik, Arbeitsblätter zur Lehrveranstaltung Geotechnik im SS 2002, Grundbau und Bodenmechanik, Übung Erddruck

11. Anhang

12.1 Mittlere Bodenkenngrößen (Rechenwerte) für Vorentwürfe

Bodenart	Endfestigkeit		Anfangsfestigkeit
	Reibwinkel **cal** φ' [°]	Kohäsion **cal** c' [kN/m²]	Kohäsion **cal** c_u [kN/m²]
nichtbindige Böden			
Sand, locker, rund	30	-	-
Sand, locker, eckig	32,5	-	-
Sand, mitteldicht, rund	32,5	-	-
Sand, mitteldicht, eckig	35	-	-
Sand, dicht, eckig	37,5	-	-
Kies ohne Sand	37,5	-	-
Naturschotter, scharfkantig	40	-	-
bindige Böden	(Erfahrungswerte aus dem norddeutschen Raum für ungestörte Proben)		
Ton, halbfest	25	25	50 bis 100
Ton, schwer knetbar, steif	20	20	25 bis 50
Ton, leicht knetbar, weich	17,5	10	10 bis 25
Geschiebemergel, fest	p	25	200 bis 700
Lehm, halbfest	27,5	10	50 bis 100
Lehm, weich	27,5	-	10 bis 25
Schluff	27,5	-	10 bis 50
Klei, org. tonarm, weich	20	10	10 bis 25
Klei, strak org., tonreich, weich Darg	15	15	10 bis 20
Torf	15	5	-
Torf unter mäßiger Vorbelastung	15	10	-

(vgl. Konrad Simmer Grundbau 1, Bodenmechanik und Erdstatische Berechnungen, B.G. Teubner Stuttgart, Seite 328)

Bodenkenngrößen für nichtbingige Böden (Rechenwerte) nach DIN 1055 Teil 2, Tab. 1

Bodenart	Kurzbezeichnung nach DIN 18196	Lagerung	Reibungswinkel **cal** φ' [°]
Sand, schwach	SE	locker	30
schluffiger Sand	sowie SU	mitteldicht	32,5
Kies-Sand, eng. Gestuft	mit U <= 6	dicht	35
Kies, Geröll	GE	locker	32,5
Steine, mit		mitteldicht	35
geringem Sandanteil, eng. Gestuft		dicht	37,5
Sand, Kies-Sand	SW, SI, SU	locker	30
Kies, weit oder	GW, GI mit 6<U<=15	mitteldicht	32,5
intermittierend gestuft		dicht	35
Sand, Kies-Sand	SW, SI, SU	locker	30
Kies, schwach	GW, GI mit U>15	mitteldicht	32,5
schluffiger Kies, weit oder intermittierend gestuft	sowie GU	dicht	35

(vgl. Konrad Simmer Grundbau 1, Bodenmechanik und Erdstatische Berechnungen, B.G. Teubner Stuttgart, Seite 329)

Bodenkenngrößen für bindige Böden und organischen Böden (Rechenwerte) nach DIN 1055 Teil 2, Tab. 2

Bodenart	Kurzbezeichnung nach DIN 18196	Zustandsform	Reibungswinkel **cal** φ' [°]	Kohäsion [kN/m²] **cal** c'	Kohäsion [kN/m²] **cal** c_u
Anorganische	TA	weich	17,5	0	15
bindige Böden		steif	17,5	10	35
mit ausgeprägt plastischen Eigenschaften (w_L > 50%)		halbfest	17,5	25	75
Anorganische	TM	weich	22,5	0	5
bindige Böden	und	steif	22,5	5	25
mit mittelplastischen Eigenschaften (50%>=w_L>=35%)	UM	halbfest	22,5	10	60
Anorganische	TL	weich	27,5	0	0
bindige Böden	und	steif	27,5	2	15
mit leicht plastischen Eigenschaften (w_L<35%)	UL	halbfest	27,5	5	40
organischer Ton	OT	weich	15	0	10
organischer Schluff	OU	steif	15	0	20
Torf ohne Vorbelastung	HN	-	15	2	10
Torf unter mäßiger Vorbelastung	HZ	-	15	5	20

(vgl. Konrad Simmer Grundbau 1, Bodenmechanik und Erdstatische Berechnungen, B.G. Teubner Stuttgart, Seite 330)

12.2 Erddruckbeiwerte K_{pch} nach Coulomb, ebene Gleitflächen

12.2.1 Erddruckbeiwerte K_{pch} nach Coulomb (ebene Gleitflächen)

φ = 15 [°]						
α [°]	β [°]	$\delta_p = 0$	$\delta_p = -1/3\ \varphi$	$\delta_p = -1/2\ \varphi$	$\delta_p = -2/3\ \varphi$	$\delta_p = -\varphi$
20	-10	1,3290	1,4653	1,5375	1,6128	1,7736
	0	1,6698	1,8660	1,9721	2,0841	2,3289
	10	2,0841	2,3666	2,5226	2,6901	3,0653
10	-10	1,6698	1,8363	1,9256	2,0193	2,2222
	0	2,0841	2,3289	2,4631	2,6065	2,9249
	10	2,6065	2,9700	3,1747	3,3975	3,9084
	-10	2,0841	2,2935	2,4073	2,5279	2,7929
0	0	2,6065	2,9249	3,1027	3,2951	3,7321
	10	3,2951	3,7905	4,0766	4,3938	5,1445
-10	-10	2,6065	2,8797	3,0306	3,1926	3,5557
	0	3,2951	3,7321	3,9819	4,2571	4,9014
	10	4,2571	4,9845	5,4192	5,9140	7,1409
-20	-10	3,2951	3,6698	3,8812	4,1118	4,6428
	0	4,2571	4,9014	5,2821	5,7121	6,7640
	10	5,7121	6,8970	7,6422	8,5258	10,8860

(vgl. Bergische Universität, Gesamthochschule Wuppertal, Unterirdisches Bauen, Grundbau, Bodenmechanik, Bodenmechanik 2, Tafeln für Erddruck- und Erdwiderstandsbeiwerte, für ebene Gleitflächen, Seite 15)

12.2.2 Erddruckbeiwerte K_{pch} nach Coulomb (ebene Gleitflächen)

φ = 17,5 [°]						
α [°]	β [°]	δ_p = 0	δ_p = - 1/3 φ	δ_p = - 1/2 φ	δ_p = - 2/3 φ	δ_p = - φ
20	-17,5	1,1276	1,2544	1,3216	1,3917	1,5416
	-10	1,3580	1,5271	1,6183	1,7144	1,9239
	0	1,7175	1,9636	2,0993	2,2449	2,5711
	10	2,1605	2,5192	2,7224	2,9447	3,4589
	17,5	2,5711	3,0515	3,3302	3,6402	4,3786
10	-17,5	1,4416	1,5974	1,6809	1,7687	1,9590
	-10	1,7175	1,9273	2,0419	2,1640	2,4346
	0	2,1605	2,4726	2,6480	2,8386	3,2753
	10	2,7277	3,1987	3,4720	3,7765	4,5032
	17,5	3,2753	3,9290	4,3198	4,7648	5,8687
	-17,5	1,8192	2,0145	2,1206	2,2332	2,4810
	-10	2,1605	2,4289	2,5780	2,7389	3,1028
0	0	2,7277	3,1421	3,3803	3,6439	4,2661
	10	3,4899	4,1482	4,5428	4,9933	6,1166
	17,5	4,2661	5,2283	5,8284	6,5348	8,3958
-10	-17,5	2,2885	2,5406	2,6798	2,8292	3,1645
	-10	2,7277	3,0855	3,2886	3,5112	4,0289
	0	3,4899	4,0735	4,4195	4,8115	5,7766
	10	4,5814	5,5807	6,2076	6,9497	8,9269
	17,5	5,7766	7,3561	8,4050	9,7053	13,4870
-20	-17,5	2,8962	3,2349	3,4256	3,6335	4,1122
	-10	3,4899	3,9940	4,2883	4,6181	5,4147
	0	4,5814	5,4718	6,0233	6,6703	8,3676
	10	6,2876	7,9960	9,1449	10,5860	14,8850
	17,5	8,3676	11,4320	13,6910	16,7590	27,6040

(vgl. Bergische Universität, Gesamthochschule Wuppertal, Unterirdisches Bauen, Grundbau, Bodenmechanik, Bodenmechanik 2, Tafeln für Erddruck- und Erdwiderstandsbeiwerte, für ebene Gleitflächen, Seite 16)

12.2.3 Erddruckbeiwerte K_{pch} nach Coulomb (ebene Gleitflächen)

φ = 20 [°]						
α [°]	β [°]	$\delta_p = 0$	$\delta_p = -1/3\ \varphi$	$\delta_p = -1/2\ \varphi$	$\delta_p = -2/3\ \varphi$	$\delta_p = -\varphi$
20	-20	1,0728	1,2114	1,2856	1,3634	1,5321
	-10	1,3868	1,5928	1,7057	1,8265	2,0960
	0	1,7660	2,0689	2,2398	2,4262	2,8563
	10	2,2398	2,6872	2,9480	3,2393	3,9392
	20	2,8563	3,5306	3,9392	4,4096	5,5989
10	-20	1,3868	1,5592	1,6527	1,7518	1,9696
	-10	1,7660	2,0254	2,1701	2,3269	2,6840
	0	2,2398	2,6307	2,8563	3,1067	3,7017
	10	2,8563	3,4564	3,8168	4,2291	5,2613
	20	3,7017	4,6574	5,2613	5,9798	7,9110
	-20	1,7660	1,9845	2,1047	2,2335	2,5222
	-10	2,2398	2,5776	2,7702	2,9821	3,4784
0	0	2,8563	3,3866	3,7017	4,0594	4,9440
	10	3,7017	4,5634	5,1026	5,7399	7,4340
	20	4,9440	6,4341	7,4340	8,6844	12,3870
-10	-20	2,2398	2,5245	2,6840	2,8575	3,2552
	-10	2,8563	3,3168	3,5866	3,8898	4,6267
	0	3,7017	4,4693	4,9440	5,5000	6,9569
	10	4,9440	6,3015	7,2028	8,3215	11,5920
	20	6,9569	9,6240	11,5920	14,2670	23,7330
-20	-20	2,8563	3,2425	3,4641	3,7092	4,2890
	-10	3,7017	4,3692	4,7751	5,2448	6,4491
	0	4,9440	6,1604	6,9569	7,9353	10,7460
	10	6,9569	9,4085	11,1960	13,6050	22,0010
	20	10,7460	16,7410	22,0010	30,4700	77,2530

(vgl. Bergische Universität, Gesamthochschule Wuppertal, Unterirdisches Bauen, Grundbau, Bodenmechanik, Bodenmechanik 2, Tafeln für Erddruck- und Erdwiderstandsbeiwerte, für ebene Gleitflächen, Seite 17)

12.2.4 Erddruckbeiwerte K_{pch} nach Coulomb (ebene Gleitflächen)

φ = 22,5 [°]						
α [°]	β [°]	$\delta_p = 0$	$\delta_p = -1/3\ \varphi$	$\delta_p = -1/2\ \varphi$	$\delta_p = -2/3\ \varphi$	$\delta_p = -\varphi$
20	-20	1,0882	1,2530	1,3426	1,4379	1,6486
	-10	1,4155	1,6625	1,8009	1,9511	2,2954
	0	1,8155	2,1830	2,3957	2,6323	3,1972
	10	2,3223	2,8733	3,2046	3,5840	4,5369
	20	2,9932	3,8395	4,3729	5,0068	6,7071
10	-20	1,4155	1,6233	1,7382	1,8617	2,1403
	-10	1,8155	2,1316	2,3123	2,5117	2,9812
	0	2,3223	2,8056	3,0930	3,4198	4,2304
	10	2,9932	3,7490	4,2207	4,7775	6,2541
	20	3,9328	5,1678	5,9883	7,0064	9,9750
0	-20	1,8155	2,0832	2,2339	2,3984	2,7783
	-10	2,3223	2,7419	2,9882	3,2655	3,9425
	0	2,9932	3,6639	4,0777	4,5619	5,8284
	10	3,9328	5,0506	5,7854	6,6903	9,2961
	20	5,3523	7,3581	8,7983	10,7090	17,1220
-10	-20	2,3223	2,6783	2,8834	3,1113	3,6545
	-10	2,9932	3,5788	3,9347	4,3464	5,4027
	0	3,9328	4,9333	5,5825	6,3742	8,6171
	10	5,3523	7,1873	8,4897	10,2030	15,8710
	20	7,7437	11,5670	14,6850	19,3460	40,2190
-20	-20	2,9932	3,4883	3,7825	4,1170	4,9497
	-10	3,9328	4,8085	5,3666	6,0378	7,8946
	0	5,3523	7,0055	8,1613	9,6648	14,5400
	10	7,7437	11,2740	14,1170	18,3250	36,8460
	20	12,5270	22,1550	32,2340	52,0540	291,8500

(vgl. Bergische Universität, Gesamthochschule Wuppertal, Unterirdisches Bauen, Grundbau, Bodenmechanik, Bodenmechanik 2, Tafeln für Erddruck- und Erdwiderstandsbeiwerte, für ebene Gleitflächen, Seite 18)

12.2.5 Erddruckbeiwerte K_{pch} nach Coulomb (ebene Gleitflächen)

φ = 25 [°]						
α [°]	β [°]	$\delta_p = 0$	$\delta_p = -1/3\ \varphi$	$\delta_p = -1/2\ \varphi$	$\delta_p = -2/3\ \varphi$	$\delta_p = -\varphi$
20	-20	1,1031	1,2966	1,4038	1,5193	1,7814
	-10	1,4439	1,7370	1,9049	2,0904	2,5292
	0	1,8659	2,3073	2,5699	2,8687	3,6114
	10	2,4084	3,0805	3,4991	3,9923	5,2977
	20	3,1394	4,1934	4,8882	5,7448	8,2135
10	-20	1,4439	1,6917	1,8315	1,9845	2,3400
	-10	1,8659	2,2471	2,4710	2,7234	3,3413
	0	2,4084	3,0001	3,3644	3,7900	4,9014
	10	3,1394	4,0840	4,7000	5,4538	7,5991
	20	4,1862	5,7747	6,8928	8,3511	13,0690
0	-20	1,8659	2,1905	2,3780	2,5868	3,0874
	-10	2,4084	2,9246	3,2378	3,6000	4,5290
	0	3,1394	3,9812	4,5232	5,1803	7,0218
	10	4,1862	5,6293	6,6335	7,9323	12,0760
	20	5,8154	8,5170	10,6180	13,6210	25,5970
-10	-20	2,4084	2,8491	3,1113	3,4100	4,1567
	-10	3,1394	3,8783	4,3464	4,9069	6,4444
	0	4,1862	5,4839	6,3742	7,5136	11,0830
	10	5,8154	8,2970	10,2030	12,9020	23,4930
	20	8,6801	14,2250	19,3460	28,0640	85,9460
-20	-20	3,1394	3,7689	4,1582	4,6158	5,8300
	-10	4,1862	5,3292	6,0982	7,0680	10,0260
	0	5,8154	8,0629	9,7616	12,1370	21,2530
	10	8,6801	13,8240	18,5090	26,3990	77,7520
	20	14,8200	30,9600	52,5750	112,2600	---

(vgl. Bergische Universität, Gesamthochschule Wuppertal, Unterirdisches Bauen, Grundbau, Bodenmechanik, Bodenmechanik 2, Tafeln für Erddruck- und Erdwiderstandsbeiwerte, für ebene Gleitflächen, Seite 19)

12.2.6 Erddruckbeiwerte K_{pch} nach Coulomb (ebene Gleitflächen)

φ = 27,5 [°]						
α [°]	β [°]	$\delta_p = 0$	$\delta_p = -1/3\ \varphi$	$\delta_p = -1/2\ \varphi$	$\delta_p = -2/3\ \varphi$	$\delta_p = -\varphi$
20	-20	1,1172	1,3424	1,4697	1,6091	1,9345
	-10	1,4721	1,8167	2,0191	2,2474	2,8074
	0	1,9173	2,4431	2,7660	3,1427	4,1246
	10	2,4983	3,3129	3,8405	4,4827	6,2934
	20	3,2959	4,6029	5,5090	6,6756	10,3500
10	-20	1,4721	1,7648	1,9340	2,1227	2,5769
	-10	1,9173	2,3732	2,6494	2,9684	3,7859
	0	2,4983	3,2181	3,6786	4,2340	5,7766
	10	3,2959	4,4712	5,2767	6,3052	9,4998
	20	4,4655	6,5065	8,0422	10,1700	18,0580
0	-20	1,9173	2,3076	2,5398	2,8045	3,4676
	-10	2,4983	3,1291	3,5264	4,0003	5,2909
	0	3,2959	4,3475	5,0584	5,9571	8,7011
	10	4,4655	6,3265	7,7096	9,6087	16,5400
	20	6,3452	10,0040	13,1360	18,0560	43,3960
-10	-20	2,4983	3,0401	3,3743	3,7665	4,8053
	-10	3,2959	4,2238	4,8402	5,6090	7,9024
	0	4,4655	6,1464	7,3770	0,0473	15,0220
	10	6,3452	9,7191	12,5690	17,0010	39,4130
	20	9,8101	18,0180	26,9070	45,1520	325,2500
-20	-20	3,2959	4,0922	4,6079	5,2386	7,0525
	-10	4,4655	5,9549	7,0230	8,4498	13,4060
	0	6,3452	9,4162	11,9660	15,8780	35,1740
	10	9,8101	17,4560	25,6150	42,1700	290,2700
	20	17,8530	46,8490	103,3200	429,2000	256,7600

(vgl. Bergische Universität, Gesamthochschule Wuppertal, Unterirdisches Bauen, Grundbau, Bodenmechanik, Bodenmechanik 2, Tafeln für Erddruck- und Erdwiderstandsbeiwerte, für ebene Gleitflächen, Seite 20)

12.2.7 Erddruckbeiwerte K_{pch} nach Coulomb (ebene Gleitflächen)

φ = 30 [°]						
α [°]	β [°]	$\delta_p = 0$	$\delta_p = -1/3\ \varphi$	$\delta_p = -1/2\ \varphi$	$\delta_p = -2/3\ \varphi$	$\delta_p = -\varphi$
20	-20	1,1305	1,3905	1,5409	1,7087	2,1133
	-10	1,5000	1,9024	2,1455	2,4260	3,1440
	0	1,9696	2,5924	2,9884	3,4641	4,7751
	10	2,5924	3,5753	4,2406	5,0816	7,6409
	20	3,4641	5,0816	6,2692	7,8785	13,5490
10	-20	1,5000	1,8432	2,0472	2,2797	2,8626
	-10	1,9696	2,5118	2,8515	3,2552	4,3476
	0	2,5924	3,4641	4,0464	4,7751	6,9569
	10	3,4641	4,9236	5,9820	7,4033	12,3360
	20	4,7751	7,4033	9,5409	12,7320	26,9880
	-20	1,9696	2,4360	2,7229	3,0589	3,9459
	-10	2,5924	3,3596	3,8638	4,4872	6,3141
0	0	3,4641	4,7751	5,7121	6,9596	11,1960
	10	4,7751	7,1801	9,1105	11,9640	24,4950
	20	6,9569	11,9640	16,7800	25,3610	92,7800
-10	-20	2,5924	3,2552	3,6812	4,1200	5,6713
	-10	3,4641	4,6267	5,4422	6,5104	10,0560
	0	4,7751	6,9569	8,6801	11,1960	22,0010
	10	6,9569	11,5920	15,9870	23,7330	83,3350
	20	11,1960	23,7330	40,5130	86,8260	---
-20	-20	3,4641	4,4687	5,1550	6,0353	8,8434
	-10	4,7751	6,7193	8,2220	10,3790	19,3470
	0	6,9569	11,1960	15,1430	22,0010	73,2830
	10	11,1960	22,9230	38,3750	80,4890	---
	20	22,0010	80,4890	303,5000	---	---

(vgl. Bergische Universität, Gesamthochschule Wuppertal, Unterirdisches Bauen, Grundbau, Bodenmechanik, Bodenmechanik 2, Tafeln für Erddruck- und Erdwiderstandsbeiwerte, für ebene Gleitflächen, Seite 21)

12.2.8 Erddruckbeiwerte K_{pch} nach Coulomb (ebene Gleitflächen)

φ = 32,5 [°]						
α [°]	β [°]	$\delta_p = 0$	$\delta_p = -1/3\ \varphi$	$\delta_p = -1/2\ \varphi$	$\delta_p = -2/3\ \varphi$	$\delta_p = -\varphi$
	-20	1,1430	1,4413	1,6183	1,8199	2,3251
	-10	1,5274	1,9947	2,2860	2,6310	3,5591
20	0	2,0229	2,7574	3,2430	3,8460	5,6225
	10	2,6909	3,8740	4,7156	5,8269	9,5432
	20	3,6455	5,6480	7,2179	9,4797	18,7050
	-20	1,5274	1,9277	2,1730	2,4596	3,2138
	-10	2,0229	2,6648	3,0827	3,5955	5,0769
10	0	2,6909	3,7439	4,4824	5,4474	8,6171
	10	3,6455	5,4584	6,8610	8,8623	16,8900
	20	5,1206	8,5235	11,5570	16,5300	45,7350
	-20	2,0229	2,5778	2,9320	3,3601	4,5642
	-10	2,6909	3,6217	4,2633	5,0908	7,7469
0	0	3,6455	5,2802	6,5256	8,2821	15,1840
	10	5,1206	8,2453	10,9920	15,4480	41,1160
	20	7,6704	14,6360	22,3810	38,8260	351,3100
	-20	2,6909	3,4995	4,0442	4,7342	6,8766
	-10	3,6455	5,1021	6,1902	7,7019	13,4780
-10	0	5,1206	7,9671	10,4270	14,3660	36,4980
	10	7,6704	14,1420	21,2310	36,1060	311,8400
	20	12,9290	33,0000	69,2370	243,8100	---
	-20	3,6455	4,9125	5,8333	7,0845	11,6630
	-10	5,1206	7,6710	9,8258	13,2140	31,5830
-20	0	7,6704	13,6170	20,0070	33,2120	269,8500
	10	12,9290	31,7740	65,2450	224,2600	---
	20	27,9180	174,6200	---	---	---

(vgl. Bergische Universität, Gesamthochschule Wuppertal, Unterirdisches Bauen, Grundbau, Bodenmechanik, Bodenmechanik 2, Tafeln für Erddruck- und Erdwiderstandsbeiwerte, für ebene Gleitflächen, Seite 22)

12.2.9 Erddruckbeiwerte K_{pch} nach Coulomb (ebene Gleitflächen)

φ = 35 [°]						
α [°]	β [°]	$\delta_p = 0$	$\delta_p = -1/3\ \varphi$	$\delta_p = -1/2\ \varphi$	$\delta_p = -2/3\ \varphi$	$\delta_p = -\varphi$
20	-20	1,1544	1,4950	1,7029	1,9451	2,5801
	-10	1,5543	2,0947	2,4435	2,8689	4,0828
	0	2,0771	2,9409	3,5374	4,3067	6,7640
	10	2,7944	4,2171	5,2875	6,7756	12,3790
	20	3,8420	6,3275	8,4288	11,6900	27,9240
10	-20	1,5543	2,0192	2,3138	2,6682	3,6553
	-10	2,0771	2,8349	3,3496	4,0054	6,0558
	0	2,7944	4,0652	5,0069	6,3016	11,0830
	10	3,8420	6,0995	7,9815	10,8730	25,0000
	20	5,5085	9,9543	14,3760	22,5630	97,7350
0	-20	2,0771	2,7353	3,1732	3,7223	5,3903
	-10	2,7944	3,9223	4,7432	5,8562	9,8648
	0	3,8420	5,8852	7,5611	10,1040	22,2530
	10	5,5085	9,6047	13,6180	20,9680	86,9940
	20	8,5127	18,4350	31,7230	68,4240	---
-10	-20	2,7944	3,7795	4,4795	5,4107	8,6468
	-10	3,8420	5,6709	7,1407	9,3355	19,5060
	0	5,5085	9255,0000	12,8610	19,3730	76,2530
	10	8,5127	17,7640	29,9600	63,2200	---
	20	15,1430	4,6720	149,3700	---	---
-20	-20	3,8420	5,4429	6,6934	8,5177	16,5820
	-10	5,5085	8,8828	12,0560	17,6760	64,8230
	0	8,5127	17,0500	28,0830	57,6810	---
	10	15,1430	47,6750	140,0200	---	---
	20	36,8320	671,8800	1113,3000	---	---

(vgl. Bergische Universität, Gesamthochschule Wuppertal, Unterirdisches Bauen, Grundbau, Bodenmechanik, Bodenmechanik 2, Tafeln für Erddruck- und Erdwiderstandsbeiwerte, für ebene Gleitflächen, Seite 23)

12.2.10 Erddruckbeiwerte K_{pch} nach Coulomb (ebene Gleitflächen)

φ = 37,5 [°]						
α [°]	β [°]	$\delta_p = 0$	$\delta_p = -1/3\ \varphi$	$\delta_p = -1/2\ \varphi$	$\delta_p = -2/3\ \varphi$	$\delta_p = -\varphi$
20	-20	1,1647	1,5519	1,7957	2,0874	2,8930
	-10	1,5804	2,2034	2,6214	3,1484	4,7616
	0	2,1322	3,1463	3,8815	4,8724	8,3676
	10	2,9031	4,6153	5,9880	8,0164	16,2700
	20	4,0556	7,1556	10,0170	14,8870	47,2610
10	-20	1,5804	2,1186	2,4728	2,9129	4,2257
	-10	2,1322	3,0252	3,6614	4,5080	7,4259
	0	2,9031	4,4377	5,6485	7,4167	15,0220
	10	4,0556	6,8802	9,4489	13,7740	41,9420
	20	5,9477	11,8320	18,5180	33,1150	---
0	-20	2,1322	2,9113	3,4547	4,1655	6,5409
	-10	2,9031	4,2707	5,3295	6,8532	13,2320
	0	4,0556	6,6213	8,1530	12,7270	36,9430
	10	5,9477	11,3870	17,4720	30,5990	325,7800
	20	9,5207	24,1380	49,2670	157,9500	---
-10	-20	2,9031	4,1038	5,0105	6,2897	11,4410
	-10	4,0556	6,3625	8,3817	11,6810	31,9450
	0	5,9477	10,9420	16,4260	28,0830	281,7000
	10	9,5207	23,1940	46,3180	144,7000	---
	20	18,0520	84,8530	571,3600	---	---
-20	-20	4,0556	6,0870	7,8138	10,5670	26,6260
	-10	5,9477	10,4680	15,3130	25,4050	234,8000
	0	9,5207	22,1900	43,1800	131,1500	---
	10	18,0520	81,1800	532,6500	---	---
	20	51,2780	---	---	---	---

(vgl. Bergische Universität, Gesamthochschule Wuppertal, Unterirdisches Bauen, Grundbau, Bodenmechanik, Bodenmechanik 2, Tafeln für Erddruck- und Erdwiderstandsbeiwerte, für ebene Gleitflächen, Seite 24)

12.2.11 Erddruckbeiwerte K_{pch} nach Coulomb (ebene Gleitflächen)

φ = 40 [°]						
α [°]	β [°]	$\delta_p = 0$	$\delta_p = -1/3\ \varphi$	$\delta_p = -1/2\ \varphi$	$\delta_p = -2/3\ \varphi$	$\delta_p = -\varphi$
20	-20	1,1736	1,6124	1,8982	2,2506	3,2856
	-10	1,6056	2,3222	2,8240	3,4814	5,6713
	0	2,1880	3,3779	4,2890	5,5817	10,7460
	10	3,0176	5,0829	6,8630	9,6940	25,0190
	20	4,2890	8,1838	12,1700	19,8010	100,8500
10	-20	1,6056	2,2271	2,6537	3,2040	4,9872
	-10	2,1880	3,2396	4,0304	5,1370	9,4499
	0	3,0176	4,8748	6,4491	8,9217	22,0010
	10	4,2890	7,8488	11,4360	18,2230	88,6830
	20	6,4491	14,3790	25,0190	54,4510	---
0	-20	2,1880	3,1097	3,7873	4,7191	8,2319
	-10	3,0176	4,6792	6,0602	8,1959	19,1650
	0	4,2890	7,5339	10,7460	16,7410	77,2530
	10	6,4491	13,8030	23,5100	50,0210	---
	20	10,7460	33,3460	89,0500	760,4500	---
-10	-20	3,0176	4,4837	5,6713	7,4701	16,3300
	-10	4,2890	7,2191	10,0560	15,2580	65,8230
	0	6,4491	13,2260	22,0010	45,5910	---
	10	10,7460	31,9530	83,3350	---	---
	20	22,0010	182,9600	---	---	---
-20	-20	4,2890	6,8840	9,3224	13,6810	53,6590
	-10	6,4491	12,6120	20,3950	40,8780	---
	0	10,7460	30,4700	77,2530	621,4400	---
	10	22,0010	174,4700	---	---	---
	20	77,2530	616,7800	---	---	---

(vgl. Bergische Universität, Gesamthochschule Wuppertal, Unterirdisches Bauen, Grundbau, Bodenmechanik, Bodenmechanik 2, Tafeln für Erddruck- und Erdwiderstandsbeiwerte, für ebene Gleitflächen, Seite 25)

12.3 Berechnung der Erddruckbeiwerte in kohäsiven Böden nach DIN 4085

12.3.1 Berechnung der Erddruckbeiwerte in kohäsiven Böden nach DIN 4085, Abschnitt 5.2.2.2, Formel (13), ebene Gleitflächen

Sonderfall: $\alpha = 0$ $\beta = 0$ $\delta = 0$ **Rankine Fall**

$K_{pc} = k_{pch} = 2 * \tan(45° + \text{cal } \varphi'/2) =$ $2 * \sqrt{K_{pgh}}$

Für Reibungswinkel
cal φ' = cal φ_u = 0 wird k_{pch} = 2,0

cal φ' Kohäsion (Rechenwert) des dränierten Bodens
cal φ_u Kohäsion (Rechenwert) des undränierten Bodens

$K_{pch} = K_{pc}$	cal φ'												
	15	17,5	20	22,5	25	27,5	30	32,5	35	37,5	40	42,5	45
	2,6065	2,7277	2,8563	2,9932	3,1394	3,2959	3,4641	3,6455	3,8420	4,0556	4,2890	4,5453	4,8284

$K_{pch} = K_{pc}$	cal φ_u												
	15	17,5	20	22,5	25	27,5	30	32,5	35	37,5	40	42,5	45
	2,6065	2,7277	2,8563	2,9932	3,1394	3,2959	3,4641	3,6455	3,8420	4,0556	4,2890	4,5453	4,8284

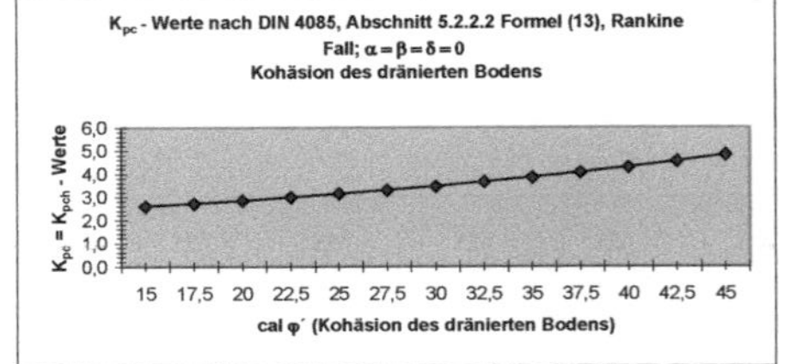

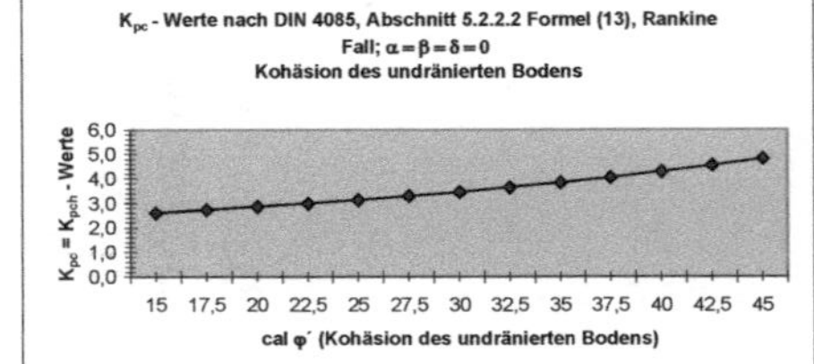

12.4 Berechnung der Erddruckbeiwerte in kohäsiven Böden nach DIN 4085, Abschnitt 5.2.2.2, Formel (10) und Formel (12)

12.4.1 Berechnung der Erddruckbeiwerte in kohäsiven Böden nach DIN 4085, Abschnitt 5.2.2.2, Formel (10)

Beiwerte für den passiven Erddruck für **ebene Gleitflächen**

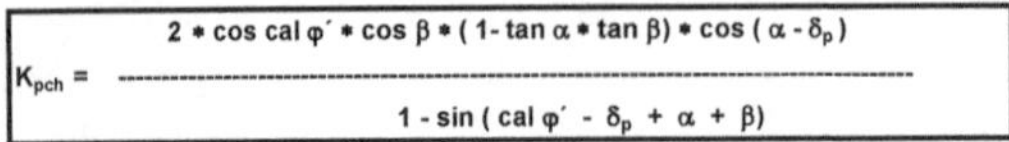

$$K_{pch} = \frac{2 * \cos \text{cal}\,\varphi' * \cos\beta * (1 - \tan\alpha * \tan\beta) * \cos(\alpha - \delta_p)}{1 - \sin(\text{cal}\,\varphi' - \delta_p + \alpha + \beta)}$$

α =	0
β =	0

φ	Beiwert	δ_p								
		−φ	−2/3 φ	−1/2 φ	−1/3 φ	0,0	1/3 φ	1/2 φ	2/3 φ	φ
0,0	K_{pch}	2,000	2,000	2,000	2,000	2,000	2,000	2,000	2,000	2,000
5,0	K_{pch}	2,411	2,330	2,291	2,254	2,183	2,115	2,083	2,052	1,992
10,0	K_{pch}	2,993	2,762	2,657	2,560	2,384	2,228	2,158	2,091	1,970
15,0	K_{pch}	3,864	3,346	3,129	2,936	2,606	2,338	2,222	2,116	1,932
17,5	K_{pch}	4,473	3,721	3,420	3,158	2,728	2,391	2,250	2,123	1,907
20,0	K_{pch}	5,261	4,172	3,759	3,410	2,856	2,443	2,274	2,126	1,879
22,5	K_{pch}	6,309	4,723	4,158	3,696	2,993	2,493	2,296	2,125	1,848
25,0	K_{pch}	7,748	5,407	4,633	4,024	3,139	2,542	2,313	2,120	1,813
27,5	K_{pch}	9,809	6,276	5,208	4,404	3,296	2,588	2,327	2,110	1,774
30,0	K_{pch}	12,928	7,403	5,914	4,849	3,464	2,632	2,337	2,096	1,732
32,5	K_{pch}	18,003	8,912	6,797	5,376	3,646	2,674	2,342	2,077	1,687
35,0	K_{pch}	27,166	11,004	7,928	6,009	3,842	2,713	2,343	2,054	1,638
37,5	K_{pch}	46,566	14,043	9,415	6,782	4,056	2,748	2,338	2,025	1,587
40,0	K_{pch}	100,847	18,733	11,436	7,743	4,289	2,780	2,328	1,991	1,532
42,5	K_{pch}	387,500	26,601	14,298	8,963	4,545	2,807	2,313	1,952	1,475
45,0	K_{pch}	#DIV/0!	41,504	18,579	10,556	4,828	2,828	2,291	1,908	1,414

Berechnung der Erddruckbeiwerte in kohäsiven Böden nach DIN 4085, Abschnitt 5.2.2.2, Formel (12)

Beiwerte für den passiven Erddruck für **ebene Gleitflächen**

$$K_{pc} = \frac{K_{pch}}{\cos(\alpha - \delta_p)}$$

α =	0
β =	0

φ	Beiwert	δ_p								
		−φ	−2/3 φ	−1/2 φ	−1/3 φ	0	1/3 φ	1/2 φ	2/3 φ	φ
0,0	K_{pc}	2,000	2,000	2,000	2,000	2,000	2,000	2,000	2,000	2,000
5,0	K_{pc}	2,420	2,334	2,294	2,255	2,183	2,116	2,085	2,056	2,000
10,0	K_{pc}	3,040	2,780	2,668	2,564	2,384	2,232	2,166	2,105	2,000
15,0	K_{pc}	4,000	3,397	3,156	2,947	2,606	2,347	2,241	2,149	2,000
17,5	K_{pc}	4,690	3,799	3,460	3,175	2,728	2,403	2,276	2,168	2,000
20,0	K_{pc}	5,599	4,287	3,817	3,433	2,856	2,459	2,309	2,185	2,000
22,5	K_{pc}	6,828	4,889	4,239	3,727	2,993	2,515	2,341	2,200	2,000
25,0	K_{pc}	8,549	5,645	4,746	4,067	3,139	2,569	2,369	2,213	2,000
27,5	K_{pc}	11,059	6,611	5,361	4,461	3,296	2,622	2,396	2,223	2,000
30,0	K_{pc}	14,928	7,878	6,122	4,924	3,464	2,673	2,419	2,231	2,000
32,5	K_{pc}	21,346	9,589	7,080	5,474	3,646	2,723	2,440	2,235	2,000
35,0	K_{pc}	33,163	11,984	8,313	6,136	3,842	2,770	2,456	2,236	2,000
37,5	K_{pc}	58,695	15,495	9,943	6,947	4,056	2,815	2,469	2,234	2,000
40,0	K_{pc}	131,646	20,963	12,170	7,957	4,289	2,857	2,478	2,228	2,000
42,5	K_{pc}	525,582	30,221	15,342	9,244	4,545	2,895	2,482	2,218	2,000
45,0	K_{pc}	#DIV/0!	47,925	20,109	10,928	4,828	2,928	2,480	2,203	2,000

Errechnete δ_p - Werte für vorhergegangene Formeln

φ		δ_p								
		−φ	−2/3 φ	−1/2 φ	−1/3 φ	0,0	1/3 φ	1/2 φ	2/3 φ	φ
0,0	δ_p - Werte	0,000	0,000	0,000	0,000	0,000	0,000	0,000	0,000	0,000
5,0		-5,000	-3,333	-2,500	-1,667	0,000	1,667	2,500	3,333	5,000
10,0		-10,000	-6,667	-5,000	-3,333	0,000	3,333	5,000	6,667	10,000
15,0		-15,000	-10,000	-7,500	-5,000	0,000	5,000	7,500	10,000	15,000
20,0		-20,000	-13,333	-10,000	-6,667	0,000	6,667	10,000	13,333	20,000
25,0		-25,000	-16,667	-12,500	-8,333	0,000	8,333	12,500	16,667	25,000
27,5		-27,500	-18,333	-13,750	-9,167	0,000	9,167	13,750	18,333	27,500
30,0		-30,000	-20,000	-15,000	-10,000	0,000	10,000	15,000	20,000	30,000
32,5		-32,500	-21,667	-16,250	-10,833	0,000	10,833	16,250	21,667	32,500
35,0		-35,000	-23,333	-17,500	-11,667	0,000	11,667	17,500	23,333	35,000
37,5		-37,500	-25,000	-18,750	-12,500	0,000	12,500	18,750	25,000	37,500
40,0		-40,000	-26,667	-20,000	-13,333	0,000	13,333	20,000	26,667	40,000
42,5		-42,500	-28,333	-21,250	-14,167	0,000	14,167	21,250	28,333	42,500
45,0		-45,000	-30,000	-22,500	-15,000	0,000	15,000	22,500	30,000	45,000

12.4.2 Berechnung der Erddruckbeiwerte in kohäsiven Böden nach DIN 4085, Abschnitt 5.2.2.2, Formel (10)

Beiwerte für den passiven Erddruck für **ebene Gleitflächen**

$$K_{pch} = \frac{2 * \cos \mathrm{cal}\,\varphi' * \cos \beta * (1 - \tan \alpha * \tan \beta) * \cos(\alpha - \delta_p)}{1 - \sin(\mathrm{cal}\,\varphi' - \delta_p + \alpha + \beta)}$$

α =	0
β =	5

φ	Beiwert	δ_p								
		$-\varphi$	$-2/3\ \varphi$	$-1/2\ \varphi$	$-1/3\ \varphi$	0,0	$1/3\ \varphi$	$1/2\ \varphi$	$2/3\ \varphi$	φ
0,0	K_{pch}	2,183	2,183	2,183	2,183	2,183	2,183	2,183	2,183	2,183
5,0	K_{pch}	2,678	2,580	2,533	2,488	2,402	2,321	2,283	2,245	2,174
10,0	K_{pch}	3,398	3,111	2,982	2,863	2,647	2,459	2,374	2,295	2,149
15,0	K_{pch}	4,513	3,849	3,575	3,333	2,925	2,597	2,456	2,329	2,108
17,5	K_{pch}	5,319	4,334	3,949	3,617	3,078	2,664	2,493	2,340	2,082
20,0	K_{pch}	6,392	4,930	4,391	3,941	3,243	2,731	2,526	2,347	2,051
22,5	K_{pch}	7,868	5,674	4,921	4,317	3,420	2,798	2,556	2,349	2,016
25,0	K_{pch}	9,985	6,623	5,566	4,755	3,611	2,863	2,582	2,347	1,978
27,5	K_{pch}	13,191	7,865	6,365	5,272	3,819	2,926	2,604	2,340	1,936
30,0	K_{pch}	18,416	9,541	7,375	5,891	4,046	2,988	2,622	2,328	1,890
32,5	K_{pch}	27,863	11,889	8,682	6,642	4,295	3,049	2,636	2,311	1,841
35,0	K_{pch}	47,898	15,344	10,421	7,570	4,569	3,106	2,644	2,288	1,788
37,5	K_{pch}	104,044	20,765	12,822	8,740	4,872	3,161	2,647	2,260	1,732
40,0	K_{pch}	401,087	30,070	16,290	10,251	5,211	3,213	2,643	2,227	1,672
42,5	K_{pch}	#DIV/0!	48,301	21,605	12,262	5,591	3,261	2,634	2,187	1,609
45,0	K_{pch}	370,229	92,734	30,439	15,037	6,022	3,304	2,617	2,141	1,543

Berechnung der Erddruckbeiwerte in kohäsiven Böden nach DIN 4085, Abschnitt 5.2.2.2, Formel (12)

Beiwerte für den passiven Erddruck für **ebene Gleitflächen**

$$K_{pc} = \frac{K_{pch}}{\cos(\alpha - \delta_p)}$$

α =	0
β =	5

φ	Beiwert	δ_p								
		$-\varphi$	$-2/3\ \varphi$	$-1/2\ \varphi$	$-1/3\ \varphi$	0	$1/3\ \varphi$	$1/2\ \varphi$	$2/3\ \varphi$	φ
0,0	K_{pc}	2,183	2,183	2,183	2,183	2,183	2,183	2,183	2,183	2,183
5,0	K_{pc}	2,688	2,584	2,535	2,489	2,402	2,322	2,285	2,249	2,183
10,0	K_{pc}	3,451	3,132	2,993	2,867	2,647	2,464	2,384	2,310	2,183
15,0	K_{pc}	4,672	3,908	3,606	3,346	2,925	2,606	2,477	2,365	2,183
17,5	K_{pc}	5,578	4,426	3,995	3,635	3,078	2,678	2,522	2,389	2,183
20,0	K_{pc}	6,802	5,067	4,458	3,968	3,243	2,750	2,565	2,412	2,183
22,5	K_{pc}	8,516	5,874	5,017	4,354	3,420	2,822	2,606	2,432	2,183
25,0	K_{pc}	11,017	6,914	5,701	4,806	3,611	2,893	2,645	2,450	2,183
27,5	K_{pc}	14,871	8,286	6,553	5,340	3,819	2,964	2,681	2,465	2,183
30,0	K_{pc}	21,265	10,153	7,635	5,982	4,046	3,035	2,715	2,477	2,183
32,5	K_{pc}	33,037	12,793	9,043	6,763	4,295	3,104	2,745	2,487	2,183
35,0	K_{pc}	58,472	16,710	10,927	7,730	4,569	3,172	2,772	2,492	2,183
37,5	K_{pc}	131,145	22,912	13,541	8,953	4,872	3,238	2,795	2,494	2,183
40,0	K_{pc}	523,582	33,649	17,336	10,535	5,211	3,302	2,813	2,492	2,183
42,5	K_{pc}	#DIV/0!	54,875	23,181	12,646	5,591	3,363	2,826	2,485	2,183
45,0	K_{pc}	523,582	107,080	32,947	15,567	6,022	3,420	2,833	2,472	2,183

Errechnete δ_p - Werte für vorhergegangene Formeln

φ		δ_p								
		−φ	−2/3 φ	−1/2 φ	−1/3 φ	0,0	1/3 φ	1/2 φ	2/3 φ	φ
0,0	δ_p - Werte	0,000	0,000	0,000	0,000	0,000	0,000	0,000	0,000	0,000
5,0		-5,000	-3,333	-2,500	-1,667	0,000	1,667	2,500	3,333	5,000
10,0		-10,000	-6,667	-5,000	-3,333	0,000	3,333	5,000	6,667	10,000
15,0		-15,000	-10,000	-7,500	-5,000	0,000	5,000	7,500	10,000	15,000
20,0		-20,000	-13,333	-10,000	-6,667	0,000	6,667	10,000	13,333	20,000
25,0		-25,000	-16,667	-12,500	-8,333	0,000	8,333	12,500	16,667	25,000
27,5		-27,500	-18,333	-13,750	-9,167	0,000	9,167	13,750	18,333	27,500
30,0		-30,000	-20,000	-15,000	-10,000	0,000	10,000	15,000	20,000	30,000
32,5		-32,500	-21,667	-16,250	-10,833	0,000	10,833	16,250	21,667	32,500
35,0		-35,000	-23,333	-17,500	-11,667	0,000	11,667	17,500	23,333	35,000
37,5		-37,500	-25,000	-18,750	-12,500	0,000	12,500	18,750	25,000	37,500
40,0		-40,000	-26,667	-20,000	-13,333	0,000	13,333	20,000	26,667	40,000
42,5		-42,500	-28,333	-21,250	-14,167	0,000	14,167	21,250	28,333	42,500
45,0		-45,000	-30,000	-22,500	-15,000	0,000	15,000	22,500	30,000	45,000

12.4.3 Berechnung der Erddruckbeiwerte in kohäsiven Böden nach DIN 4085, Abschnitt 5.2.2.2, Formel (10)

Beiwerte für den passiven Erddruck für **ebene Gleitflächen**

$$K_{pch} = \frac{2 \cdot \cos cal\,\varphi' \cdot \cos\beta \cdot (1 - \tan\alpha \cdot \tan\beta) \cdot \cos(\alpha - \delta_p)}{1 - \sin(cal\,\varphi' - \delta_p + \alpha + \beta)}$$

α =	0
β =	10

φ	Beiwert	δ_p								
		−φ	−2/3 φ	−1/2 φ	−1/3 φ	0,0	1/3 φ	1/2 φ	2/3 φ	φ
0,0	K_{pch}	2,384	2,384	2,384	2,384	2,384	2,384	2,384	2,384	2,384
5,0	K_{pch}	2,982	2,863	2,806	2,751	2,647	2,550	2,504	2,459	2,374
10,0	K_{pch}	3,879	3,519	3,359	3,212	2,948	2,720	2,617	2,521	2,347
15,0	K_{pch}	5,326	4,462	4,112	3,805	3,295	2,891	2,721	2,567	2,302
17,5	K_{pch}	6,413	5,099	4,596	4,170	3,490	2,978	2,768	2,583	2,273
20,0	K_{pch}	7,911	5,899	5,181	4,594	3,702	3,065	2,813	2,595	2,240
22,5	K_{pch}	10,062	6,926	5,899	5,094	3,933	3,152	2,854	2,602	2,202
25,0	K_{pch}	13,324	8,280	6,795	5,689	4,186	3,239	2,892	2,604	2,160
27,5	K_{pch}	18,647	10,123	7,937	6,408	4,465	3,325	2,925	2,601	2,114
30,0	K_{pch}	28,284	12,732	9,432	7,291	4,775	3,411	2,954	2,592	2,064
32,5	K_{pch}	48,751	16,622	11,449	8,395	5,121	3,497	2,979	2,578	2,010
35,0	K_{pch}	106,200	22,836	14,279	9,807	5,509	3,581	2,998	2,558	1,952
37,5	K_{pch}	410,638	33,762	18,451	11,663	5,948	3,664	3,011	2,531	1,891
40,0	K_{pch}	#DIV/0!	55,975	25,019	14,185	6,449	3,745	3,018	2,498	1,826
42,5	K_{pch}	381,613	113,708	36,349	17,756	7,027	3,824	3,018	2,459	1,757
45,0	K_{pch}	91,674	365,997	58,755	23,094	7,701	3,899	3,010	2,412	1,685

Berechnung der Erddruckbeiwerte in kohäsiven Böden nach DIN 4085, Abschnitt 5.2.2.2, Formel (12)

Beiwerte für den passiven Erddruck für **ebene Gleitflächen**

$$K_{pc} = \frac{K_{pch}}{\cos(\alpha - \delta_p)}$$

α =	0
β =	10

φ	Beiwert	δ_p								
		−φ	−2/3 φ	−1/2 φ	−1/3 φ	0	1/3 φ	1/2 φ	2/3 φ	φ
0,0	K_{pc}	2,384	2,384	2,384	2,384	2,384	2,384	2,384	2,384	2,384
5,0	K_{pc}	2,993	2,867	2,809	2,752	2,647	2,551	2,506	2,464	2,384
10,0	K_{pc}	3,939	3,543	3,372	3,217	2,948	2,724	2,627	2,538	2,384
15,0	K_{pc}	5,514	4,530	4,147	3,820	3,295	2,902	2,744	2,606	2,384
17,5	K_{pc}	6,725	5,206	4,650	4,192	3,490	2,993	2,801	2,638	2,384
20,0	K_{pc}	8,419	6,062	5,261	4,626	3,702	3,086	2,856	2,667	2,384
22,5	K_{pc}	10,891	7,171	6,014	5,138	3,933	3,179	2,910	2,694	2,384
25,0	K_{pc}	14,701	8,643	6,960	5,750	4,186	3,273	2,962	2,718	2,384
27,5	K_{pc}	21,022	10,664	8,171	6,491	4,465	3,368	3,011	2,740	2,384
30,0	K_{pc}	32,660	13,549	9,765	7,403	4,775	3,464	3,058	2,759	2,384
32,5	K_{pc}	57,804	17,886	11,926	8,547	5,121	3,560	3,102	2,774	2,384
35,0	K_{pc}	129,646	24,870	14,972	10,014	5,509	3,657	3,143	2,786	2,384
37,5	K_{pc}	517,598	37,252	19,485	11,947	5,948	3,753	3,179	2,793	2,384
40,0	K_{pc}	#DIV/0!	62,638	26,624	14,578	6,449	3,849	3,211	2,796	2,384
42,5	K_{pc}	517,598	129,184	39,001	18,313	7,027	3,944	3,238	2,793	2,384
45,0	K_{pc}	129,646	422,617	63,596	23,908	7,701	4,036	3,258	2,785	2,384

Errechnete δ_p - Werte für vorhergegangene Formeln

φ		δ_p								
		$-\varphi$	$-2/3\ \varphi$	$-1/2\ \varphi$	$-1/3\ \varphi$	0,0	$1/3\ \varphi$	$1/2\ \varphi$	$2/3\ \varphi$	φ
0,0	δ_p - Werte	0,000	0,000	0,000	0,000	0,000	0,000	0,000	0,000	0,000
5,0		-5,000	-3,333	-2,500	-1,667	0,000	1,667	2,500	3,333	5,000
10,0		-10,000	-6,667	-5,000	-3,333	0,000	3,333	5,000	6,667	10,000
15,0		-15,000	-10,000	-7,500	-5,000	0,000	5,000	7,500	10,000	15,000
20,0		-20,000	-13,333	-10,000	-6,667	0,000	6,667	10,000	13,333	20,000
25,0		-25,000	-16,667	-12,500	-8,333	0,000	8,333	12,500	16,667	25,000
27,5		-27,500	-18,333	-13,750	-9,167	0,000	9,167	13,750	18,333	27,500
30,0		-30,000	-20,000	-15,000	-10,000	0,000	10,000	15,000	20,000	30,000
32,5		-32,500	-21,667	-16,250	-10,833	0,000	10,833	16,250	21,667	32,500
35,0		-35,000	-23,333	-17,500	-11,667	0,000	11,667	17,500	23,333	35,000
37,5		-37,500	-25,000	-18,750	-12,500	0,000	12,500	18,750	25,000	37,500
40,0		-40,000	-26,667	-20,000	-13,333	0,000	13,333	20,000	26,667	40,000
42,5		-42,500	-28,333	-21,250	-14,167	0,000	14,167	21,250	28,333	42,500
45,0		-45,000	-30,000	-22,500	-15,000	0,000	15,000	22,500	30,000	45,000

12.4.4 Berechnung der Erddruckbeiwerte in kohäsiven Böden nach DIN 4085, Abschnitt 5.2.2.2, Formel (10)

Beiwerte für den passiven Erddruck für **ebene Gleitflächen**

$$K_{pch} = \frac{2 * \cos cal\,\varphi' * \cos\beta * (1 - \tan\alpha * \tan\beta) * \cos(\alpha - \delta_p)}{1 - \sin(cal\,\varphi' - \delta_p + \alpha + \beta)}$$

α =	0
β =	15

φ	Beiwert	δ_p: −φ	−2/3 φ	−1/2 φ	−1/3 φ	0,0	1/3 φ	1/2 φ	2/3 φ	φ
0,0	K_{pch}	2,606	2,606	2,606	2,606	2,606	2,606	2,606	2,606	2,606
5,0	K_{pch}	3,333	3,187	3,118	3,051	2,925	2,808	2,752	2,698	2,597
10,0	K_{pch}	4,462	4,005	3,805	3,621	3,295	3,016	2,891	2,776	2,567
15,0	K_{pch}	6,371	5,224	4,770	4,376	3,732	3,232	3,023	2,836	2,518
17,5	K_{pch}	7,875	6,076	5,409	4,852	3,982	3,343	3,085	2,859	2,486
20,0	K_{pch}	10,038	7,176	6,198	5,416	4,257	3,455	3,144	2,878	2,449
22,5	K_{pch}	13,322	8,637	7,192	6,094	4,562	3,570	3,200	2,891	2,408
25,0	K_{pch}	18,687	10,643	8,473	6,921	4,901	3,686	3,253	2,899	2,362
27,5	K_{pch}	28,414	13,515	10,168	7,949	5,282	3,804	3,302	2,901	2,312
30,0	K_{pch}	49,100	17,857	12,488	9,251	5,712	3,923	3,346	2,898	2,257
32,5	K_{pch}	107,246	24,920	15,799	10,944	6,202	4,045	3,386	2,888	2,198
35,0	K_{pch}	415,862	37,669	20,789	13,210	6,764	4,167	3,420	2,871	2,135
37,5	K_{pch}	#DIV/0!	64,658	28,880	16,358	7,417	4,291	3,449	2,847	2,068
40,0	K_{pch}	388,901	140,162	43,431	20,946	8,183	4,415	3,470	2,817	1,997
42,5	K_{pch}	93,752	538,882	74,126	28,061	9,095	4,540	3,485	2,778	1,922
45,0	K_{pch}	40,090	#DIV/0!	159,673	40,090	10,196	4,664	3,492	2,732	1,843

Berechnung der Erddruckbeiwerte in kohäsiven Böden nach DIN 4085, Abschnitt 5.2.2.2, Formel (12)

Beiwerte für den passiven Erddruck für **ebene Gleitflächen**

$$K_{pc} = \frac{K_{pch}}{\cos(\alpha - \delta_p)}$$

α =	0
β =	15

φ	Beiwert	δ_p: −φ	−2/3 φ	−1/2 φ	−1/3 φ	0	1/3 φ	1/2 φ	2/3 φ	φ
0,0	K_{pc}	2,606	2,606	2,606	2,606	2,606	2,606	2,606	2,606	2,606
5,0	K_{pc}	3,346	3,192	3,120	3,052	2,925	2,809	2,755	2,703	2,606
10,0	K_{pc}	4,530	4,032	3,820	3,627	3,295	3,021	2,902	2,794	2,606
15,0	K_{pc}	6,596	5,304	4,811	4,393	3,732	3,244	3,049	2,880	2,606
17,5	K_{pc}	8,257	6,204	5,472	4,877	3,982	3,360	3,121	2,920	2,606
20,0	K_{pc}	10,682	7,375	6,294	5,453	4,257	3,479	3,193	2,958	2,606
22,5	K_{pc}	14,420	8,942	7,333	6,146	4,562	3,600	3,263	2,993	2,606
25,0	K_{pc}	20,619	11,109	8,678	6,995	4,901	3,725	3,332	3,026	2,606
27,5	K_{pc}	32,033	14,237	10,468	8,051	5,282	3,853	3,399	3,057	2,606
30,0	K_{pc}	56,695	19,003	12,928	9,394	5,712	3,984	3,464	3,084	2,606
32,5	K_{pc}	127,160	26,815	16,456	11,142	6,202	4,118	3,527	3,107	2,606
35,0	K_{pc}	507,674	41,024	21,798	13,488	6,764	4,255	3,586	3,127	2,606
37,5	K_{pc}	#DIV/0!	71,342	30,498	16,755	7,417	4,395	3,642	3,142	2,606
40,0	K_{pc}	507,674	156,846	46,219	21,526	8,183	4,537	3,693	3,152	2,606
42,5	K_{pc}	127,160	612,226	79,534	28,941	9,095	4,682	3,739	3,156	2,606
45,0	K_{pc}	56,695	#DIV/0!	172,829	41,504	10,196	4,828	3,779	3,155	2,606

Errechnete δ_p - Werte für vorhergegangene Formeln

φ		δ_p								
		$-\varphi$	$-2/3\ \varphi$	$-1/2\ \varphi$	$-1/3\ \varphi$	0,0	$1/3\ \varphi$	$1/2\ \varphi$	$2/3\ \varphi$	φ
0,0	δ_p - Werte	0,000	0,000	0,000	0,000	0,000	0,000	0,000	0,000	0,000
5,0		-5,000	-3,333	-2,500	-1,667	0,000	1,667	2,500	3,333	5,000
10,0		-10,000	-6,667	-5,000	-3,333	0,000	3,333	5,000	6,667	10,000
15,0		-15,000	-10,000	-7,500	-5,000	0,000	5,000	7,500	10,000	15,000
20,0		-20,000	-13,333	-10,000	-6,667	0,000	6,667	10,000	13,333	20,000
25,0		-25,000	-16,667	-12,500	-8,333	0,000	8,333	12,500	16,667	25,000
27,5		-27,500	-18,333	-13,750	-9,167	0,000	9,167	13,750	18,333	27,500
30,0		-30,000	-20,000	-15,000	-10,000	0,000	10,000	15,000	20,000	30,000
32,5		-32,500	-21,667	-16,250	-10,833	0,000	10,833	16,250	21,667	32,500
35,0		-35,000	-23,333	-17,500	-11,667	0,000	11,667	17,500	23,333	35,000
37,5		-37,500	-25,000	-18,750	-12,500	0,000	12,500	18,750	25,000	37,500
40,0		-40,000	-26,667	-20,000	-13,333	0,000	13,333	20,000	26,667	40,000
42,5		-42,500	-28,333	-21,250	-14,167	0,000	14,167	21,250	28,333	42,500
45,0		-45,000	-30,000	-22,500	-15,000	0,000	15,000	22,500	30,000	45,000

12.4.5 Berechnung der Erddruckbeiwerte in kohäsiven Böden nach DIN 4085, Abschnitt 5.2.2.2, Formel (10)

Beiwerte für den passiven Erddruck für **ebene Gleitflächen**

$$K_{pch} = \frac{2 * \cos \text{cal}\,\varphi' * \cos\beta * (1 - \tan\alpha * \tan\beta) * \cos(\alpha - \delta_p)}{1 - \sin(\text{cal}\,\varphi' - \delta_p + \alpha + \beta)}$$

$\alpha =$	0
$\beta =$	17,5

φ	Beiwert	δ_p								
		−φ	−2/3 φ	−1/2 φ	−1/3 φ	0,0	1/3 φ	1/2 φ	2/3 φ	φ
0,0	K_{pch}	2,728	2,728	2,728	2,728	2,728	2,728	2,728	2,728	2,728
5,0	K_{pch}	3,530	3,368	3,291	3,217	3,078	2,949	2,888	2,829	2,717
10,0	K_{pch}	4,801	4,285	4,060	3,854	3,490	3,181	3,043	2,915	2,686
15,0	K_{pch}	7,013	5,679	5,158	4,709	3,982	3,423	3,191	2,985	2,635
17,5	K_{pch}	8,803	6,673	5,897	5,256	4,266	3,549	3,262	3,012	2,601
20,0	K_{pch}	11,445	7,977	6,822	5,911	4,581	3,677	3,330	3,035	2,563
22,5	K_{pch}	15,597	9,744	8,006	6,708	4,933	3,809	3,395	3,052	2,520
25,0	K_{pch}	22,710	12,231	9,559	7,694	5,329	3,943	3,457	3,064	2,472
27,5	K_{pch}	36,556	15,906	11,661	8,939	5,777	4,081	3,516	3,070	2,419
30,0	K_{pch}	69,688	21,701	14,620	10,548	6,288	4,222	3,570	3,069	2,362
32,5	K_{pch}	188,041	31,694	18,996	12,688	6,876	4,367	3,620	3,062	2,300
35,0	K_{pch}	1641,641	51,377	25,909	15,635	7,561	4,514	3,664	3,048	2,234
37,5	K_{pch}	1589,938	99,608	37,879	19,880	8,368	4,665	3,703	3,027	2,164
40,0	K_{pch}	170,795	282,176	61,643	26,360	9,330	4,818	3,735	2,998	2,090
42,5	K_{pch}	59,328	3324,212	120,833	37,066	10,497	4,975	3,759	2,961	2,011
45,0	K_{pch}	29,142	1417,094	354,442	56,900	11,937	5,134	3,776	2,915	1,929

Berechnung der Erddruckbeiwerte in kohäsiven Böden nach DIN 4085, Abschnitt 5.2.2.2, Formel (12)

Beiwerte für den passiven Erddruck für **ebene Gleitflächen**

$$K_{pc} = \frac{K_{pch}}{\cos(\alpha - \delta_p)}$$

$\alpha =$	0
$\beta =$	17,5

φ	Beiwert	δ_p								
		−φ	−2/3 φ	−1/2 φ	−1/3 φ	0	1/3 φ	1/2 φ	2/3 φ	φ
0,0	K_{pc}	2,728	2,728	2,728	2,728	2,728	2,728	2,728	2,728	2,728
5,0	K_{pc}	3,544	3,373	3,294	3,219	3,078	2,950	2,891	2,834	2,728
10,0	K_{pc}	4,875	4,314	4,075	3,860	3,490	3,186	3,055	2,935	2,728
15,0	K_{pc}	7,260	5,767	5,202	4,727	3,982	3,436	3,219	3,031	2,728
17,5	K_{pc}	9,230	6,813	5,966	5,283	4,266	3,567	3,300	3,076	2,728
20,0	K_{pc}	12,180	8,198	6,928	5,951	4,581	3,702	3,381	3,119	2,728
22,5	K_{pc}	16,882	10,088	8,163	6,765	4,933	3,841	3,462	3,160	2,728
25,0	K_{pc}	25,058	12,767	9,791	7,776	5,329	3,985	3,541	3,198	2,728
27,5	K_{pc}	41,212	16,757	12,005	9,054	5,777	4,134	3,620	3,234	2,728
30,0	K_{pc}	80,469	23,094	15,136	10,711	6,288	4,287	3,696	3,266	2,728
32,5	K_{pc}	222,958	34,104	19,786	12,918	6,876	4,446	3,770	3,295	2,728
35,0	K_{pc}	2004,073	55,953	27,166	15,965	7,561	4,609	3,842	3,319	2,728
37,5	K_{pc}	2004,073	109,905	40,002	20,363	8,368	4,778	3,910	3,339	2,728
40,0	K_{pc}	222,958	315,763	65,599	27,090	9,330	4,952	3,974	3,354	2,728
42,5	K_{pc}	80,469	3776,650	129,648	38,229	10,497	5,131	4,034	3,363	2,728
45,0	K_{pc}	41,212	1636,319	383,645	58,907	11,937	5,315	4,087	3,366	2,728

Errechnete δ_p - Werte für vorhergegangene Formeln

φ		δ_p								
		$-\varphi$	$-2/3\ \varphi$	$-1/2\ \varphi$	$-1/3\ \varphi$	0,0	$1/3\ \varphi$	$1/2\ \varphi$	$2/3\ \varphi$	φ
0,0	δ_p - Werte	0,000	0,000	0,000	0,000	0,000	0,000	0,000	0,000	0,000
5,0		-5,000	-3,333	-2,500	-1,667	0,000	1,667	2,500	3,333	5,000
10,0		-10,000	-6,667	-5,000	-3,333	0,000	3,333	5,000	6,667	10,000
15,0		-15,000	-10,000	-7,500	-5,000	0,000	5,000	7,500	10,000	15,000
20,0		-20,000	-13,333	-10,000	-6,667	0,000	6,667	10,000	13,333	20,000
25,0		-25,000	-16,667	-12,500	-8,333	0,000	8,333	12,500	16,667	25,000
27,5		-27,500	-18,333	-13,750	-9,167	0,000	9,167	13,750	18,333	27,500
30,0		-30,000	-20,000	-15,000	-10,000	0,000	10,000	15,000	20,000	30,000
32,5		-32,500	-21,667	-16,250	-10,833	0,000	10,833	16,250	21,667	32,500
35,0		-35,000	-23,333	-17,500	-11,667	0,000	11,667	17,500	23,333	35,000
37,5		-37,500	-25,000	-18,750	-12,500	0,000	12,500	18,750	25,000	37,500
40,0		-40,000	-26,667	-20,000	-13,333	0,000	13,333	20,000	26,667	40,000
42,5		-42,500	-28,333	-21,250	-14,167	0,000	14,167	21,250	28,333	42,500
45,0		-45,000	-30,000	-22,500	-15,000	0,000	15,000	22,500	30,000	45,000

12.4.6 Berechnung der Erddruckbeiwerte in kohäsiven Böden nach DIN 4085, Abschnitt 5.2.2.2, Formel (10)

Beiwerte für den passiven Erddruck für **ebene Gleitflächen**

$$K_{pch} = \frac{2 * \cos \text{cal}\,\varphi' * \cos\beta * (1 - \tan\alpha * \tan\beta) * \cos(\alpha - \delta_p)}{1 - \sin(\text{cal}\,\varphi' - \delta_p + \alpha + \beta)}$$

α =	0
β =	20

φ	Beiwert	δ_p								
		$-\varphi$	$-2/3\,\varphi$	$-1/2\,\varphi$	$-1/3\,\varphi$	0,0	$1/3\,\varphi$	$1/2\,\varphi$	$2/3\,\varphi$	φ
0,0	K_{pch}	2,856	2,856	2,856	2,856	2,856	2,856	2,856	2,856	2,856
5,0	K_{pch}	3,744	3,563	3,478	3,397	3,243	3,100	3,033	2,968	2,845
10,0	K_{pch}	5,181	4,594	4,340	4,108	3,702	3,358	3,206	3,065	2,813
15,0	K_{pch}	7,759	6,198	5,596	5,082	4,257	3,631	3,373	3,144	2,759
17,5	K_{pch}	9,911	7,364	6,456	5,713	4,581	3,773	3,453	3,177	2,724
20,0	K_{pch}	13,182	8,925	7,549	6,478	4,944	3,920	3,532	3,204	2,684
22,5	K_{pch}	18,532	11,087	8,971	7,422	5,352	4,072	3,608	3,226	2,639
25,0	K_{pch}	28,244	14,218	10,876	8,608	5,815	4,228	3,681	3,242	2,589
27,5	K_{pch}	48,924	19,021	13,523	10,133	6,345	4,390	3,751	3,252	2,534
30,0	K_{pch}	107,133	26,988	17,372	12,149	6,957	4,556	3,817	3,255	2,474
32,5	K_{pch}	416,539	41,777	23,312	14,902	7,670	4,729	3,878	3,252	2,409
35,0	K_{pch}	#DIV/0!	74,518	33,263	18,824	8,513	4,907	3,935	3,241	2,340
37,5	K_{pch}	391,826	174,283	52,028	24,724	9,521	5,091	3,986	3,222	2,266
40,0	K_{pch}	94,765	851,0	94,765	34,270	10,746	5,281	4,030	3,196	2,188
42,5	K_{pch}	40,665	13100,6	233,127	51,405	12,263	5,477	4,068	3,161	2,106
45,0	K_{pch}	22,036	349,230	1396,256	87,474	14,184	5,680	4,096	3,116	2,020

Berechnung der Erddruckbeiwerte in kohäsiven Böden nach DIN 4085, Abschnitt 5.2.2.2, Formel (12)

Beiwerte für den passiven Erddruck für **ebene Gleitflächen**

$$K_{pc} = \frac{K_{pch}}{\cos(\alpha - \delta_p)}$$

α =	0
β =	20

φ	Beiwert	δ_p								
		$-\varphi$	$-2/3\,\varphi$	$-1/2\,\varphi$	$-1/3\,\varphi$	0	$1/3\,\varphi$	$1/2\,\varphi$	$2/3\,\varphi$	φ
0,0	K_{pc}	2,856	2,856	2,856	2,856	2,856	2,856	2,856	2,856	2,856
5,0	K_{pc}	3,759	3,569	3,482	3,398	3,243	3,101	3,036	2,973	2,856
10,0	K_{pc}	5,261	4,626	4,357	4,115	3,702	3,364	3,218	3,086	2,856
15,0	K_{pc}	8,033	6,294	5,644	5,101	4,257	3,645	3,402	3,193	2,856
17,5	K_{pc}	10,392	7,520	6,532	5,742	4,581	3,793	3,494	3,244	2,856
20,0	K_{pc}	14,028	9,172	7,665	6,522	4,944	3,947	3,587	3,293	2,856
22,5	K_{pc}	20,059	11,478	9,146	7,486	5,352	4,107	3,679	3,340	2,856
25,0	K_{pc}	31,163	14,842	11,140	8,700	5,815	4,273	3,771	3,384	2,856
27,5	K_{pc}	55,156	20,038	13,922	10,264	6,345	4,446	3,862	3,426	2,856
30,0	K_{pc}	123,707	28,720	17,985	12,336	6,957	4,627	3,951	3,464	2,856
32,5	K_{pc}	493,886	44,953	24,282	15,172	7,670	4,814	4,040	3,499	2,856
35,0	K_{pc}	#DIV/0!	81,156	34,877	19,221	8,513	5,010	4,126	3,530	2,856
37,5	K_{pc}	493,886	192,300	54,944	25,324	9,521	5,214	4,209	3,556	2,856
40,0	K_{pc}	123,707	952,250	100,847	35,219	10,746	5,427	4,289	3,576	2,856
42,5	K_{pc}	55,156	14883,7	250,134	53,017	12,263	5,649	4,364	3,591	2,856
45,0	K_{pc}	31,163	403,256	1511,296	90,560	14,184	5,881	4,434	3,599	2,856

Errechnete δ_p - Werte für vorhergegangene Formeln

φ		δ_p								
		−φ	−2/3 φ	−1/2 φ	−1/3 φ	0,0	1/3 φ	1/2 φ	2/3 φ	φ
0,0	δ_p - Werte	0,000	0,000	0,000	0,000	0,000	0,000	0,000	0,000	0,000
5,0		-5,000	-3,333	-2,500	-1,667	0,000	1,667	2,500	3,333	5,000
10,0		-10,000	-6,667	-5,000	-3,333	0,000	3,333	5,000	6,667	10,000
15,0		-15,000	-10,000	-7,500	-5,000	0,000	5,000	7,500	10,000	15,000
20,0		-20,000	-13,333	-10,000	-6,667	0,000	6,667	10,000	13,333	20,000
25,0		-25,000	-16,667	-12,500	-8,333	0,000	8,333	12,500	16,667	25,000
27,5		-27,500	-18,333	-13,750	-9,167	0,000	9,167	13,750	18,333	27,500
30,0		-30,000	-20,000	-15,000	-10,000	0,000	10,000	15,000	20,000	30,000
32,5		-32,500	-21,667	-16,250	-10,833	0,000	10,833	16,250	21,667	32,500
35,0		-35,000	-23,333	-17,500	-11,667	0,000	11,667	17,500	23,333	35,000
37,5		-37,500	-25,000	-18,750	-12,500	0,000	12,500	18,750	25,000	37,500
40,0		-40,000	-26,667	-20,000	-13,333	0,000	13,333	20,000	26,667	40,000
42,5		-42,500	-28,333	-21,250	-14,167	0,000	14,167	21,250	28,333	42,500
45,0		-45,000	-30,000	-22,500	-15,000	0,000	15,000	22,500	30,000	45,000

12.4.7 Berechnung der Erddruckbeiwerte in kohäsiven Böden nach DIN 4085, Abschnitt 5.2.2.2, Formel (10)

Beiwerte für den passiven Erddruck für **ebene Gleitflächen**

$$K_{pch} = \frac{2 * \cos cal\,\varphi' * \cos\beta * (1 - \tan\alpha * \tan\beta) * \cos(\alpha - \delta_p)}{1 - \sin(cal\,\varphi' - \delta_p + \alpha + \beta)}$$

α =	0
β =	22,5

φ	Beiwert	δ_p								
		−φ	−2/3 φ	−1/2 φ	−1/3 φ	0,0	1/3 φ	1/2 φ	2/3 φ	φ
0,0	K_{pch}	2,993	2,993	2,993	2,993	2,993	2,993	2,993	2,993	2,993
5,0	K_{pch}	3,978	3,776	3,681	3,591	3,420	3,262	3,188	3,117	2,982
10,0	K_{pch}	5,609	4,939	4,651	4,389	3,933	3,550	3,381	3,225	2,948
15,0	K_{pch}	8,637	6,793	6,094	5,502	4,562	3,857	3,570	3,316	2,891
17,5	K_{pch}	11,253	8,174	7,101	6,234	4,933	4,020	3,662	3,354	2,855
20,0	K_{pch}	15,367	10,060	8,402	7,134	5,352	4,188	3,753	3,387	2,813
22,5	K_{pch}	22,426	12,742	10,129	8,261	5,828	4,363	3,841	3,414	2,765
25,0	K_{pch}	36,183	16,757	12,500	9,703	6,374	4,545	3,927	3,435	2,713
27,5	K_{pch}	69,144	23,198	15,893	11,596	7,006	4,735	4,010	3,450	2,655
30,0	K_{pch}	187,046	34,574	21,022	14,162	7,744	4,933	4,090	3,458	2,592
32,5	K_{pch}	1637,339	57,814	29,365	17,781	8,617	5,139	4,166	3,459	2,524
35,0	K_{pch}	1590,282	118,519	44,421	23,150	9,665	5,354	4,237	3,453	2,452
37,5	K_{pch}	171,350	385,232	76,292	31,673	10,942	5,580	4,303	3,438	2,375
40,0	K_{pch}	59,714	13382,7	165,452	46,543	12,527	5,816	4,363	3,414	2,293
42,5	K_{pch}	29,434	805,224	636,274	76,440	14,540	6,063	4,416	3,382	2,207
45,0	K_{pch}	17,164	152,723	#DIV/0!	152,723	17,164	6,323	4,461	3,340	2,117

Berechnung der Erddruckbeiwerte in kohäsiven Böden nach DIN 4085, Abschnitt 5.2.2.2, Formel (12)

Beiwerte für den passiven Erddruck für **ebene Gleitflächen**

$$K_{pc} = \frac{K_{pch}}{\cos(\alpha - \delta_p)}$$

α =	0
β =	22,5

φ	Beiwert	δ_p								
		−φ	−2/3 φ	−1/2 φ	−1/3 φ	0	1/3 φ	1/2 φ	2/3 φ	φ
0,0	K_{pc}	2,993	2,993	2,993	2,993	2,993	2,993	2,993	2,993	2,993
5,0	K_{pc}	3,993	3,783	3,685	3,592	3,420	3,264	3,191	3,122	2,993
10,0	K_{pc}	5,696	4,973	4,669	4,397	3,933	3,556	3,394	3,247	2,993
15,0	K_{pc}	8,942	6,898	6,146	5,523	4,562	3,872	3,600	3,367	2,993
17,5	K_{pc}	11,799	8,347	7,185	6,266	4,933	4,041	3,705	3,425	2,993
20,0	K_{pc}	16,353	10,339	8,532	7,183	5,352	4,217	3,810	3,481	2,993
22,5	K_{pc}	24,274	13,192	10,328	8,332	5,828	4,401	3,916	3,535	2,993
25,0	K_{pc}	39,923	17,492	12,803	9,806	6,374	4,594	4,023	3,586	2,993
27,5	K_{pc}	77,951	24,438	16,362	11,746	7,006	4,796	4,129	3,635	2,993
30,0	K_{pc}	215,982	36,793	21,764	14,381	7,744	5,009	4,234	3,680	2,993
32,5	K_{pc}	1941,375	62,209	30,587	18,104	8,617	5,232	4,339	3,722	2,993
35,0	K_{pc}	1941,375	129,076	46,576	23,639	9,665	5,467	4,443	3,760	2,993
37,5	K_{pc}	215,982	425,057	80,568	32,442	10,942	5,715	4,544	3,793	2,993
40,0	K_{pc}	77,951	14975,7	176,070	47,832	12,527	5,977	4,643	3,821	2,993
42,5	K_{pc}	39,923	914,817	682,691	78,838	14,540	6,253	4,738	3,842	2,993
45,0	K_{pc}	24,274	176,349	#DIV/0!	158,110	17,164	6,546	4,828	3,856	2,993

Errechnete δ_p - Werte für vorhergegangene Formeln

φ		δ_p								
		$-\varphi$	$-2/3\ \varphi$	$-1/2\ \varphi$	$-1/3\ \varphi$	0,0	$1/3\ \varphi$	$1/2\ \varphi$	$2/3\ \varphi$	φ
0,0	δ_p - Werte	0,000	0,000	0,000	0,000	0,000	0,000	0,000	0,000	0,000
5,0		-5,000	-3,333	-2,500	-1,667	0,000	1,667	2,500	3,333	5,000
10,0		-10,000	-6,667	-5,000	-3,333	0,000	3,333	5,000	6,667	10,000
15,0		-15,000	-10,000	-7,500	-5,000	0,000	5,000	7,500	10,000	15,000
20,0		-20,000	-13,333	-10,000	-6,667	0,000	6,667	10,000	13,333	20,000
25,0		-25,000	-16,667	-12,500	-8,333	0,000	8,333	12,500	16,667	25,000
27,5		-27,500	-18,333	-13,750	-9,167	0,000	9,167	13,750	18,333	27,500
30,0		-30,000	-20,000	-15,000	-10,000	0,000	10,000	15,000	20,000	30,000
32,5		-32,500	-21,667	-16,250	-10,833	0,000	10,833	16,250	21,667	32,500
35,0		-35,000	-23,333	-17,500	-11,667	0,000	11,667	17,500	23,333	35,000
37,5		-37,500	-25,000	-18,750	-12,500	0,000	12,500	18,750	25,000	37,500
40,0		-40,000	-26,667	-20,000	-13,333	0,000	13,333	20,000	26,667	40,000
42,5		-42,500	-28,333	-21,250	-14,167	0,000	14,167	21,250	28,333	42,500
45,0		-45,000	-30,000	-22,500	-15,000	0,000	15,000	22,500	30,000	45,000

12.4.8 Berechnung der Erddruckbeiwerte in kohäsiven Böden nach DIN 4085, Abschnitt 5.2.2.2, Formel (10)

Beiwerte für den passiven Erddruck für **ebene Gleitflächen**

$$K_{pch} = \frac{2 \cdot \cos \mathrm{cal}\,\varphi' \cdot \cos \beta \cdot (1 - \tan \alpha \cdot \tan \beta) \cdot \cos(\alpha - \delta_p)}{1 - \sin(\mathrm{cal}\,\varphi' - \delta_p + \alpha + \beta)}$$

α =	0
β =	25

φ	Beiwert	δ_p								
		−φ	−2/3 φ	−1/2 φ	−1/3 φ	0,0	1/3 φ	1/2 φ	2/3 φ	φ
0,0	K_{pch}	3,139	3,139	3,139	3,139	3,139	3,139	3,139	3,139	3,139
5,0	K_{pch}	4,235	4,008	3,903	3,801	3,611	3,437	3,355	3,276	3,127
10,0	K_{pch}	6,095	5,325	4,997	4,700	4,186	3,758	3,570	3,398	3,092
15,0	K_{pch}	9,681	7,484	6,664	5,978	4,901	4,106	3,784	3,502	3,032
17,5	K_{pch}	12,903	9,133	7,854	6,834	5,329	4,291	3,890	3,546	2,994
20,0	K_{pch}	18,180	11,441	9,418	7,901	5,815	4,485	3,994	3,586	2,950
22,5	K_{pch}	27,768	14,821	11,542	9,260	6,374	4,688	4,098	3,619	2,900
25,0	K_{pch}	48,212	20,087	14,539	11,034	7,022	4,901	4,199	3,647	2,845
27,5	K_{pch}	105,831	29,005	18,985	13,421	7,780	5,124	4,298	3,667	2,785
30,0	K_{pch}	412,522	46,069	26,030	16,755	8,680	5,360	4,395	3,681	2,719
32,5	K_{pch}	#DIV/0!	85,779	38,266	21,638	9,762	5,607	4,488	3,688	2,648
35,0	K_{pch}	390,194	219,593	62,640	29,253	11,083	5,869	4,577	3,686	2,572
37,5	K_{pch}	94,656	1510,903	123,559	42,203	12,727	6,147	4,662	3,676	2,491
40,0	K_{pch}	40,751	3282,223	364,897	67,211	14,820	6,441	4,741	3,656	2,405
42,5	K_{pch}	22,160	258,079	5615,767	126,573	17,556	6,754	4,813	3,627	2,315
45,0	K_{pch}	13,680	84,366	1346,650	336,823	21,253	7,087	4,879	3,588	2,220

Berechnung der Erddruckbeiwerte in kohäsiven Böden nach DIN 4085, Abschnitt 5.2.2.2, Formel (12)

Beiwerte für den passiven Erddruck für **ebene Gleitflächen**

$$K_{pc} = \frac{K_{pch}}{\cos(\alpha - \delta_p)}$$

α =	0
β =	25

φ	Beiwert	δ_p								
		−φ	−2/3 φ	−1/2 φ	−1/3 φ	0	1/3 φ	1/2 φ	2/3 φ	φ
0,0	K_{pc}	3,139	3,139	3,139	3,139	3,139	3,139	3,139	3,139	3,139
5,0	K_{pc}	4,251	4,015	3,906	3,803	3,611	3,438	3,358	3,282	3,139
10,0	K_{pc}	6,189	5,362	5,016	4,708	4,186	3,764	3,584	3,421	3,139
15,0	K_{pc}	10,023	7,599	6,722	6,001	4,901	4,122	3,817	3,556	3,139
17,5	K_{pc}	13,530	9,326	7,946	6,869	5,329	4,314	3,936	3,621	3,139
20,0	K_{pc}	19,346	11,757	9,564	7,955	5,815	4,516	4,056	3,685	3,139
22,5	K_{pc}	30,056	15,344	11,768	9,340	6,374	4,729	4,178	3,747	3,139
25,0	K_{pc}	53,196	20,968	14,892	11,152	7,022	4,953	4,301	3,807	3,139
27,5	K_{pc}	119,312	30,556	19,545	13,595	7,780	5,191	4,425	3,864	3,139
30,0	K_{pc}	476,339	49,026	26,948	17,013	8,680	5,442	4,550	3,918	3,139
32,5	K_{pc}	#DIV/0!	92,300	39,859	22,030	9,762	5,709	4,674	3,968	3,139
35,0	K_{pc}	476,339	239,152	65,679	29,870	11,083	5,993	4,799	4,014	3,139
37,5	K_{pc}	119,312	1667,097	130,484	43,228	12,727	6,296	4,923	4,056	3,139
40,0	K_{pc}	53,196	3672,899	388,316	69,073	14,820	6,619	5,045	4,092	3,139
42,5	K_{pc}	30,056	293,205	6025,450	130,543	17,556	6,966	5,165	4,121	3,139
45,0	K_{pc}	19,346	97,418	1457,604	348,705	21,253	7,337	5,281	4,143	3,139

Errechnete δ_p - Werte für vorhergegangene Formeln

φ		δ_p								
		−φ	−2/3 φ	−1/2 φ	−1/3 φ	0,0	1/3 φ	1/2 φ	2/3 φ	φ
0,0	δ_p - Werte	0,000	0,000	0,000	0,000	0,000	0,000	0,000	0,000	0,000
5,0		-5,000	-3,333	-2,500	-1,667	0,000	1,667	2,500	3,333	5,000
10,0		-10,000	-6,667	-5,000	-3,333	0,000	3,333	5,000	6,667	10,000
15,0		-15,000	-10,000	-7,500	-5,000	0,000	5,000	7,500	10,000	15,000
20,0		-20,000	-13,333	-10,000	-6,667	0,000	6,667	10,000	13,333	20,000
25,0		-25,000	-16,667	-12,500	-8,333	0,000	8,333	12,500	16,667	25,000
27,5		-27,500	-18,333	-13,750	-9,167	0,000	9,167	13,750	18,333	27,500
30,0		-30,000	-20,000	-15,000	-10,000	0,000	10,000	15,000	20,000	30,000
32,5		-32,500	-21,667	-16,250	-10,833	0,000	10,833	16,250	21,667	32,500
35,0		-35,000	-23,333	-17,500	-11,667	0,000	11,667	17,500	23,333	35,000
37,5		-37,500	-25,000	-18,750	-12,500	0,000	12,500	18,750	25,000	37,500
40,0		-40,000	-26,667	-20,000	-13,333	0,000	13,333	20,000	26,667	40,000
42,5		-42,500	-28,333	-21,250	-14,167	0,000	14,167	21,250	28,333	42,500
45,0		-45,000	-30,000	-22,500	-15,000	0,000	15,000	22,500	30,000	45,000

12.4.9 Berechnung der Erddruckbeiwerte in kohäsiven Böden nach DIN 4085, Abschnitt 5.2.2.2, Formel (10)

Beiwerte für den passiven Erddruck für **ebene Gleitflächen**

$$K_{pch} = \frac{2 \cdot \cos \text{cal}\,\varphi' \cdot \cos \beta \cdot (1 - \tan \alpha \cdot \tan \beta) \cdot \cos(\alpha - \delta_p)}{1 - \sin(\text{cal}\,\varphi' - \delta_p + \alpha + \beta)}$$

α =	0
β =	27,5

φ	Beiwert	δ_p								
		−φ	−2/3 φ	−1/2 φ	−1/3 φ	0,0	1/3 φ	1/2 φ	2/3 φ	φ
0,0	K_{pch}	3,296	3,296	3,296	3,296	3,296	3,296	3,296	3,296	3,296
5,0	K_{pch}	4,517	4,263	4,144	4,031	3,819	3,625	3,535	3,447	3,283
10,0	K_{pch}	6,650	5,761	5,385	5,047	4,465	3,985	3,776	3,584	3,246
15,0	K_{pch}	10,942	8,292	7,324	6,522	5,282	4,380	4,018	3,703	3,184
17,5	K_{pch}	14,974	10,284	8,741	7,530	5,777	4,592	4,140	3,756	3,143
20,0	K_{pch}	21,900	13,148	10,645	8,807	6,345	4,816	4,261	3,803	3,097
22,5	K_{pch}	35,412	17,493	13,296	10,465	7,006	5,052	4,381	3,844	3,045
25,0	K_{pch}	67,829	24,591	17,161	12,680	7,780	5,302	4,501	3,878	2,987
27,5	K_{pch}	183,933	37,457	23,144	15,746	8,701	5,567	4,619	3,906	2,923
30,0	K_{pch}	1614,186	64,814	33,195	20,183	9,810	5,848	4,736	3,927	2,854
32,5	K_{pch}	1571,999	141,707	52,209	26,991	11,168	6,147	4,850	3,940	2,780
35,0	K_{pch}	169,862	549,810	95,654	38,302	12,861	6,468	4,962	3,944	2,700
37,5	K_{pch}	59,375	#DIV/0!	236,794	59,375	15,022	6,811	5,069	3,940	2,615
40,0	K_{pch}	29,362	514,164	1427,832	106,412	17,853	7,180	5,173	3,926	2,525
42,5	K_{pch}	17,183	123,878	5496,197	252,584	21,688	7,578	5,271	3,902	2,430
45,0	K_{pch}	11,102	52,920	329,651	1317,978	27,103	8,010	5,362	3,867	2,331

Berechnung der Erddruckbeiwerte in kohäsiven Böden nach DIN 4085, Abschnitt 5.2.2.2, Formel (12)

Beiwerte für den passiven Erddruck für **ebene Gleitflächen**

$$K_{pc} = \frac{K_{pch}}{\cos(\alpha - \delta_p)}$$

α =	0
β =	27,5

φ	Beiwert	δ_p								
		−φ	−2/3 φ	−1/2 φ	−1/3 φ	0	1/3 φ	1/2 φ	2/3 φ	φ
0,0	K_{pc}	3,296	3,296	3,296	3,296	3,296	3,296	3,296	3,296	3,296
5,0	K_{pc}	4,534	4,270	4,148	4,033	3,819	3,627	3,538	3,453	3,296
10,0	K_{pc}	6,752	5,800	5,406	5,056	4,465	3,992	3,790	3,608	3,296
15,0	K_{pc}	11,328	8,420	7,388	6,547	5,282	4,397	4,053	3,761	3,296
17,5	K_{pc}	15,701	10,501	8,844	7,569	5,777	4,616	4,189	3,835	3,296
20,0	K_{pc}	23,305	13,512	10,809	8,867	6,345	4,849	4,327	3,908	3,296
22,5	K_{pc}	38,330	18,110	13,556	10,556	7,006	5,096	4,467	3,979	3,296
25,0	K_{pc}	74,841	25,670	17,577	12,816	7,780	5,358	4,610	4,048	3,296
27,5	K_{pc}	207,363	39,460	23,826	15,950	8,701	5,639	4,756	4,115	3,296
30,0	K_{pc}	1863,902	68,973	34,366	20,494	9,810	5,938	4,903	4,179	3,296
32,5	K_{pc}	1863,902	152,480	54,381	27,481	11,168	6,259	5,052	4,239	3,296
35,0	K_{pc}	207,363	598,781	100,296	39,110	12,861	6,604	5,202	4,296	3,296
37,5	K_{pc}	74,841	#DIV/0!	250,065	60,817	15,022	6,976	5,353	4,347	3,296
40,0	K_{pc}	38,330	575,364	1519,467	109,360	17,853	7,379	5,505	4,393	3,296
42,5	K_{pc}	23,305	140,738	5897,157	260,507	21,688	7,816	5,655	4,433	3,296
45,0	K_{pc}	15,701	61,107	356,812	1364,471	27,103	8,292	5,804	4,465	3,296

Errechnete δ_p - Werte für vorhergegangene Formeln

φ		δ_p								
		$-\varphi$	$-2/3\ \varphi$	$-1/2\ \varphi$	$-1/3\ \varphi$	0,0	$1/3\ \varphi$	$1/2\ \varphi$	$2/3\ \varphi$	φ
0,0	δ_p - Werte	0,000	0,000	0,000	0,000	0,000	0,000	0,000	0,000	0,000
5,0		-5,000	-3,333	-2,500	-1,667	0,000	1,667	2,500	3,333	5,000
10,0		-10,000	-6,667	-5,000	-3,333	0,000	3,333	5,000	6,667	10,000
15,0		-15,000	-10,000	-7,500	-5,000	0,000	5,000	7,500	10,000	15,000
20,0		-20,000	-13,333	-10,000	-6,667	0,000	6,667	10,000	13,333	20,000
25,0		-25,000	-16,667	-12,500	-8,333	0,000	8,333	12,500	16,667	25,000
27,5		-27,500	-18,333	-13,750	-9,167	0,000	9,167	13,750	18,333	27,500
30,0		-30,000	-20,000	-15,000	-10,000	0,000	10,000	15,000	20,000	30,000
32,5		-32,500	-21,667	-16,250	-10,833	0,000	10,833	16,250	21,667	32,500
35,0		-35,000	-23,333	-17,500	-11,667	0,000	11,667	17,500	23,333	35,000
37,5		-37,500	-25,000	-18,750	-12,500	0,000	12,500	18,750	25,000	37,500
40,0		-40,000	-26,667	-20,000	-13,333	0,000	13,333	20,000	26,667	40,000
42,5		-42,500	-28,333	-21,250	-14,167	0,000	14,167	21,250	28,333	42,500
45,0		-45,000	-30,000	-22,500	-15,000	0,000	15,000	22,500	30,000	45,000

12.4.10 Berechnung der Erddruckbeiwerte in kohäsiven Böden nach DIN 4085, Abschnitt 5.2.2.2, Formel (10)

Beiwerte für den passiven Erddruck für **ebene Gleitflächen**

$$K_{pch} = \frac{2 \cdot \cos cal\,\varphi' \cdot \cos\beta \cdot (1 - \tan\alpha \cdot \tan\beta) \cdot \cos(\alpha - \delta_p)}{1 - \sin(cal\,\varphi' - \delta_p + \alpha + \beta)}$$

α =	0
β =	30

φ	Beiwert	δ_p								
		−φ	−2/3 φ	−1/2 φ	−1/3 φ	0,0	1/3 φ	1/2 φ	2/3 φ	φ
0,0	K_{pch}	3,464	3,464	3,464	3,464	3,464	3,464	3,464	3,464	3,464
5,0	K_{pch}	4,830	4,543	4,410	4,283	4,046	3,830	3,729	3,632	3,451
10,0	K_{pch}	7,291	6,257	5,824	5,436	4,775	4,234	4,000	3,786	3,411
15,0	K_{pch}	12,488	9,251	8,096	7,151	5,712	4,684	4,276	3,923	3,346
17,5	K_{pch}	17,631	11,687	9,802	8,348	6,288	4,928	4,416	3,985	3,304
20,0	K_{pch}	26,988	15,302	12,149	9,893	6,957	5,187	4,556	4,040	3,255
22,5	K_{pch}	46,962	21,022	15,517	11,944	7,744	5,463	4,697	4,090	3,200
25,0	K_{pch}	103,327	30,927	20,622	14,758	8,680	5,758	4,839	4,134	3,140
27,5	K_{pch}	403,739	50,518	28,950	18,785	9,810	6,073	4,980	4,170	3,073
30,0	K_{pch}	#DIV/0!	98,735	44,022	24,873	11,196	6,411	5,121	4,199	3,000
32,5	K_{pch}	383,885	282,102	76,025	34,772	12,929	6,776	5,262	4,220	2,922
35,0	K_{pch}	93,391	3353,772	165,843	52,636	15,143	7,170	5,400	4,233	2,838
37,5	K_{pch}	40,328	1443,748	641,793	90,449	18,052	7,598	5,537	4,236	2,748
40,0	K_{pch}	22,001	196,229	#DIV/0!	196,229	22,001	8,065	5,671	4,229	2,654
42,5	K_{pch}	13,630	71,653	596,430	754,800	27,591	8,577	5,802	4,211	2,554
45,0	K_{pch}	9,142	35,943	143,159	#DIV/0!	35,943	9,142	5,927	4,182	2,449

Berechnung der Erddruckbeiwerte in kohäsiven Böden nach DIN 4085, Abschnitt 5.2.2.2, Formel (12)

Beiwerte für den passiven Erddruck für **ebene Gleitflächen**

$$K_{pc} = \frac{K_{pch}}{\cos(\alpha - \delta_p)}$$

α =	0
β =	30

φ	Beiwert	δ_p								
		−φ	−2/3 φ	−1/2 φ	−1/3 φ	0	1/3 φ	1/2 φ	2/3 φ	φ
0,0	K_{pc}	3,464	3,464	3,464	3,464	3,464	3,464	3,464	3,464	3,464
5,0	K_{pc}	4,849	4,551	4,414	4,285	4,046	3,832	3,733	3,639	3,464
10,0	K_{pc}	7,403	6,299	5,846	5,446	4,775	4,241	4,015	3,812	3,464
15,0	K_{pc}	12,928	9,394	8,166	7,178	5,712	4,701	4,313	3,984	3,464
17,5	K_{pc}	18,487	11,934	9,917	8,392	6,288	4,954	4,468	4,069	3,464
20,0	K_{pc}	28,720	15,726	12,336	9,961	6,957	5,223	4,627	4,152	3,464
22,5	K_{pc}	50,832	21,764	15,821	12,047	7,744	5,511	4,789	4,234	3,464
25,0	K_{pc}	114,009	32,283	21,123	14,915	8,680	5,819	4,956	4,315	3,464
27,5	K_{pc}	455,168	53,219	29,804	19,028	9,810	6,152	5,127	4,393	3,464
30,0	K_{pc}	#DIV/0!	105,071	45,575	25,256	11,196	6,510	5,302	4,469	3,464
32,5	K_{pc}	455,168	303,549	79,188	35,403	12,929	6,899	5,481	4,541	3,464
35,0	K_{pc}	114,009	3652,487	173,892	53,746	15,143	7,321	5,662	4,610	3,464
37,5	K_{pc}	50,832	1593,000	677,762	92,645	18,052	7,783	5,848	4,674	3,464
40,0	K_{pc}	28,720	219,585	#DIV/0!	201,665	22,001	8,289	6,035	4,732	3,464
42,5	K_{pc}	18,487	81,406	639,941	778,475	27,591	8,846	6,225	4,784	3,464
45,0	K_{pc}	12,928	41,504	154,954	#DIV/0!	35,943	9,464	6,415	4,828	3,464

Errechnete δ_p - Werte für vorhergegangene Formeln

φ		δ_p								
		$-\varphi$	$-2/3\ \varphi$	$-1/2\ \varphi$	$-1/3\ \varphi$	0,0	$1/3\ \varphi$	$1/2\ \varphi$	$2/3\ \varphi$	φ
0,0	δ_p - Werte	0,000	0,000	0,000	0,000	0,000	0,000	0,000	0,000	0,000
5,0		-5,000	-3,333	-2,500	-1,667	0,000	1,667	2,500	3,333	5,000
10,0		-10,000	-6,667	-5,000	-3,333	0,000	3,333	5,000	6,667	10,000
15,0		-15,000	-10,000	-7,500	-5,000	0,000	5,000	7,500	10,000	15,000
20,0		-20,000	-13,333	-10,000	-6,667	0,000	6,667	10,000	13,333	20,000
25,0		-25,000	-16,667	-12,500	-8,333	0,000	8,333	12,500	16,667	25,000
27,5		-27,500	-18,333	-13,750	-9,167	0,000	9,167	13,750	18,333	27,500
30,0		-30,000	-20,000	-15,000	-10,000	0,000	10,000	15,000	20,000	30,000
32,5		-32,500	-21,667	-16,250	-10,833	0,000	10,833	16,250	21,667	32,500
35,0		-35,000	-23,333	-17,500	-11,667	0,000	11,667	17,500	23,333	35,000
37,5		-37,500	-25,000	-18,750	-12,500	0,000	12,500	18,750	25,000	37,500
40,0		-40,000	-26,667	-20,000	-13,333	0,000	13,333	20,000	26,667	40,000
42,5		-42,500	-28,333	-21,250	-14,167	0,000	14,167	21,250	28,333	42,500
45,0		-45,000	-30,000	-22,500	-15,000	0,000	15,000	22,500	30,000	45,000

12.4.11 Berechnung der Erddruckbeiwerte in kohäsiven Böden nach DIN 4085, Abschnitt 5.2.2.2, Formel (10)

Beiwerte für den passiven Erddruck für **ebene Gleitflächen**

$$K_{pch} = \frac{2 * \cos \text{cal}\,\varphi' * \cos\beta * (1 - \tan\alpha * \tan\beta) * \cos(\alpha - \delta_p)}{1 - \sin(\text{cal}\,\varphi' - \delta_p + \alpha + \beta)}$$

α =	0
β =	32,5

φ	Beiwert	δ_p								
		−φ	−2/3 φ	−1/2 φ	−1/3 φ	0,0	1/3 φ	1/2 φ	2/3 φ	φ
0,0	K_{pch}	3,646	3,646	3,646	3,646	3,646	3,646	3,646	3,646	3,646
5,0	K_{pch}	5,180	4,855	4,704	4,561	4,295	4,053	3,941	3,833	3,632
10,0	K_{pch}	8,039	6,825	6,323	5,876	5,121	4,509	4,246	4,007	3,590
15,0	K_{pch}	14,420	10,404	9,009	7,885	6,202	5,022	4,561	4,164	3,521
17,5	K_{pch}	21,134	13,428	11,088	9,321	6,876	5,305	4,722	4,236	3,477
20,0	K_{pch}	34,247	18,086	14,028	11,215	7,670	5,607	4,886	4,302	3,426
22,5	K_{pch}	65,744	25,841	18,401	13,792	8,617	5,932	5,052	4,363	3,368
25,0	K_{pch}	178,693	40,293	25,349	17,443	9,762	6,281	5,219	4,417	3,304
27,5	K_{pch}	1571,999	72,422	37,452	22,884	11,168	6,659	5,389	4,464	3,234
30,0	K_{pch}	1534,808	170,751	61,627	31,562	12,929	7,069	5,560	4,503	3,157
32,5	K_{pch}	166,288	840,870	122,234	46,778	15,184	7,516	5,733	4,534	3,075
35,0	K_{pch}	58,291	13063,8	363,107	77,530	18,152	8,006	5,906	4,556	2,986
37,5	K_{pch}	28,914	351,671	5623,391	156,422	22,190	8,545	6,080	4,569	2,892
40,0	K_{pch}	16,975	101,179	1357,617	488,880	27,918	9,142	6,253	4,571	2,793
42,5	K_{pch}	11,007	46,137	209,236	11758,055	36,498	9,808	6,425	4,562	2,688
45,0	K_{pch}	7,616	25,770	78,509	1253,165	50,318	10,556	6,595	4,540	2,578

Berechnung der Erddruckbeiwerte in kohäsiven Böden nach DIN 4085, Abschnitt 5.2.2.2, Formel (12)

Beiwerte für den passiven Erddruck für **ebene Gleitflächen**

$$K_{pc} = \frac{K_{pch}}{\cos(\alpha - \delta_p)}$$

α =	0
β =	32,5

φ	Beiwert	δ_p								
		−φ	−2/3 φ	−1/2 φ	−1/3 φ	0	1/3 φ	1/2 φ	2/3 φ	φ
0,0	K_{pc}	3,646	3,646	3,646	3,646	3,646	3,646	3,646	3,646	3,646
5,0	K_{pc}	5,200	4,863	4,709	4,563	4,295	4,055	3,944	3,839	3,646
10,0	K_{pc}	8,163	6,872	6,347	5,886	5,121	4,516	4,262	4,034	3,646
15,0	K_{pc}	14,929	10,564	9,087	7,915	6,202	5,042	4,601	4,229	3,646
17,5	K_{pc}	22,159	13,712	11,218	9,369	6,876	5,332	4,778	4,325	3,646
20,0	K_{pc}	36,445	18,587	14,245	11,291	7,670	5,645	4,961	4,421	3,646
22,5	K_{pc}	71,160	26,752	18,762	13,911	8,617	5,983	5,151	4,517	3,646
25,0	K_{pc}	197,166	42,060	25,965	17,629	9,762	6,348	5,346	4,610	3,646
27,5	K_{pc}	1772,243	76,295	38,556	23,180	11,168	6,745	5,548	4,702	3,646
30,0	K_{pc}	1772,243	181,709	63,801	32,049	12,929	7,178	5,756	4,792	3,646
32,5	K_{pc}	197,166	904,796	127,320	47,627	15,184	7,652	5,971	4,879	3,646
35,0	K_{pc}	71,160	14227,4	380,728	79,165	18,152	8,175	6,193	4,962	3,646
37,5	K_{pc}	36,445	388,026	5938,549	160,220	22,190	8,752	6,420	5,041	3,646
40,0	K_{pc}	22,159	113,223	1444,746	502,423	27,918	9,396	6,654	5,115	3,646
42,5	K_{pc}	14,929	52,416	224,500	12126,9	36,498	10,116	6,894	5,183	3,646
45,0	K_{pc}	10,771	29,757	84,978	1297,372	50,318	10,929	7,139	5,242	3,646

Errechnete δ_p - Werte für vorhergegangene Formeln

φ		δ_p								
		$-\varphi$	$-2/3\ \varphi$	$-1/2\ \varphi$	$-1/3\ \varphi$	0,0	$1/3\ \varphi$	$1/2\ \varphi$	$2/3\ \varphi$	φ
0,0	δ_p - Werte	0,000	0,000	0,000	0,000	0,000	0,000	0,000	0,000	0,000
5,0		-5,000	-3,333	-2,500	-1,667	0,000	1,667	2,500	3,333	5,000
10,0		-10,000	-6,667	-5,000	-3,333	0,000	3,333	5,000	6,667	10,000
15,0		-15,000	-10,000	-7,500	-5,000	0,000	5,000	7,500	10,000	15,000
20,0		-20,000	-13,333	-10,000	-6,667	0,000	6,667	10,000	13,333	20,000
25,0		-25,000	-16,667	-12,500	-8,333	0,000	8,333	12,500	16,667	25,000
27,5		-27,500	-18,333	-13,750	-9,167	0,000	9,167	13,750	18,333	27,500
30,0		-30,000	-20,000	-15,000	-10,000	0,000	10,000	15,000	20,000	30,000
32,5		-32,500	-21,667	-16,250	-10,833	0,000	10,833	16,250	21,667	32,500
35,0		-35,000	-23,333	-17,500	-11,667	0,000	11,667	17,500	23,333	35,000
37,5		-37,500	-25,000	-18,750	-12,500	0,000	12,500	18,750	25,000	37,500
40,0		-40,000	-26,667	-20,000	-13,333	0,000	13,333	20,000	26,667	40,000
42,5		-42,500	-28,333	-21,250	-14,167	0,000	14,167	21,250	28,333	42,500
45,0		-45,000	-30,000	-22,500	-15,000	0,000	15,000	22,500	30,000	45,000

12.4.12 Berechnung der Erddruckbeiwerte in kohäsiven Böden nach DIN 4085, Abschnitt 5.2.2.2, Formel (10)

Beiwerte für den passiven Erddruck für **ebene Gleitflächen**

$$K_{pch} = \frac{2 \cdot \cos \text{cal}\,\varphi' \cdot \cos\beta \cdot (1 - \tan\alpha \cdot \tan\beta) \cdot \cos(\alpha - \delta_p)}{1 - \sin(\text{cal}\,\varphi' - \delta_p + \alpha + \beta)}$$

α =	0
β =	35

φ	Beiwert	δ_p								
		−φ	−2/3 φ	−1/2 φ	−1/3 φ	0,0	1/3 φ	1/2 φ	2/3 φ	φ
0,0	K_{pch}	3,842	3,842	3,842	3,842	3,842	3,842	3,842	3,842	3,842
5,0	K_{pch}	5,572	5,202	5,031	4,869	4,569	4,298	4,172	4,051	3,827
10,0	K_{pch}	8,921	7,484	6,896	6,378	5,509	4,813	4,517	4,248	3,784
15,0	K_{pch}	16,890	11,812	10,105	8,750	6,764	5,403	4,878	4,430	3,711
17,5	K_{pch}	25,909	15,635	12,675	10,495	7,561	5,731	5,065	4,514	3,664
20,0	K_{pch}	45,181	21,790	16,431	12,851	8,513	6,086	5,256	4,593	3,610
22,5	K_{pch}	99,629	32,703	22,261	16,155	9,665	6,470	5,452	4,666	3,550
25,0	K_{pch}	390,194	55,084	32,081	21,016	11,083	6,887	5,652	4,732	3,482
27,5	K_{pch}	#DIV/0!	113,790	50,708	28,630	12,861	7,344	5,856	4,792	3,408
30,0	K_{pch}	372,852	372,852	93,391	41,639	15,143	7,845	6,064	4,844	3,327
32,5	K_{pch}	90,950	13063,8	232,471	66,882	18,152	8,399	6,277	4,888	3,240
35,0	K_{pch}	39,385	793,230	1410,013	127,105	22,253	9,014	6,494	4,923	3,147
37,5	K_{pch}	21,552	151,927	5461,773	341,564	28,083	9,701	6,715	4,947	3,048
40,0	K_{pch}	13,395	60,748	329,807	2966,585	36,832	10,476	6,940	4,961	2,943
42,5	K_{pch}	9,016	31,836	103,784	2855,182	50,957	11,356	7,167	4,963	2,833
45,0	K_{pch}	6,406	19,209	48,872	304,432	76,253	12,364	7,397	4,952	2,717

Berechnung der Erddruckbeiwerte in kohäsiven Böden nach DIN 4085, Abschnitt 5.2.2.2, Formel (12)

Beiwerte für den passiven Erddruck für **ebene Gleitflächen**

$$K_{pc} = \frac{K_{pch}}{\cos(\alpha - \delta_p)}$$

α =	0
β =	35

φ	Beiwert	δ_p								
		−φ	−2/3 φ	−1/2 φ	−1/3 φ	0	1/3 φ	1/2 φ	2/3 φ	φ
0,0	K_{pc}	3,842	3,842	3,842	3,842	3,842	3,842	3,842	3,842	3,842
5,0	K_{pc}	5,594	5,210	5,036	4,871	4,569	4,299	4,176	4,058	3,842
10,0	K_{pc}	9,059	7,535	6,923	6,389	5,509	4,821	4,534	4,277	3,842
15,0	K_{pc}	17,486	11,994	10,192	8,784	6,764	5,424	4,920	4,498	3,842
17,5	K_{pc}	27,166	15,965	12,824	10,549	7,561	5,761	5,125	4,609	3,842
20,0	K_{pc}	48,081	22,393	16,685	12,938	8,513	6,127	5,337	4,720	3,842
22,5	K_{pc}	107,838	33,857	22,697	16,294	9,665	6,525	5,559	4,830	3,842
25,0	K_{pc}	430,532	57,500	32,860	21,240	11,083	6,961	5,789	4,940	3,842
27,5	K_{pc}	#DIV/0!	119,874	52,204	29,001	12,861	7,439	6,029	5,048	3,842
30,0	K_{pc}	430,532	396,780	96,685	42,281	15,143	7,966	6,278	5,155	3,842
32,5	K_{pc}	107,838	14056,9	242,145	68,095	18,152	8,551	6,539	5,259	3,842
35,0	K_{pc}	48,081	863,882	1478,440	129,786	22,253	9,204	6,809	5,361	3,842
37,5	K_{pc}	27,166	167,633	5767,873	349,857	28,083	9,937	7,091	5,459	3,842
40,0	K_{pc}	17,486	67,979	350,973	3048,765	36,832	10,766	7,385	5,552	3,842
42,5	K_{pc}	12,228	36,169	111,355	2944,738	50,957	11,712	7,690	5,638	3,842
45,0	K_{pc}	9,059	22,181	52,898	315,171	76,253	12,801	8,007	5,718	3,842

Errechnete δ_p - Werte für vorhergegangene Formeln

φ		δ_p								
		−φ	−2/3 φ	−1/2 φ	−1/3 φ	0,0	1/3 φ	1/2 φ	2/3 φ	φ
0,0	δ_p - Werte	0,000	0,000	0,000	0,000	0,000	0,000	0,000	0,000	0,000
5,0		-5,000	-3,333	-2,500	-1,667	0,000	1,667	2,500	3,333	5,000
10,0		-10,000	-6,667	-5,000	-3,333	0,000	3,333	5,000	6,667	10,000
15,0		-15,000	-10,000	-7,500	-5,000	0,000	5,000	7,500	10,000	15,000
20,0		-20,000	-13,333	-10,000	-6,667	0,000	6,667	10,000	13,333	20,000
25,0		-25,000	-16,667	-12,500	-8,333	0,000	8,333	12,500	16,667	25,000
27,5		-27,500	-18,333	-13,750	-9,167	0,000	9,167	13,750	18,333	27,500
30,0		-30,000	-20,000	-15,000	-10,000	0,000	10,000	15,000	20,000	30,000
32,5		-32,500	-21,667	-16,250	-10,833	0,000	10,833	16,250	21,667	32,500
35,0		-35,000	-23,333	-17,500	-11,667	0,000	11,667	17,500	23,333	35,000
37,5		-37,500	-25,000	-18,750	-12,500	0,000	12,500	18,750	25,000	37,500
40,0		-40,000	-26,667	-20,000	-13,333	0,000	13,333	20,000	26,667	40,000
42,5		-42,500	-28,333	-21,250	-14,167	0,000	14,167	21,250	28,333	42,500
45,0		-45,000	-30,000	-22,500	-15,000	0,000	15,000	22,500	30,000	45,000

12.4.13 Berechnung der Erddruckbeiwerte in kohäsiven Böden nach DIN 4085, Abschnitt 5.2.2.2, Formel (10)

Beiwerte für den passiven Erddruck für **ebene Gleitflächen**

$$K_{pch} = \frac{2 * \cos cal\,\varphi' * \cos\beta * (1 - \tan\alpha * \tan\beta) * \cos(\alpha - \delta_p)}{1 - \sin(cal\,\varphi' - \delta_p + \alpha + \beta)}$$

α =	0
β =	37,5

φ	Beiwert	δ_p								
		−φ	−2/3 φ	−1/2 φ	−1/3 φ	0,0	1/3 φ	1/2 φ	2/3 φ	φ
0,0	K_{pch}	4,056	4,056	4,056	4,056	4,056	4,056	4,056	4,056	4,056
5,0	K_{pch}	6,016	5,592	5,397	5,212	4,872	4,567	4,425	4,290	4,040
10,0	K_{pch}	9,978	8,256	7,562	6,955	5,948	5,153	4,817	4,514	3,994
15,0	K_{pch}	20,134	13,564	11,440	9,786	7,417	5,834	5,233	4,724	3,917
17,5	K_{pch}	32,696	18,503	14,674	11,935	8,368	6,218	5,451	4,823	3,868
20,0	K_{pch}	62,901	26,898	19,588	14,920	9,521	6,636	5,675	4,917	3,811
22,5	K_{pch}	171,350	43,022	27,623	19,258	10,942	7,094	5,907	5,005	3,747
25,0	K_{pch}	1510,903	80,690	42,203	25,942	12,727	7,598	6,147	5,087	3,676
27,5	K_{pch}	1478,733	208,149	73,247	37,096	15,022	8,155	6,394	5,162	3,597
30,0	K_{pch}	160,620	1443,748	160,620	57,970	18,052	8,774	6,650	5,230	3,512
32,5	K_{pch}	56,455	3163,255	625,020	104,786	22,190	9,468	6,914	5,290	3,420
35,0	K_{pch}	28,083	251,002	#DIV/0!	251,002	28,083	10,251	7,187	5,340	3,322
37,5	K_{pch}	16,537	82,859	587,937	1322,597	36,943	11,141	7,469	5,381	3,218
40,0	K_{pch}	10,758	39,967	142,077	11492,011	51,278	12,163	7,761	5,410	3,107
42,5	K_{pch}	7,470	23,048	60,883	442,605	77,003	13,348	8,063	5,426	2,990
45,0	K_{pch}	5,429	14,739	32,927	131,146	131,146	14,739	8,375	5,429	2,868

Berechnung der Erddruckbeiwerte in kohäsiven Böden nach DIN 4085, Abschnitt 5.2.2.2, Formel (12)

Beiwerte für den passiven Erddruck für **ebene Gleitflächen**

$$K_{pc} = \frac{K_{pch}}{\cos(\alpha - \delta_p)}$$

α =	0
β =	37,5

φ	Beiwert	δ_p								
		−φ	−2/3 φ	−1/2 φ	−1/3 φ	0	1/3 φ	1/2 φ	2/3 φ	φ
0,0	K_{pc}	4,056	4,056	4,056	4,056	4,056	4,056	4,056	4,056	4,056
5,0	K_{pc}	6,039	5,601	5,402	5,215	4,872	4,569	4,429	4,298	4,056
10,0	K_{pc}	10,132	8,312	7,591	6,966	5,948	5,162	4,835	4,545	4,056
15,0	K_{pc}	20,845	13,774	11,539	9,824	7,417	5,856	5,278	4,797	4,056
17,5	K_{pc}	34,283	18,894	14,847	11,997	8,368	6,250	5,515	4,925	4,056
20,0	K_{pc}	66,938	27,643	19,890	15,021	9,521	6,681	5,763	5,053	4,056
22,5	K_{pc}	185,468	44,539	28,164	19,424	10,942	7,155	6,023	5,182	4,056
25,0	K_{pc}	1667,097	84,228	43,228	26,219	12,727	7,679	6,296	5,310	4,056
27,5	K_{pc}	1667,097	219,279	75,408	37,575	15,022	8,260	6,583	5,439	4,056
30,0	K_{pc}	185,468	1536,405	166,286	58,865	18,052	8,910	6,884	5,566	4,056
32,5	K_{pc}	66,938	3403,738	651,028	106,688	22,190	9,640	7,202	5,692	4,056
35,0	K_{pc}	34,283	273,359	#DIV/0!	256,297	28,083	10,467	7,536	5,816	4,056
37,5	K_{pc}	20,845	91,425	620,888	1354,709	36,943	11,412	7,888	5,937	4,056
40,0	K_{pc}	14,043	44,724	151,195	11810,361	51,278	12,500	8,259	6,054	4,056
42,5	K_{pc}	10,132	26,185	65,324	456,488	77,003	13,767	8,651	6,165	4,056
45,0	K_{pc}	7,678	17,020	35,640	135,772	131,146	15,259	9,064	6,269	4,056

Errechnete δ_p - Werte für vorhergegangene Formeln

φ		δ_p								
		$-\varphi$	$-2/3\ \varphi$	$-1/2\ \varphi$	$-1/3\ \varphi$	0,0	$1/3\ \varphi$	$1/2\ \varphi$	$2/3\ \varphi$	φ
0,0	δ_p - Werte	0,000	0,000	0,000	0,000	0,000	0,000	0,000	0,000	0,000
5,0		-5,000	-3,333	-2,500	-1,667	0,000	1,667	2,500	3,333	5,000
10,0		-10,000	-6,667	-5,000	-3,333	0,000	3,333	5,000	6,667	10,000
15,0		-15,000	-10,000	-7,500	-5,000	0,000	5,000	7,500	10,000	15,000
20,0		-20,000	-13,333	-10,000	-6,667	0,000	6,667	10,000	13,333	20,000
25,0		-25,000	-16,667	-12,500	-8,333	0,000	8,333	12,500	16,667	25,000
27,5		-27,500	-18,333	-13,750	-9,167	0,000	9,167	13,750	18,333	27,500
30,0		-30,000	-20,000	-15,000	-10,000	0,000	10,000	15,000	20,000	30,000
32,5		-32,500	-21,667	-16,250	-10,833	0,000	10,833	16,250	21,667	32,500
35,0		-35,000	-23,333	-17,500	-11,667	0,000	11,667	17,500	23,333	35,000
37,5		-37,500	-25,000	-18,750	-12,500	0,000	12,500	18,750	25,000	37,500
40,0		-40,000	-26,667	-20,000	-13,333	0,000	13,333	20,000	26,667	40,000
42,5		-42,500	-28,333	-21,250	-14,167	0,000	14,167	21,250	28,333	42,500
45,0		-45,000	-30,000	-22,500	-15,000	0,000	15,000	22,500	30,000	45,000

12.4.14 Berechnung der Erddruckbeiwerte in kohäsiven Böden nach DIN 4085, Abschnitt 5.2.2.2, Formel (10)

Beiwerte für den passiven Erddruck für **ebene Gleitflächen**

$$K_{pch} = \frac{2 \cdot \cos \mathrm{cal}\,\varphi' \cdot \cos\beta \cdot (1 - \tan\alpha \cdot \tan\beta) \cdot \cos(\alpha - \delta_p)}{1 - \sin(\mathrm{cal}\,\varphi' - \delta_p + \alpha + \beta)}$$

α =	0
β =	40

φ	Beiwert	δ_p								
		$-\varphi$	$-2/3\ \varphi$	$-1/2\ \varphi$	$-1/3\ \varphi$	0,0	$1/3\ \varphi$	$1/2\ \varphi$	$2/3\ \varphi$	φ
0,0	K_{pch}	4,289	4,289	4,289	4,289	4,289	4,289	4,289	4,289	4,289
5,0	K_{pch}	6,524	6,033	5,809	5,598	5,211	4,864	4,705	4,553	4,273
10,0	K_{pch}	11,262	9,171	8,343	7,625	6,449	5,534	5,151	4,809	4,224
15,0	K_{pch}	24,539	15,795	13,098	11,046	8,183	6,325	5,633	5,053	4,143
17,5	K_{pch}	42,882	22,349	17,254	13,737	9,330	6,778	5,888	5,169	4,091
20,0	K_{pch}	94,765	34,270	23,873	17,604	10,746	7,276	6,154	5,281	4,030
22,5	K_{pch}	371,972	59,714	35,431	23,471	12,527	7,827	6,431	5,388	3,963
25,0	K_{pch}	#DIV/0!	131,511	58,578	33,052	14,820	8,440	6,719	5,489	3,887
27,5	K_{pch}	357,128	514,164	116,766	50,416	17,853	9,128	7,021	5,584	3,804
30,0	K_{pch}	87,336	#DIV/0!	348,679	87,336	22,001	9,904	7,337	5,671	3,714
32,5	K_{pch}	37,922	488,880	5429,822	191,100	27,918	10,786	7,667	5,751	3,617
35,0	K_{pch}	20,810	118,864	1318,599	741,803	36,832	11,799	8,014	5,821	3,513
37,5	K_{pch}	12,973	51,278	204,502	#DIV/0!	51,278	12,973	8,378	5,882	3,403
40,0	K_{pch}	8,760	27,937	77,253	693,710	77,253	14,351	8,760	5,931	3,286
42,5	K_{pch}	6,246	17,277	39,416	167,056	132,035	15,988	9,163	5,968	3,162
45,0	K_{pch}	4,631	11,563	23,407	71,309	284,695	17,964	9,588	5,990	3,033

Berechnung der Erddruckbeiwerte in kohäsiven Böden nach DIN 4085, Abschnitt 5.2.2.2, Formel (12)

Beiwerte für den passiven Erddruck für **ebene Gleitflächen**

$$K_{pc} = \frac{K_{pch}}{\cos(\alpha - \delta_p)}$$

α =	0
β =	40

φ	Beiwert	δ_p								
		$-\varphi$	$-2/3\ \varphi$	$-1/2\ \varphi$	$-1/3\ \varphi$	0	$1/3\ \varphi$	$1/2\ \varphi$	$2/3\ \varphi$	φ
0,0	K_{pc}	4,289	4,289	4,289	4,289	4,289	4,289	4,289	4,289	4,289
5,0	K_{pc}	6,549	6,043	5,815	5,601	5,211	4,866	4,709	4,561	4,289
10,0	K_{pc}	11,436	9,234	8,375	7,638	6,449	5,544	5,171	4,842	4,289
15,0	K_{pc}	25,405	16,039	13,211	11,088	8,183	6,350	5,681	5,131	4,289
17,5	K_{pc}	44,963	22,820	17,457	13,809	9,330	6,813	5,957	5,278	4,289
20,0	K_{pc}	100,847	35,219	24,241	17,723	10,746	7,325	6,249	5,427	4,289
22,5	K_{pc}	402,620	61,821	36,125	23,673	12,527	7,894	6,557	5,578	4,289
25,0	K_{pc}	#DIV/0!	137,278	60,001	33,405	14,820	8,530	6,883	5,730	4,289
27,5	K_{pc}	402,620	541,658	120,211	51,069	17,853	9,246	7,228	5,882	4,289
30,0	K_{pc}	100,847	#DIV/0!	360,979	88,683	22,001	10,056	7,596	6,035	4,289
32,5	K_{pc}	44,963	526,047	5655,771	194,568	27,918	10,982	7,986	6,188	4,289
35,0	K_{pc}	25,405	129,451	1382,589	757,452	36,832	12,048	8,403	6,340	4,289
37,5	K_{pc}	16,352	56,579	215,963	#DIV/0!	51,278	13,288	8,847	6,490	4,289
40,0	K_{pc}	11,436	31,262	82,211	712,927	77,253	14,748	9,322	6,637	4,289
42,5	K_{pc}	8,472	19,628	42,291	172,296	132,035	16,489	9,832	6,780	4,289
45,0	K_{pc}	6,549	13,352	25,336	73,825	284,695	18,598	10,378	6,917	4,289

Errechnete δ_p - Werte für vorhergegangene Formeln

φ		δ_p								
		$-\varphi$	$-2/3\ \varphi$	$-1/2\ \varphi$	$-1/3\ \varphi$	0,0	$1/3\ \varphi$	$1/2\ \varphi$	$2/3\ \varphi$	φ
0,0	δ_p - Werte	0,000	0,000	0,000	0,000	0,000	0,000	0,000	0,000	0,000
5,0		-5,000	-3,333	-2,500	-1,667	0,000	1,667	2,500	3,333	5,000
10,0		-10,000	-6,667	-5,000	-3,333	0,000	3,333	5,000	6,667	10,000
15,0		-15,000	-10,000	-7,500	-5,000	0,000	5,000	7,500	10,000	15,000
20,0		-20,000	-13,333	-10,000	-6,667	0,000	6,667	10,000	13,333	20,000
25,0		-25,000	-16,667	-12,500	-8,333	0,000	8,333	12,500	16,667	25,000
27,5		-27,500	-18,333	-13,750	-9,167	0,000	9,167	13,750	18,333	27,500
30,0		-30,000	-20,000	-15,000	-10,000	0,000	10,000	15,000	20,000	30,000
32,5		-32,500	-21,667	-16,250	-10,833	0,000	10,833	16,250	21,667	32,500
35,0		-35,000	-23,333	-17,500	-11,667	0,000	11,667	17,500	23,333	35,000
37,5		-37,500	-25,000	-18,750	-12,500	0,000	12,500	18,750	25,000	37,500
40,0		-40,000	-26,667	-20,000	-13,333	0,000	13,333	20,000	26,667	40,000
42,5		-42,500	-28,333	-21,250	-14,167	0,000	14,167	21,250	28,333	42,500
45,0		-45,000	-30,000	-22,500	-15,000	0,000	15,000	22,500	30,000	45,000

12.5 Tabellarische Formelauswertung der Formeln 58 bis 64 aus der DIN 4085-100

12.5.1 Tabellarische Formelauswertung der Formeln 58 bis 64 aus der DIN 4085-100; φ = 0 ; α = 0°; β = 0°

Erdwiderstandswerte nach DIN 4085-100, Abschnitt 7.6.2 **gekrümmte** Gleitflächen

φ = 0

Wandneigungswinkel α =	0	[°]
Böschungswinkel β =	0	[°]

K pc,0 = 2
g pc (1+Beta) = 1

Erdwiderstands-beiwerte K pc	Kohäsion c [kN/m²]												
Adhäsion a [kN/m²]	1,0	2,0	3,0	4,0	5,0	6,0	7,0	8,0	9,0	10,0	11,0	12,0	13,0
5,0	-151,8	-17,869	-4,5444	-1,2352	0	0,5854	0,9105	1,1124	1,2486	1,3463	1,4198	1,4772	1,5234
5,5	-202,92	-24,134	-6,4104	-2,0462	-0,4375	0,3135	0,7238	0,9745	1,1410	1,2588	1,3463	1,4138	1,4677
6,0	-264,4	-31,66	-8,640	-3,0063	-0,9491	0	0,5117	0,8202	1,0222	1,1634	1,2670	1,3463	1,4088
6,5	-337,22	-40,569	-11,269	-4,1306	-1,5426	-0,3596	0,2714	0,6474	0,8909	1,0591	1,1813	1,2739	1,3463
7,0	-422,34	-50,981	-14,333	-5,4342	-2,2258	-0,7699	0	0,4544	0,7458	0,9450	1,0885	1,1961	1,2796
7,5	-520,73	-63,018	-17,869	-6,9323	-3,0063	-1,2352	-0,3053	0,2392	0,5854	0,8202	0,9877	1,1124	1,2084
8,0	-633,36	-76,8	-21,911	-8,640	-3,8918	-1,760	-0,6472	0	0,4086	0,6835	0,8783	1,0222	1,1323
8,5	-761,19	-92,448	-26,496	-10,572	-4,8903	-2,3489	-1,0287	-0,2652	0,2139	0,5342	0,7596	0,9250	1,0507
9,0	-905,2	-110,08	-31,66	-12,745	-6,0093	-3,0063	-1,4525	-0,5581	0	0,3711	0,6307	0,8202	0,9633
9,5	-1066,3	-129,83	-37,438	-15,172	-7,2566	-3,7366	-1,9215	-0,8808	-0,2344	0,1934	0,4911	0,7072	0,8695
10,0	-1245,6	-151,8	-43,867	-17,869	-8,640	-4,5444	-2,4385	-1,2352	-0,4905	0	0,3399	0,5854	0,7690
10,5	-1443,9	-176,12	-50,981	-20,851	-10,167	-5,4342	-3,0063	-1,623	-0,7699	-0,210	0,1764	0,4544	0,6614
11,0	-1662,3	-202,92	-58,818	-24,134	-11,846	-6,4104	-3,6276	-2,0462	-1,0737	-0,4375	0	0,3135	0,5461
11,5	-1901,7	-232,3	-67,412	-27,732	-13,684	-7,4775	-4,3055	-2,5066	-1,4033	-0,6836	-0,1902	0,1622	0,4228
12,0	-2163	-264,4	-76,800	-31,66	-15,689	-8,640	-5,0426	-3,0063	-1,760	-0,9491	-0,3948	0	0,2909
12,5	-2447,3	-299,33	-87,017	-35,934	-17,869	-9,9023	-5,8417	-3,5469	-2,1452	-1,2352	-0,6146	-0,1738	0,1502
13,0	-2755,6	-337,22	-98,100	-40,569	-20,231	-11,269	-6,7058	-4,1306	-2,5602	-1,5426	-0,8502	-0,3596	0
13,5	-3088,7	-378,18	-110,08	-45,58	-22,784	-12,745	-7,6376	-4,759	-3,0063	-1,8725	-1,1025	-0,5581	-0,160
14,0	-3447,6	-422,34	-123,00	-50,981	-25,534	-14,333	-8,64	-5,4342	-3,4848	-2,2258	-1,3722	-0,7699	-0,3302
14,5	-3833,4	-469,82	-136,9	-56,789	-28,49	-16,04	-9,7157	-6,158	-3,9971	-2,6034	-1,6599	-0,9953	-0,5112
15,0	-4246,9	-520,73	-151,8	-63,018	-31,66	-17,869	-10,868	-6,9323	-4,5444	-3,0063	-1,9665	-1,2352	-0,7033

Erdwiderstands-beiwerte K pc	Kohäsion c [kN/m²]												
Adhäsion a [kN/m²]	14,0	15,0	16,0	17,0	18,0	19,0	20,0	21,0	22,0	23,0	24,0	25,0	26,0
5,0	1,5614	1,5933	1,6206	1,6442	1,6648	1,6830	1,6992	1,7138	1,7269	1,7388	1,7497	1,7597	1,7689
5,5	1,5117	1,5484	1,5795	1,6062	1,6295	1,6501	1,6683	1,6846	1,6992	1,7125	1,7246	1,7357	1,7459
6,0	1,4595	1,5014	1,5368	1,5671	1,5933	1,6163	1,6367	1,6548	1,6711	1,6858	1,6992	1,7114	1,7227
6,5	1,4045	1,4523	1,4924	1,5265	1,5560	1,5817	1,6043	1,6244	1,6425	1,6587	1,6735	1,6869	1,6992
7,0	1,3463	1,4007	1,4460	1,4844	1,5173	1,5459	1,5711	1,5933	1,6132	1,6311	1,6473	1,6620	1,6755
7,5	1,2845	1,3463	1,3974	1,4404	1,4772	1,5090	1,5368	1,5614	1,5833	1,6029	1,6206	1,6367	1,6513
8,0	1,2189	1,2887	1,3463	1,3944	1,4354	1,4707	1,5014	1,5285	1,5525	1,5740	1,5933	1,6108	1,6268
8,5	1,1490	1,2279	1,2924	1,3463	1,3918	1,4309	1,4648	1,4946	1,5209	1,5444	1,5654	1,5845	1,6018
9,0	1,0746	1,1634	1,2357	1,2957	1,3463	1,3895	1,4268	1,4595	1,4883	1,5139	1,5368	1,5575	1,5762
9,5	0,9952	1,0949	1,1757	1,2425	1,2986	1,3463	1,3873	1,4231	1,4546	1,4825	1,5074	1,5298	1,5501
10,0	0,9105	1,0222	1,1124	1,1866	1,2486	1,3011	1,3463	1,3854	1,4198	1,4501	1,4772	1,5014	1,5234
10,5	0,8202	0,9450	1,0454	1,1276	1,1961	1,2539	1,3034	1,3463	1,3837	1,4167	1,4460	1,4722	1,4959
11,0	0,7238	0,8630	0,9745	1,0655	1,1410	1,2045	1,2588	1,3055	1,3463	1,3821	1,4138	1,4422	1,4677
11,5	0,6211	0,7760	0,8995	1,0000	1,0831	1,1528	1,2121	1,2631	1,3074	1,3463	1,3806	1,4112	1,4387
12,0	0,5117	0,6835	0,8202	0,9309	1,0222	1,0986	1,1634	1,2189	1,2670	1,3091	1,3463	1,3793	1,4088
12,5	0,3953	0,5854	0,7362	0,8581	0,9582	1,0418	1,1124	1,1728	1,2250	1,2706	1,3107	1,3463	1,3780
13,0	0,2714	0,4814	0,6474	0,7812	0,8909	0,9822	1,0591	1,1247	1,1813	1,2306	1,2739	1,3121	1,3463
13,5	0,1398	0,3711	0,5536	0,7002	0,8202	0,9197	1,0034	1,0746	1,1358	1,1891	1,2357	1,2769	1,3135
14,0	0	0,2543	0,4544	0,6149	0,7458	0,8541	0,9450	1,0222	1,0885	1,1459	1,1961	1,2403	1,2796
14,5	-0,1482	0,1307	0,3497	0,5250	0,6676	0,7854	0,8840	0,9676	1,0391	1,1010	1,1550	1,2025	1,2446
15,0	-0,3053	0	0,2392	0,4303	0,5854	0,7133	0,8202	0,9105	0,9877	1,0544	1,1124	1,1634	1,2084

12.5.2 Tabellarische Formelauswertung der Formeln 58 bis 64 aus der DIN 4085-100; $\varphi = 0$; $\alpha = 0°$; $\beta = 5°$

Erdwiderstandswerte nach DIN 4085-100, Abschnitt 7.6.2 **gekrümmte** Gleitflächen

$\varphi = 0$

Wandneigungswinkel α =	0	[°]
Böschungswinkel β =	5	[°]

K pc,0 = 2
g pc (1+Beta) = 1,0873

Erdwiderstands-beiwerte K pc	Kohäsion c [kN/m²]																									
Adhäsion a [kN/m²]	1,0	2,0	3,0	4,0	5,0	6,0	7,0	8,0	9,0	10,0	11,0	12,0	13,0	14,0	15,0	16,0	17,0	18,0	19,0	20,0	21,0	22,0	23,0	24,0	25,0	26,0
5,0	-165,047	-19,4281	-4,94102	-1,34294	0	0,6365	0,98995	1,20948	1,35752	1,46373	1,54366	1,60608	1,65629	1,69765	1,73238	1,76202	1,78765	1,81007	1,82987	1,8475	1,86332	1,8776	1,89057	1,9024	1,91324	1,92322
5,5	-220,624	-26,2396	-6,96983	-2,22471	-0,47567	0,34088	0,78698	1,05957	1,24056	1,3686	1,46373	1,53721	1,59576	1,64359	1,68347	1,7173	1,74641	1,77175	1,79405	1,81385	1,83156	1,8475	1,86195	1,87511	1,88715	1,89822
6,0	-287,473	-34,4229	-9,39398	-3,26859	-1,03195	0	0,55638	0,89173	1,11143	1,26488	1,37759	1,46373	1,53173	1,58684	1,63247	1,67093	1,70385	1,73238	1,75738	1,7795	1,79922	1,81694	1,83295	1,8475	1,8608	1,873
6,5	-366,647	-44,1092	-12,2524	-4,49103	-1,677	-0,39102	0,29507	0,7039	0,96867	1,15153	1,28443	1,38502	1,46373	1,52701	1,57905	1,62264	1,65975	1,69176	1,71969	1,74431	1,7662	1,7858	1,80347	1,8195	1,83412	1,8475
7,0	-459,196	-55,4302	-15,5842	-5,90844	-2,41999	-0,83704	0	0,49405	0,81084	1,0275	1,18346	1,30047	1,39128	1,46373	1,52291	1,57219	1,6139	1,64972	1,68084	1,70817	1,73238	1,754	1,77344	1,79103	1,80704	1,82167
7,5	-566,174	-68,5173	-19,4281	-7,53728	-3,26859	-1,34294	-0,33191	0,2601	0,6365	0,89173	1,07391	1,20948	1,31388	1,39661	1,46373	1,5193	1,56609	1,60608	1,64067	1,67093	1,69765	1,72143	1,74276	1,76202	1,7795	1,79545
8,0	-688,631	-83,5021	-23,8232	-9,39398	-4,23147	-1,91359	-0,70371	0	0,44421	0,74317	0,95496	1,11143	1,23108	1,32526	1,40121	1,46373	1,51611	1,56065	1,59903	1,63247	1,66189	1,688	1,71135	1,73238	1,75142	1,76877
8,5	-827,62	-100,516	-28,8085	-11,495	-5,31703	-2,55385	-1,11849	-0,2883	0,23253	0,58077	0,82585	1,00571	1,14239	1,2493	1,33503	1,40522	1,46373	1,51326	1,55576	1,59265	1,62499	1,65361	1,67912	1,70204	1,72275	1,74157
9,0	-984,194	-119,69	-34,4229	-13,8567	-6,53369	-3,26859	-1,57929	-0,60685	0	0,40347	0,68577	0,89173	1,04732	1,16836	1,26488	1,34351	1,40875	1,46373	1,51071	1,55134	1,58684	1,61815	1,64599	1,67093	1,69341	1,7138
9,5	-1159,4	-141,157	-40,7053	-16,4956	-7,88987	-4,0627	-2,0892	-0,95772	-0,25481	0,21024	0,53394	0,76886	0,9454	1,082	1,19045	1,27835	1,35095	1,41188	1,46373	1,50841	1,54732	1,58153	1,61187	1,63897	1,66334	1,68539
10,0	-1354,3	-165,047	-47,6948	-19,4281	-9,39398	-4,94102	-2,65128	-1,34294	-0,53334	0	0,36956	0,6365	0,83616	0,98995	1,11143	1,20948	1,29011	1,35752	1,41467	1,46373	1,50632	1,54366	1,57667	1,60608	1,63247	1,65629
10,5	-1569,94	-191,492	-55,4302	-22,6706	-11,0544	-5,90844	-3,26859	-1,76459	-0,83704	-0,22828	0,19184	0,49405	0,71911	0,89173	1,0275	1,13664	1,22603	1,30047	1,36336	1,41717	1,46373	1,50442	1,5403	1,57219	1,60072	1,62643
11,0	-1807,36	-220,624	-63,9506	-26,2396	-12,8797	-6,96983	-3,94421	-2,22471	-1,16736	-0,47567	0	0,34088	0,59378	0,78698	0,93835	1,05957	1,15849	1,24056	1,30967	1,3686	1,41943	1,46373	1,50269	1,53721	1,56805	1,59576
11,5	-2067,63	-252,574	-73,2949	-30,1516	-14,8781	-8,13005	-4,68119	-2,72536	-1,52572	-0,74321	-0,20676	0,1764	0,45968	0,67532	0,84368	0,97802	1,087	1,17761	1,25342	1,31788	1,37331	1,42149	1,46373	1,50109	1,53437	1,56421
12,0	-2351,8	-287,473	-83,5021	-34,4229	-17,0581	-9,39398	-5,48261	-3,26859	-1,91359	-1,03195	-0,42922	0	0,31633	0,55638	0,74317	0,89173	1,01216	1,11143	1,19448	1,26488	1,32526	1,37759	1,42336	1,46373	1,49962	1,53173
12,5	-2660,91	-325,454	-94,6111	-39,0699	-19,4281	-10,7665	-6,35153	-3,85646	-2,33239	-1,34294	-0,66818	-0,18894	0,16327	0,42975	0,6365	0,80044	0,93294	1,04184	1,13269	1,20948	1,27516	1,33193	1,38147	1,42507	1,46373	1,49826
13,0	-2996,03	-366,647	-106,661	-44,1092	-21,9965	-12,2524	-7,29103	-4,49103	-2,78358	-1,67725	-0,92443	-0,39102	0	0,29507	0,52338	0,70391	0,84941	0,96867	1,06789	1,15153	1,22289	1,28443	1,33799	1,38502	1,42664	1,46373
13,5	-3358,19	-411,184	-119,69	-49,5572	-24,7718	-13,8567	-8,30415	-5,17433	-3,26859	-2,03592	-1,19876	-0,60685	-0,17395	0,15195	0,40347	0,60186	0,76134	0,89173	0,99993	1,09092	1,16836	1,23497	1,29282	1,34351	1,38828	1,42809
14,0	-3748,46	-459,196	-133,739	-55,4302	-27,7623	-15,5842	-9,39398	-5,90844	-3,78888	-2,41999	-1,49195	-0,83704	-0,35905	0	0,27648	0,49405	0,66853	0,81084	0,92865	1,0275	1,11143	1,18346	1,24589	1,30047	1,34858	1,39128
14,5	-4167,88	-510,816	-148,845	-61,7448	-30,9766	-17,4397	-10,5636	-6,69541	-4,34587	-2,83054	-1,8048	-1,08221	-0,55579	-0,16116	0,1421	0,38021	0,57076	0,72583	0,85392	0,96115	1,052	1,12981	1,1971	1,25582	1,30747	1,35323
15,0	-4617,51	-566,174	-165,047	-68,5173	-34,4229	-19,4281	-11,816	-7,53728	-4,94102	-3,26859	-2,1381	-1,34294	-0,76465	-0,33191	0	0,2601	0,46781	0,6365	0,77556	0,89173	0,98995	1,07391	1,14637	1,20948	1,26488	1,31388

12.5.3 Tabellarische Formelauswertung der Formeln 58 bis 64 aus der DIN 4085-100; $\varphi = 0$; $\alpha = 0°$; $\beta = 10°$

Erdwiderstandswerte nach DIN 4085-100, Abschnitt 7.6.2 **gekrümmte** Gleitflächen

$\varphi = 0$

Wandneigungswinkel α =	0	[°]
Böschungswinkel β =	10	[°]

K pc,0 = 2
g pc (1+Beta) = 1,1745

Erdwiderstands-beiwerte K pc	Kohäsion c [kN/m²]												
Adhäsion a [kN/m²]	1,0	2,0	3,0	4,0	5,0	6,0	7,0	8,0	9,0	10,0	11,0	12,0	13,0
5,0	-178,29	-20,987	-5,3376	-1,4507	0	0,68759	1,06941	1,30655	1,46647	1,58121	1,66755	1,73498	1,78922
5,5	-238,33	-28,346	-7,5292	-2,4033	-0,5138	0,36824	0,85015	1,14461	1,34013	1,47844	1,58121	1,6606	1,72384
6,0	-310,55	-37,186	-10,148	-3,5309	-1,1148	0	0,60103	0,9633	1,20063	1,3664	1,48815	1,58121	1,65467
6,5	-396,07	-47,65	-13,236	-4,8515	-1,8119	-0,4224	0,31875	0,7604	1,04642	1,24396	1,38752	1,49619	1,58121
7,0	-496,05	-59,879	-16,835	-6,3827	-2,6142	-0,9042	0	0,5337	0,87592	1,1100	1,27845	1,40485	1,50294
7,5	-611,62	-74,017	-20,987	-8,1422	-3,5309	-1,4507	-0,3585	0,28097	0,68759	0,9633	1,1601	1,30655	1,41934
8,0	-743,9	-90,204	-25,735	-10,148	-4,5711	-2,0672	-0,7602	0	0,47987	0,80282	1,03161	1,20063	1,32989
8,5	-894,05	-108,58	-31,121	-12,418	-5,7438	-2,7588	-1,2083	-0,3114	0,25119	0,62738	0,89213	1,08644	1,23408
9,0	-1063,2	-129,3	-37,186	-14,969	-7,0581	-3,5309	-1,7061	-0,6556	0	0,43586	0,74081	0,9633	1,13138
9,5	-1252,5	-152,49	-43,972	-17,82	-8,5231	-4,3888	-2,2569	-1,0346	-0,2753	0,22711	0,57679	0,83057	1,02128
10,0	-1463	-178,29	-51,523	-20,987	-10,148	-5,3376	-2,8641	-1,4507	-0,5761	0	0,39922	0,68759	0,90327
10,5	-1695,9	-206,86	-59,879	-24,49	-11,942	-6,3827	-3,5309	-1,9062	-0,9042	-0,2466	0,20724	0,5337	0,77683
11,0	-1952,4	-238,33	-69,083	-28,346	-13,913	-7,5292	-4,2608	-2,4033	-1,2611	-0,5138	0	0,36824	0,64143
11,5	-2233,6	-272,85	-79,178	-32,572	-16,072	-8,7826	-5,0569	-2,9441	-1,6482	-0,8029	-0,2234	0,19056	0,49657
12,0	-2540,6	-310,55	-90,204	-37,186	-18,427	-10,148	-5,9227	-3,5309	-2,0672	-1,1148	-0,4637	0	0,34172
12,5	-2874,5	-351,58	-102,2	-42,206	-20,987	-11,631	-6,8613	-4,166	-2,5196	-1,4507	-0,7218	-0,2041	0,17637
13,0	-3236,5	-396,07	-115,22	-47,65	-23,762	-13,236	-7,8762	-4,8515	-3,007	-1,8119	-0,9986	-0,4224	0
13,5	-3627,7	-444,19	-129,3	-53,535	-26,76	-14,969	-8,9707	-5,5896	-3,5309	-2,1993	-1,295	-0,6556	-0,1879
14,0	-4049,3	-496,05	-144,47	-59,879	-29,991	-16,835	-10,148	-6,3827	-4,093	-2,6142	-1,6117	-0,9042	-0,3879
14,5	-4502,4	-551,81	-160,79	-66,701	-33,463	-18,839	-11,411	-7,2328	-4,6947	-3,0577	-1,9497	-1,1691	-0,6004
15,0	-4988,1	-611,62	-178,29	-74,017	-37,186	-20,987	-12,764	-8,1422	-5,3376	-3,5309	-2,3097	-1,4507	-0,826

Erdwiderstands-beiwerte K pc	Kohäsion c [kN/m²]												
Adhäsion a [kN/m²]	14,0	15,0	16,0	17,0	18,0	19,0	20,0	21,0	22,0	23,0	24,0	25,0	26,0
5,0	1,8339	1,87142	1,90344	1,93113	1,95535	1,97674	1,99579	2,01288	2,0283	2,04231	2,05509	2,0668	2,07758
5,5	1,77551	1,81859	1,85514	1,88658	1,91396	1,93805	1,95943	1,97856	1,99579	2,0114	2,02561	2,03862	2,05057
6,0	1,7142	1,76349	1,80504	1,8406	1,87142	1,89843	1,92232	1,94363	1,96277	1,98007	1,99579	2,01015	2,02333
6,5	1,64958	1,70579	1,75288	1,79296	1,82754	1,85772	1,88432	1,90796	1,92913	1,94823	1,96554	1,98133	1,99579
7,0	1,58121	1,64514	1,69837	1,74344	1,78213	1,81575	1,84527	1,87142	1,89478	1,91578	1,93479	1,95208	1,96788
7,5	1,5087	1,58121	1,64124	1,69179	1,73498	1,77236	1,80504	1,8339	1,8596	1,88264	1,90344	1,92232	1,93955
8,0	1,43163	1,51368	1,58121	1,6378	1,68591	1,72737	1,76349	1,79527	1,82348	1,84871	1,87142	1,892	1,91073
8,5	1,34958	1,44218	1,51801	1,58121	1,63472	1,68063	1,72047	1,75541	1,78633	1,81389	1,83865	1,86102	1,88135
9,0	1,26213	1,3664	1,45135	1,52182	1,58121	1,63197	1,67585	1,7142	1,74803	1,7781	1,80504	1,82933	1,85135
9,5	1,16888	1,286	1,38096	1,45938	1,5252	1,58121	1,62948	1,67151	1,70847	1,74124	1,77051	1,79684	1,82066
10,0	1,06941	1,20063	1,30655	1,39366	1,46647	1,52821	1,58121	1,62722	1,66755	1,70321	1,73498	1,76349	1,78922
10,5	0,9633	1,1100	1,22786	1,32443	1,40485	1,47279	1,53092	1,58121	1,62517	1,66393	1,69837	1,7292	1,75697
11,0	0,85015	1,01367	1,14461	1,25147	1,34013	1,41478	1,47844	1,53336	1,58121	1,62329	1,6606	1,6939	1,72384
11,5	0,72953	0,9114	1,05652	1,17453	1,27213	1,35403	1,42365	1,48354	1,53558	1,58121	1,62157	1,65752	1,68976
12,0	0,60103	0,80282	0,9633	1,09339	1,20063	1,29035	1,3664	1,43163	1,48815	1,5376	1,58121	1,6200	1,65467
12,5	0,46425	0,68759	0,86469	1,00782	1,12546	1,2236	1,30655	1,37751	1,43884	1,49235	1,53945	1,58121	1,61851
13,0	0,31875	0,56538	0,7604	0,91758	1,04642	1,1536	1,24396	1,32105	1,38752	1,44538	1,49619	1,54115	1,58121
13,5	0,16414	0,43586	0,65017	0,82245	0,9633	1,08018	1,17848	1,26213	1,33409	1,39659	1,45135	1,4997	1,54271
14,0	0	0,29868	0,5337	0,72219	0,87592	1,00319	1,1100	1,20063	1,27845	1,34589	1,40485	1,45681	1,50294
14,5	-0,1741	0,1535	0,41073	0,61657	0,78408	0,92245	1,03829	1,13643	1,22049	1,29318	1,35661	1,41241	1,46184
15,0	-0,3585	0	0,28097	0,50536	0,68759	0,83781	0,9633	1,06941	1,1601	1,23838	1,30655	1,3664	1,41934

12.5.4 Tabellarische Formelauswertung der Formeln 58 bis 64 aus der DIN 4085-100; $\varphi = 0$; $\alpha = 0°$; $\beta = 15°$

Erdwiderstandswerte nach DIN 4085-100, Abschnitt 7.6.2 **gekrümmte** Gleitflächen

$\varphi = 0$

Wandneigungswinkel α =	0	[°]
Böschungswinkel β =	15	[°]

K pc,0 = 2
g pc (1+Beta) = 1,2618

Erdwiderstands-beiwerte K pc		Kohäsion c [kN/m²]																									
		1,0	2,0	3,0	4,0	5,0	6,0	7,0	8,0	9,0	10,0	11,0	12,0	13,0	14,0	15,0	16,0	17,0	18,0	19,0	20,0	21,0	22,0	23,0	24,0	25,0	26,0
Adhäsion a [kN/m²]	5,0	-191,541	-22,5468	-5,73418	-1,55852	0	0,73868	1,14886	1,40363	1,57543	1,6987	1,79145	1,86389	1,92216	1,97016	2,01047	2,04486	2,07461	2,10063	2,12361	2,14407	2,16243	2,179	2,19405	2,20778	2,22036	2,23194
	5,5	-256,04	-30,4518	-8,08866	-2,58183	-0,55202	0,3956	0,91331	1,22965	1,4397	1,58829	1,6987	1,78398	1,85192	1,90742	1,95371	1,99297	2,02675	2,05616	2,08204	2,10502	2,12557	2,14407	2,16084	2,17611	2,19009	2,20293
	6,0	-333,62	-39,9486	-10,9019	-3,79328	-1,1976	0	0,64569	1,03487	1,28984	1,46793	1,59872	1,6987	1,77762	1,84156	1,89452	1,93915	1,97735	2,01047	2,03948	2,06515	2,08804	2,1086	2,12718	2,14407	2,1595	2,17366
	6,5	-425,502	-51,1898	-14,2193	-5,21195	-1,94649	-0,45379	0,34244	0,8169	1,12416	1,33638	1,49061	1,60735	1,6987	1,77214	1,83252	1,88312	1,92618	1,96333	1,99575	2,02432	2,04972	2,07247	2,09298	2,11158	2,12854	2,14407
	7,0	-532,908	-64,3281	-18,0858	-6,85689	-2,80846	-0,97141	0	0,57335	0,941	1,19244	1,37344	1,50923	1,61461	1,6987	1,76737	1,82456	1,87297	1,91454	1,95066	1,98237	2,01047	2,03556	2,05812	2,07854	2,09711	2,1141
	7,5	-657,058	-79,516	-22,5468	-8,7472	-3,79328	-1,55852	-0,38518	0,30185	0,73868	1,03487	1,24629	1,40363	1,5248	1,6208	1,6987	1,76319	1,81749	1,86389	1,90404	1,93915	1,97016	1,99776	2,02252	2,04486	2,06515	2,08366
	8,0	-799,173	-96,9062	-27,6474	-10,9019	-4,91072	-2,22077	-0,81667	0	0,51552	0,86247	1,10826	1,28984	1,4287	1,538	1,62614	1,6987	1,75948	1,81118	1,85571	1,89452	1,92866	1,95896	1,98607	2,01047	2,03257	2,0527
	8,5	-960,474	-116,651	-33,433	-13,3402	-6,17054	-2,9638	-1,29803	-0,33458	0,26985	0,67399	0,95842	1,16716	1,32577	1,44985	1,54934	1,6308	1,6987	1,75618	1,8055	1,8483	1,88584	1,91905	1,94866	1,97526	1,99929	2,02113
	9,0	-1142,18	-138,904	-39,9486	-16,081	-7,58251	-3,79328	-1,83281	-0,70427	0	0,46824	0,79585	1,03487	1,21544	1,35591	1,46793	1,55918	1,63489	1,6987	1,75322	1,80037	1,84156	1,8779	1,91021	1,93915	1,96524	1,9889
	9,5	-1345,52	-163,816	-47,2395	-19,1435	-9,15639	-4,71486	-2,42457	-1,11145	-0,29571	0,24398	0,61965	0,89228	1,09716	1,25573	1,38155	1,48356	1,56781	1,63852	1,6987	1,75055	1,7957	1,83541	1,87061	1,90206	1,93035	1,95594
	10,0	-1571,7	-191,541	-55,3509	-22,5468	-10,9019	-5,73418	-3,07688	-1,55852	-0,61896	0	0,42888	0,73868	0,97039	1,14886	1,28984	1,40363	1,49721	1,57543	1,64176	1,6987	1,74813	1,79145	1,82976	1,86389	1,89452	1,92216
	10,5	-1821,95	-222,231	-64,3281	-26,3098	-12,829	-6,85689	-3,79328	-2,04785	-0,97141	-0,26493	0,22264	0,57335	0,83455	1,03487	1,19244	1,31909	1,42284	1,50923	1,58222	1,64466	1,6987	1,74592	1,78756	1,82456	1,85768	1,88751
	11,0	-2097,49	-256,04	-74,2162	-30,4518	-14,9472	-8,08866	-4,57735	-2,58183	-1,35475	-0,55202	0	0,3956	0,68909	0,91331	1,08898	1,22965	1,34445	1,4397	1,5199	1,58829	1,64729	1,6987	1,7439	1,78398	1,81976	1,85192
	11,5	-2399,54	-293,118	-85,0605	-34,9916	-17,2664	-9,43513	-5,43264	-3,16285	-1,77064	-0,86251	-0,23995	0,20472	0,53346	0,78373	0,97911	1,13501	1,2618	1,36664	1,45463	1,52943	1,59377	1,64967	1,6987	1,74205	1,78067	1,81531
	12,0	-2729,32	-333,62	-96,9062	-39,9486	-19,7963	-10,9019	-6,36271	-3,79328	-2,22077	-1,1976	-0,49812	0	0,36711	0,64569	0,86247	1,03487	1,17463	1,28984	1,38622	1,46793	1,538	1,59872	1,65184	1,6987	1,74034	1,77762
	12,5	-3088,06	-377,697	-109,798	-45,3416	-22,5468	-12,4948	-7,37111	-4,47552	-2,7068	-1,55852	-0,77544	-0,21927	0,18947	0,49874	0,73868	0,92893	1,0827	1,20908	1,31451	1,40363	1,47985	1,54574	1,60323	1,65383	1,6987	1,73877
	13,0	-3476,96	-425,502	-123,783	-51,1898	-25,5275	-14,2193	-8,46141	-5,21195	-3,23041	-1,94649	-1,07282	-0,45379	0	0,34244	0,60739	0,8169	0,98576	1,12416	1,23931	1,33638	1,4192	1,49061	1,55277	1,60735	1,65565	1,6987
	13,5	-3897,26	-477,189	-138,904	-57,5123	-28,7483	-16,081	-9,63717	-6,00494	-3,79328	-2,36273	-1,39118	-0,70427	-0,20187	0,17634	0,46824	0,69847	0,88356	1,03487	1,16044	1,26604	1,35591	1,43321	1,50035	1,55918	1,61113	1,65733
	14,0	-4350,18	-532,908	-155,207	-64,3281	-32,2189	-18,0858	-10,9019	-6,85689	-4,39709	-2,80846	-1,73144	-0,97141	-0,41669	0	0,32087	0,57335	0,77585	0,941	1,07773	1,19244	1,28984	1,37344	1,44589	1,50923	1,56505	1,61461
	14,5	-4836,93	-592,814	-172,738	-71,6563	-35,9491	-20,2392	-12,2593	-7,77019	-5,04349	-3,28491	-2,09451	-1,25593	-0,64501	-0,18703	0,16491	0,44125	0,66238	0,84234	0,99099	1,11543	1,22087	1,31117	1,38927	1,45741	1,51735	1,57045
	15,0	-5358,74	-657,058	-191,541	-79,516	-39,9486	-22,5468	-13,7128	-8,7472	-5,73418	-3,79328	-2,48132	-1,55852	-0,88739	-0,38518	0	0,30185	0,54291	0,73868	0,90006	1,03487	1,14886	1,24629	1,33039	1,40363	1,46793	1,5248

12.5.5 Tabellarische Formelauswertung der Formeln 58 bis 64 aus der DIN 4085-100; $\varphi = 0$; $\alpha = 0°$; $\beta = 20°$

Erdwiderstandswerte nach DIN 4085-100, Abschnitt 7.6.2 **gekrümmte** Gleitflächen

$\varphi = 0$

Wandneigungswinkel α =	0	[°]
Böschungswinkel β =	20	[°]

K pc,0 = 2
g pc (1+Beta) = 1,3491

Erdwiderstands-beiwerte K pc	Kohäsion c [kN/m²]												
Adhäsion a [kN/m²]	1,0	2,0	3,0	4,0	5,0	6,0	7,0	8,0	9,0	10,0	11,0	12,0	13,0
5,0	-204,788	-24,1061	-6,13075	-1,66631	0	0,78977	1,22832	1,5007	1,68439	1,81618	1,91535	1,9928	2,0551
5,5	-273,747	-32,5578	-8,64807	-2,76039	-0,5902	0,42296	0,97647	1,3147	1,53927	1,69814	1,81618	1,90736	1,9800
6,0	-356,693	-42,7114	-11,6559	-4,05563	-1,28043	0	0,69034	1,10644	1,37905	1,56945	1,70929	1,81618	1,90056
6,5	-454,93	-54,7301	-15,2027	-5,57241	-2,08111	-0,48517	0,36612	0,8734	1,20191	1,42881	1,5937	1,71852	1,81618
7,0	-569,764	-68,7771	-19,3366	-7,33112	-3,0027	-1,03859	0	0,61301	1,00608	1,27491	1,46842	1,61361	1,72628
7,5	-702,501	-85,0154	-24,1061	-9,35216	-4,05563	-1,66631	-0,41182	0,32273	0,78977	1,10644	1,33249	1,5007	1,63025
8,0	-854,444	-103,608	-29,5595	-11,6559	-5,25035	-2,37436	-0,87316	0	0,55117	0,92211	1,18491	1,37905	1,52751
8,5	-1026,9	-124,719	-35,7452	-14,2628	-6,5973	-3,16878	-1,3878	-0,35772	0,28852	0,72061	1,0247	1,24788	1,41746
9,0	-1221,17	-148,51	-42,7114	-17,1932	-8,10691	-4,05563	-1,95957	-0,75297	0	0,50062	0,85089	1,10644	1,2995
9,5	-1438,57	-175,146	-50,5066	-20,4675	-9,78964	-5,04094	-2,59226	-1,18832	-0,31616	0,26086	0,6625	0,95399	1,17304
10,0	-1680,4	-204,788	-59,179	-24,1061	-11,6559	-6,13075	-3,28968	-1,66631	-0,66176	0	0,45854	0,78977	1,0375
10,5	-1947,95	-237,601	-66,7771	-28,1294	-13,7162	-7,33112	-4,05563	-2,18948	-1,03859	-0,28325	0,23803	0,61301	0,89226
11,0	-2242,55	-273,747	-79,3491	-32,5578	-15,9809	-8,64807	-4,89392	-2,76039	-1,44844	-0,5902	0	0,42296	0,73675
11,5	-2565,49	-313,39	-90,9433	-37,4117	-18,4605	-10,0877	-5,80836	-3,38159	-1,8931	-0,92216	-0,25654	0,21888	0,57036
12,0	-2918,08	-356,693	-103,608	-42,7114	-21,1654	-11,6559	-6,80275	-4,05563	-2,37436	-1,28043	-0,53257	0	0,3925
12,5	-3301,63	-403,819	-117,392	-48,4774	-24,1061	-13,3589	-7,8809	-4,78505	-2,894	-1,66631	-0,82907	-0,23443	0,20258
13,0	-3717,43	-454,93	-132,343	-54,7301	-27,293	-15,2027	-9,04661	-5,57241	-3,45383	-2,08111	-1,14702	-0,48517	0
13,5	-4166,8	-510,191	-148,51	-61,4899	-30,7365	-17,1932	-10,3037	-6,42025	-4,05563	-2,52614	-1,4874	-0,75297	-0,21583
14,0	-4651,04	-569,764	-165,941	-68,7771	-34,4472	-19,3366	-11,6559	-7,33112	-4,70119	-3,0027	-1,85119	-1,03859	-0,4455
14,5	-5171,45	-633,813	-184,684	-76,6121	-38,4353	-21,6389	-13,1072	-8,30757	-5,3923	-3,51209	-2,23937	-1,34279	-0,68962
15,0	-5729,35	-702,501	-204,788	-85,0154	-42,7114	-24,1061	-14,6612	-9,35216	-6,13075	-4,05563	-2,65293	-1,66631	-0,94877

Erdwiderstands-beiwerte K pc	Kohäsion c [kN/m²]												
Adhäsion a [kN/m²]	14,0	15,0	16,0	17,0	18,0	19,0	20,0	21,0	22,0	23,0	24,0	25,0	26,0
5,0	2,10642	2,14951	2,18629	2,21809	2,24591	2,27048	2,29236	2,31199	2,3297	2,34579	2,36047	2,37392	2,38631
5,5	2,03934	2,08883	2,1308	2,16692	2,19837	2,22604	2,2506	2,27257	2,29236	2,31028	2,32661	2,34155	2,35528
6,0	1,96893	2,02554	2,07327	2,11411	2,14951	2,18053	2,20798	2,23245	2,25443	2,2743	2,29236	2,30885	2,32399
6,5	1,8947	1,95926	2,01335	2,05939	2,09911	2,13377	2,16432	2,19148	2,2158	2,23773	2,25762	2,27575	2,29236
7,0	1,81618	1,8896	1,95075	2,00251	2,04695	2,08557	2,11947	2,14951	2,17634	2,20046	2,22229	2,24215	2,26031
7,5	1,73289	1,81618	1,88513	1,94319	1,9928	2,03572	2,07327	2,10642	2,13593	2,1624	2,18629	2,20798	2,22777
8,0	1,64437	1,7386	1,81618	1,88117	1,93644	1,98405	2,02554	2,06205	2,09445	2,12342	2,14951	2,17314	2,19466
8,5	1,55012	1,65649	1,74358	1,81618	1,87764	1,93037	1,97613	2,01627	2,05177	2,08343	2,11187	2,13756	2,16092
9,0	1,44968	1,56945	1,66702	1,74796	1,81618	1,87447	1,92488	1,96893	2,00778	2,04232	2,07327	2,10116	2,12646
9,5	1,34257	1,4771	1,58616	1,67624	1,75184	1,81618	1,87162	1,9199	1,96234	2,0000	2,03361	2,06385	2,09121
10,0	1,22832	1,37905	1,5007	1,60076	1,68439	1,7553	1,81618	1,86903	1,91535	1,95631	1,9928	2,02554	2,0551
10,5	1,10644	1,27491	1,41032	1,52124	1,61361	1,69164	1,75841	1,81618	1,86667	1,91118	1,95075	1,98616	2,01805
11,0	0,97647	1,1643	1,3147	1,43743	1,53927	1,62502	1,69814	1,76121	1,81618	1,86451	1,90736	1,94561	1,9800
11,5	0,83793	1,04683	1,21351	1,34907	1,46116	1,55523	1,63521	1,70399	1,76376	1,81618	1,86253	1,90382	1,94086
12,0	0,69034	0,92211	1,10644	1,25587	1,37905	1,4821	1,56945	1,64437	1,70929	1,76608	1,81618	1,86071	1,90056
12,5	0,53323	0,78977	0,99318	1,15758	1,2927	1,40542	1,5007	1,5822	1,65264	1,71411	1,76821	1,81618	1,85902
13,0	0,36612	0,6494	0,8734	1,05394	1,20191	1,32502	1,42881	1,51735	1,5937	1,66016	1,71852	1,77016	1,81618
13,5	0,18854	0,50062	0,74678	0,94467	1,10644	1,2407	1,3536	1,44968	1,53233	1,60412	1,66702	1,72256	1,77196
14,0	0	0,34306	0,61301	0,82951	1,00608	1,15226	1,27491	1,37905	1,46842	1,54589	1,61361	1,67329	1,72628
14,5	-0,2000	0,17631	0,47176	0,70819	0,9006	1,05953	1,19258	1,3053	1,40185	1,48535	1,5582	1,62229	1,67907
15,0	-0,41182	0	0,32273	0,58046	0,78977	0,9623	1,10644	1,22832	1,33249	1,4224	1,5007	1,56945	1,63025

12.5.6 Tabellarische Formelauswertung der Formeln 58 bis 64 aus der DIN 4085-100;φ = 0 ; α = 0°; β = 25°

Erdwiderstandswerte nach DIN 4085-100, Abschnitt 7.6.2 **gekrümmte** Gleitflächen

φ = 0

Wandneigungswinkel α =	0	[°]
Böschungswinkel β =	25	[°]

K pc,0 = 2
g pc (1+Beta) = 1,4363

Erdwiderstandsbeiwerte K pc	Kohäsion c [kN/m²]												
Adhäsion a [kN/m²]	1,0	2,0	3,0	4,0	5,0	6,0	7,0	8,0	9,0	10,0	11,0	12,0	13,0
5,0	-218,035	-25,6655	-6,52733	-1,77409	0	0,8409	1,3078	1,5978	1,7933	1,9337	2,0392	2,1217	2,1880
5,5	-291,455	-34,6639	-9,20749	-2,93895	-0,62838	0,4503	1,0396	1,3997	1,6388	1,8080	1,9337	2,0307	2,1081
6,0	-379,766	-45,4743	-12,4099	-4,31797	-1,36325	0	0,7350	1,1780	1,4683	1,6710	1,8199	1,9337	2,0235
6,5	-484,358	-58,2704	-16,1861	-5,93287	-2,21573	-0,51656	0,3898	0,9299	1,2797	1,5212	1,6968	1,8297	1,9337
7,0	-606,621	-73,226	-20,5874	-7,80534	-3,19693	-1,10578	0	0,6527	1,0712	1,3574	1,5634	1,7180	1,8379
7,5	-747,943	-90,5147	-25,6655	-9,95712	-4,31797	-1,77409	-0,43846	0,3436	0,8409	1,1780	1,4187	1,5978	1,7357
8,0	-909,715	-110,31	-31,4716	-12,4099	-5,58998	-2,52794	-0,92964	0	0,5868	0,9818	1,2616	1,4683	1,6263
8,5	-1093,33	-132,786	-38,0574	-15,1854	-7,02405	-3,37376	-1,47757	-0,38086	0,3072	0,7672	1,0910	1,3286	1,5091
9,0	-1300,17	-158,117	-45,4743	-18,3054	-8,63132	-4,31797	-2,08633	-0,80168	0	0,5330	0,9059	1,1780	1,3836
9,5	-1531,63	-186,475	-53,7737	-21,7915	-10,4229	-5,36702	-2,75994	-1,26519	-0,33661	0,2777	0,7054	1,0157	1,2489
10,0	-1789,1	-218,035	-63,0071	-25,6655	-12,4099	-6,52733	-3,50247	-1,77409	-0,70457	0	0,4882	0,8409	1,1046
10,5	-2073,96	-252,971	-73,226	-29,949	-14,6035	-7,80534	-4,31797	-2,33111	-1,10578	-0,30157	0,2534	0,6527	0,9500
11,0	-2387,62	-291,455	-84,4819	-34,6639	-17,0147	-9,20749	-5,21049	-2,93895	-1,54214	-0,62838	0	0,4503	0,7844
11,5	-2731,45	-333,662	-96,8262	-39,8317	-19,6547	-10,7402	-6,18409	-3,60034	-2,01556	-0,98181	-0,27314	0,2330	0,6073
12,0	-3106,84	-379,766	-110,31	-45,4743	-22,5346	-12,4099	-7,2428	-4,31797	-2,52794	-1,36325	-0,56702	0	0,4179
12,5	-3515,2	-429,94	-124,986	-51,6133	-25,6655	-14,2231	-8,39069	-5,09458	-3,08121	-1,77409	-0,8827	-0,2496	0,2157
13,0	-3957,9	-484,358	-140,904	-58,2704	-29,0585	-16,1861	-9,6318	-5,93287	-3,67725	-2,21573	-1,22122	-0,51656	0
13,5	-4436,34	-543,194	-158,117	-65,4674	-32,7248	-18,3054	-10,9702	-6,83555	-4,31797	-2,68954	-1,58361	-0,80168	-0,22979
14,0	-4951,9	-606,621	-176,675	-73,226	-36,6754	-20,5874	-12,4099	-7,80534	-5,00529	-3,19693	-1,97094	-1,10578	-0,47432
14,5	-5505,98	-674,812	-196,631	-81,5679	-40,9216	-23,0386	-13,955	-8,84496	-5,74111	-3,73928	-2,38423	-1,42965	-0,73423
15,0	-6099,96	-747,943	-218,035	-90,5147	-45,4743	-25,6655	-15,6095	-9,95712	-6,52733	-4,31797	-2,82454	-1,77409	-1,01014

Erdwiderstandsbeiwerte K pc	Kohäsion c [kN/m²]												
Adhäsion a [kN/m²]	14,0	15,0	16,0	17,0	18,0	19,0	20,0	21,0	22,0	23,0	24,0	25,0	26,0
5,0	2,2427	2,2886	2,3277	2,3616	2,3912	2,4173	2,4406	2,4615	2,4804	2,4975	2,5132	2,5275	2,5407
5,5	2,1713	2,2239	2,2686	2,3071	2,3406	2,3700	2,3962	2,4196	2,4406	2,4597	2,4771	2,4930	2,5076
6,0	2,0963	2,1566	2,2074	2,2509	2,2886	2,3216	2,3508	2,3769	2,4003	2,4214	2,4406	2,4582	2,4743
6,5	2,0173	2,0860	2,1436	2,1926	2,2349	2,2718	2,3043	2,3332	2,3591	2,3825	2,4037	2,4230	2,4406
7,0	1,9337	2,0118	2,0769	2,1320	2,1794	2,2205	2,2566	2,2886	2,3171	2,3428	2,3660	2,3872	2,4065
7,5	1,8450	1,9337	2,0071	2,0689	2,1217	2,1674	2,2074	2,2427	2,2741	2,3023	2,3277	2,3508	2,3719
8,0	1,7507	1,8511	1,9337	2,0029	2,0617	2,1124	2,1566	2,1954	2,2299	2,2608	2,2886	2,3137	2,3366
8,5	1,6504	1,7636	1,8564	1,9337	1,9991	2,0552	2,1040	2,1467	2,1845	2,2182	2,2485	2,2758	2,3007
9,0	1,5435	1,6710	1,7748	1,8610	1,9337	1,9957	2,0494	2,0963	2,1377	2,1744	2,2074	2,2371	2,2640
9,5	1,4294	1,5726	1,6888	1,7847	1,8652	1,9337	1,9927	2,0441	2,0893	2,1294	2,1652	2,1974	2,2265
10,0	1,3078	1,4683	1,5978	1,7043	1,7933	1,8688	1,9337	1,9899	2,0392	2,0829	2,1217	2,1566	2,1880
10,5	1,1780	1,3574	1,5016	1,6196	1,7180	1,8011	1,8722	1,9337	1,9874	2,0348	2,0769	2,1146	2,1486
11,0	1,0396	1,2396	1,3997	1,5304	1,6388	1,7301	1,8080	1,8751	1,9337	1,9851	2,0307	2,0715	2,1081
11,5	0,8921	1,1145	1,2920	1,4363	1,5557	1,6558	1,7410	1,8142	1,8779	1,9337	1,9830	2,0270	2,0664
12,0	0,7350	0,9818	1,1780	1,3371	1,4683	1,5780	1,6710	1,7507	1,8199	1,8803	1,9337	1,9811	2,0235
12,5	0,5677	0,8409	1,0574	1,2325	1,3763	1,4963	1,5978	1,6845	1,7595	1,8250	1,8826	1,9337	1,9793
13,0	0,3898	0,6914	0,9299	1,1221	1,2797	1,4107	1,5212	1,6155	1,6968	1,7675	1,8297	1,8847	1,9337
13,5	0,2007	0,5330	0,7951	1,0058	1,1780	1,3210	1,4412	1,5435	1,6315	1,7079	1,7748	1,8340	1,8866
14,0	0	0,3652	0,6527	0,8832	1,0712	1,2268	1,3574	1,4683	1,5634	1,6459	1,7180	1,7815	1,8379
14,5	-0,2129	0,1877	0,5023	0,7540	0,9589	1,1281	1,2697	1,3897	1,4925	1,5814	1,6590	1,7272	1,7877
15,0	-0,43846	0	0,3436	0,6180	0,8409	1,0246	1,1780	1,3078	1,4187	1,5144	1,5978	1,6710	1,7357

12.5.7 Tabellarische Formelauswertung der Formeln 58 bis 64 aus der DIN 4085-100;φ = 0 ; α = 0°; β = 30°

Erdwiderstandswerte nach DIN 4085-100, Abschnitt 7.6.2 **gekrümmte** Gleitflächen

φ = 0

Wandneigungswinkel α =	0	[°]
Böschungswinkel β =	30	[°]

K pc,0 = 2
g pc (1+Beta) = 1,5236

Erdwiderstands-beiwerte K pc	Kohäsion c [kN/m²]												
Adhäsion a [kN/m²]	1,0	2,0	3,0	4,0	5,0	6,0	7,0	8,0	9,0	10,0	11,0	12,0	13,0
5,0	-231,282	-27,2248	-6,92391	-1,88188	0	0,8919	1,3872	1,6949	1,9023	2,0511	2,1631	2,2506	2,3210
5,5	-309,163	-36,7699	-9,7669	-3,11752	-0,66656	0,4777	1,1028	1,4848	1,7384	1,9178	2,0511	2,1541	2,2362
6,0	-402,84	-48,2371	-13,1639	-4,58032	-1,44608	0	0,7797	1,2496	1,5575	1,7725	1,9304	2,0511	2,1464
6,5	-513,786	-61,8107	-17,1695	-6,29333	-2,35035	-0,54794	0,4135	0,9864	1,3574	1,6137	1,7999	1,9408	2,0511
7,0	-643,477	-77,675	-21,8382	-8,27957	-3,39117	-1,17296	0	0,6923	1,1362	1,4398	1,6584	1,8224	1,9496
7,5	-793,385	-96,0141	-27,2248	-10,5621	-4,58032	-1,88188	-0,4651	0,3645	0,8919	1,2496	1,5049	1,6949	1,8412
8,0	-964,987	-117,012	-33,3837	-13,1639	-5,9296	-2,68153	-0,98612	0	0,6225	1,0414	1,3382	1,5575	1,7251
8,5	-1159,75	-140,854	-40,3697	-16,108	-7,45081	-3,57874	-1,56735	-0,404	0,3258	0,8138	1,1573	1,4093	1,6008
9,0	-1379,16	-167,723	-48,2371	-19,4176	-9,15573	-4,58032	-2,21308	-0,85039	0	0,5654	0,9610	1,2496	1,4676
9,5	-1624,68	-197,805	-57,0408	-23,1155	-11,0562	-5,6931	-2,92763	-1,34206	-0,35707	0,2946	0,7482	1,0774	1,3248
10,0	-1897,79	-231,282	-66,8352	-27,2248	-13,1639	-6,92391	-3,71527	-1,88188	-0,74738	0	0,5179	0,8919	1,1717
10,5	-2199,97	-268,34	-77,675	-31,7686	-15,4907	-8,27957	-4,58032	-2,47274	-1,17296	-0,3199	0,2688	0,6923	1,0077
11,0	-2532,68	-309,163	-89,6147	-36,7699	-18,0484	-9,7669	-5,52707	-3,11752	-1,63583	-0,66656	0	0,4777	0,8321
11,5	-2897,4	-353,935	-102,709	-42,2517	-20,8488	-11,3927	-6,55981	-3,81908	-2,13802	-1,04146	-0,28973	0,2472	0,6441
12,0	-3295,61	-402,84	-117,012	-48,2371	-23,9037	-13,1639	-7,68285	-4,58032	-2,68153	-1,44608	-0,60147	0	0,4433
12,5	-3728,77	-456,062	-132,58	-54,7491	-27,2248	-15,0872	-8,90048	-5,40411	-3,26841	-1,88188	-0,93633	-0,26476	0,2288
13,0	-4198,37	-513,786	-149,465	-61,8107	-30,824	-17,1695	-10,217	-6,29333	-3,90066	-2,35035	-1,29541	-0,54794	0
13,5	-4705,87	-576,196	-167,723	-69,445	-34,713	-19,4176	-11,6367	-7,25085	-4,58032	-2,85295	-1,67983	-0,85039	-0,24375
14,0	-5252,76	-643,477	-187,409	-77,675	-38,9037	-21,8382	-13,1639	-8,27957	-5,3094	-3,39117	-2,09068	-1,17296	-0,50314
14,5	-5840,5	-715,812	-208,577	-86,5237	-43,4078	-24,4384	-14,8029	-9,38235	-6,08992	-3,96646	-2,52909	-1,51651	-0,77884
15,0	-6470,57	-793,385	-231,282	-96,0141	-48,2371	-27,2248	-16,5579	-10,5621	-6,92391	-4,58032	-2,99614	-1,88188	-1,07151

Erdwiderstands-beiwerte K pc	Kohäsion c [kN/m²]												
Adhäsion a [kN/m²]	14,0	15,0	16,0	17,0	18,0	19,0	20,0	21,0	22,0	23,0	24,0	25,0	26,0
5,0	2,3789	2,4276	2,4691	2,5051	2,5365	2,5642	2,5889	2,6111	2,6311	2,6493	2,6659	2,6810	2,6950
5,5	2,3032	2,3591	2,4065	2,4473	2,4828	2,5140	2,5418	2,5666	2,5889	2,6092	2,6276	2,6445	2,6600
6,0	2,2237	2,2876	2,3415	2,3876	2,4276	2,4626	2,4936	2,5213	2,5461	2,5685	2,5889	2,6076	2,6247
6,5	2,1398	2,2127	2,2738	2,3258	2,3707	2,4098	2,4443	2,4750	2,5025	2,5272	2,5497	2,5702	2,5889
7,0	2,0511	2,1341	2,2031	2,2616	2,3118	2,3554	2,3937	2,4276	2,4579	2,4851	2,5098	2,5322	2,5527
7,5	1,9571	2,0511	2,1290	2,1946	2,2506	2,2991	2,3415	2,3789	2,4123	2,4422	2,4691	2,4936	2,5160
8,0	1,8571	1,9635	2,0511	2,1245	2,1870	2,2407	2,2876	2,3288	2,3654	2,3981	2,4276	2,4543	2,4786
8,5	1,7507	1,8708	1,9692	2,0511	2,1206	2,1801	2,2318	2,2771	2,3172	2,3530	2,3851	2,4141	2,4405
9,0	1,6372	1,7725	1,8827	1,9741	2,0511	2,1170	2,1739	2,2237	2,2675	2,3065	2,3415	2,3730	2,4016
9,5	1,5163	1,6682	1,7914	1,8931	1,9785	2,0511	2,1138	2,1683	2,2162	2,2587	2,2967	2,3309	2,3618
10,0	1,3872	1,5575	1,6949	1,8079	1,9023	1,9824	2,0511	2,1108	2,1631	2,2094	2,2506	2,2876	2,3210
10,5	1,2496	1,4398	1,5928	1,7181	1,8224	1,9105	1,9859	2,0511	2,1082	2,1584	2,2031	2,2431	2,2791
11,0	1,1028	1,3149	1,4848	1,6234	1,7384	1,8352	1,9178	1,9891	2,0511	2,1057	2,1541	2,1973	2,2362
11,5	0,9463	1,1823	1,3705	1,5236	1,6502	1,7564	1,8468	1,9244	1,9919	2,0511	2,1035	2,1501	2,1920
12,0	0,7797	1,0414	1,2496	1,4183	1,5575	1,6738	1,7725	1,8571	1,9304	1,9946	2,0511	2,1014	2,1464
12,5	0,6022	0,8919	1,1217	1,3073	1,4599	1,5872	1,6949	1,7869	1,8665	1,9359	1,9970	2,0511	2,0995
13,0	0,4135	0,7334	0,9864	1,1903	1,3574	1,4964	1,6137	1,7137	1,7999	1,8749	1,9408	1,9992	2,0511
13,5	0,2129	0,5654	0,8434	1,0669	1,2496	1,4012	1,5287	1,6372	1,7306	1,8116	1,8827	1,9454	2,0012
14,0	0	0,3874	0,6923	0,9368	1,1362	1,3013	1,4398	1,5575	1,6584	1,7459	1,8224	1,8898	1,9496
14,5	-0,22583	0,1991	0,5328	0,7998	1,0171	1,1966	1,3469	1,4742	1,5832	1,6775	1,7598	1,8322	1,8963
15,0	-0,4651	0	0,3645	0,6556	0,8919	1,0868	1,2496	1,3872	1,5049	1,6064	1,6949	1,7725	1,8412

12.5.8 Tabellarische Formelauswertung der Formel 63 aus der DIN 4085-100; $\varphi = 0$

$i_{pc} > 0$ $i_{pc} = 1 - 0{,}63 \cdot a/c + 0{,}275 \cdot (a/c)^2 - 0{,}645 \cdot (a/c)^3$

i_{pc} - Werte	Kohäsion c [kN/m²]																									
Adhäsion a [kN/m²]	1,0	2,0	3,0	4,0	5,0	6,0	7,0	8,0	9,0	10,0	11,0	12,0	13,0	14,0	15,0	16,0	17,0	18,0	19,0	20,0	21,0	22,0	23,0	24,0	25,0	26,0
5,0	-75,90	-8,93	-2,27	-0,62	0	0,2927	0,4552	0,5562	0,624	0,6731	0,7099	0,7386	0,7617	0,7807	0,7967	0,8103	0,8221	0,832	0,8415	0,850	0,857	0,863	0,869	0,8749	0,8798	0,884
5,5	-101,46	-12,07	-3,21	-1,02	-0,22	0,1568	0,3619	0,4873	0,5705	0,629	0,6731	0,7069	0,7338	0,7558	0,7742	0,7897	0,8031	0,8148	0,8250	0,8341	0,842	0,850	0,856	0,862	0,8678	0,8729
6,0	-132,20	-15,83	-4,32	-1,50	-0,47	0	0,2559	0,4101	0,5111	0,5817	0,6335	0,6731	0,7044	0,7297	0,7507	0,7684	0,7835	0,7967	0,808	0,8183	0,8274	0,8356	0,843	0,850	0,8557	0,8613
6,5	-168,61	-20,28	-5,63	-2,07	-0,77	-0,18	0,1357	0,3237	0,4455	0,5296	0,5907	0,637	0,6731	0,7022	0,7262	0,7462	0,7633	0,7780	0,7908	0,802	0,8122	0,8212	0,829	0,8367	0,8435	0,850
7,0	-211,17	-25,49	-7,17	-2,72	-1,11	-0,38	0	0,2272	0,3729	0,4725	0,5442	0,5980	0,640	0,6731	0,7003	0,7230	0,7422	0,7587	0,7730	0,7855	0,7967	0,807	0,8156	0,824	0,8310	0,8377
7,5	-260,37	-31,51	-8,93	-3,47	-1,50	-0,62	-0,15	0,1196	0,2927	0,4101	0,494	0,5562	0,604	0,642	0,6731	0,6987	0,7202	0,7386	0,7545	0,7684	0,7807	0,7916	0,8014	0,8103	0,8183	0,8257
8,0	-316,68	-38,40	-10,96	-4,32	-1,95	-0,88	-0,32	0	0,204	0,3418	0,439	0,5111	0,5661	0,609	0,644	0,6731	0,6972	0,7177	0,7353	0,7507	0,7643	0,7763	0,7870	0,7967	0,8054	0,8134
8,5	-380,60	-46,22	-13,25	-5,29	-2,45	-1,17	-0,51	-0,13	0,1069	0,2671	0,3798	0,4625	0,5253	0,5745	0,6139	0,646	0,6731	0,6959	0,7154	0,7324	0,7473	0,7604	0,7722	0,7827	0,7922	0,801
9,0	-452,60	-55,04	-15,83	-6,37	-3,00	-1,50	-0,73	-0,28	0	0,1855	0,3154	0,4101	0,4816	0,5373	0,5817	0,6178	0,6478	0,6731	0,6947	0,7134	0,7297	0,7441	0,7569	0,7684	0,7787	0,788
9,5	-533,17	-64,91	-18,72	-7,59	-3,63	-1,87	-0,96	-0,44	-0,12	0,0967	0,2455	0,3536	0,435	0,4976	0,5475	0,5879	0,6213	0,649	0,6731	0,6937	0,7116	0,7273	0,7412	0,7537	0,7649	0,7751
10,0	-622,80	-75,90	-21,93	-8,93	-4,32	-2,27	-1,22	-0,62	-0,25	0	0,1699	0,2927	0,3845	0,4552	0,5111	0,5562	0,5933	0,624	0,6506	0,6731	0,6927	0,7099	0,7251	0,7386	0,7507	0,7617
10,5	-721,96	-88,06	-25,49	-10,43	-5,08	-2,72	-1,50	-0,81	-0,38	-0,10	0,088	0,2272	0,3307	0,4101	0,4725	0,5227	0,5638	0,598	0,6270	0,6517	0,6731	0,6918	0,7083	0,7230	0,7361	0,7479
11,0	-831,15	-101,46	-29,41	-12,07	-5,92	-3,21	-1,81	-1,02	-0,54	-0,22	0	0,1568	0,2731	0,3619	0,4315	0,4873	0,5328	0,5705	0,602	0,629	0,6528	0,6731	0,6910	0,7069	0,7211	0,7338
11,5	-950,84	-116,15	-33,71	-13,87	-6,84	-3,74	-2,15	-1,25	-0,70	-0,34	-0,10	0,0811	0,2114	0,3106	0,388	0,450	0,5000	0,5415	0,5764	0,6061	0,6315	0,6537	0,6731	0,690	0,7056	0,7193
12,0	-1081,52	-132,20	-38,40	-15,83	-7,84	-4,32	-2,52	-1,50	-0,88	-0,47	-0,20	0	0,1455	0,2559	0,3418	0,4101	0,4655	0,5111	0,5493	0,5817	0,609	0,6335	0,6546	0,6731	0,690	0,7044
12,5	-1223,67	-149,67	-43,51	-17,97	-8,93	-4,95	-2,92	-1,77	-1,07	-0,62	-0,31	-0,09	0,0751	0,1976	0,2927	0,3681	0,429	0,4791	0,5209	0,5562	0,5864	0,6125	0,6353	0,6553	0,6731	0,689
13,0	-1377,78	-168,61	-49,05	-20,28	-10,12	-5,63	-3,35	-2,07	-1,28	-0,77	-0,43	-0,18	0	0,1357	0,2407	0,3237	0,391	0,4455	0,4911	0,5296	0,5624	0,5907	0,6153	0,637	0,6561	0,6731
13,5	-1544,33	-189,09	-55,04	-22,79	-11,39	-6,37	-3,82	-2,38	-1,50	-0,94	-0,55	-0,28	-0,08	0,070	0,1855	0,2768	0,3501	0,4101	0,4598	0,5017	0,5373	0,5679	0,5945	0,6178	0,638	0,6567
14,0	-1723,80	-211,17	-61,50	-25,49	-12,77	-7,17	-4,32	-2,72	-1,74	-1,11	-0,69	-0,38	-0,17	0	0,1271	0,2272	0,3074	0,3729	0,4271	0,4725	0,5111	0,5442	0,5729	0,5980	0,620	0,640
14,5	-1916,68	-234,91	-68,45	-28,39	-14,25	-8,02	-4,86	-3,08	-2,00	-1,30	-0,83	-0,50	-0,26	-0,07	0,0653	0,1748	0,2625	0,334	0,3927	0,442	0,484	0,5196	0,5505	0,5775	0,6013	0,622
15,0	-2123,45	-260,37	-75,90	-31,51	-15,83	-8,93	-5,43	-3,47	-2,27	-1,50	-0,98	-0,62	-0,35	-0,15	0	0,1196	0,2151	0,2927	0,3567	0,4101	0,4552	0,494	0,5272	0,5562	0,5817	0,604
15,5	-2344,60	-287,60	-83,87	-34,84	-17,53	-9,91	-6,05	-3,88	-2,56	-1,72	-1,15	-0,74	-0,45	-0,24	-0,07	0,0614	0,1653	0,250	0,3189	0,3767	0,4255	0,4671	0,5029	0,5341	0,5614	0,5855

12.5.9 Beiwerte für den passiven Erddruck für gekrümmte Gleitfläche, nach DIN 4085-100, Abschnitt 7.6.2, Tabelle 6

Wandeibungswinkel δ_p negativ

$\beta = 0°$	$\alpha = 0°$

φ	Beiwert	δ_p											
		0,0	-5,0	-10,0	-15,0	-20,0	-25,0	-27,5	-30,0	-32,5	-35,0	-37,5	-40,0
0,0	K_{pc}	2,00											
5,0	K_{pc}	2,18	2,95										
10,0	K_{pc}	2,38	3,07	3,44									
15,0	K_{pc}	2,61	3,26	3,77	4,08								
20,0	K_{pc}	2,86	3,52	4,12	4,62	4,97							
25,0	K_{pc}	3,14	3,86	4,55	5,20	5,78	6,22						
27,5	K_{pc}	3,30	4,05	4,80	5,53	6,21	6,81	7,04					
30,0	K_{pc}	3,46	4,26	5,08	5,90	6,70	7,44	7,78	8,05				
32,5	K_{pc}	3,65	4,50	5,39	6,31	7,24	8,14	8,57	8,97	9,31			
35,0	K_{pc}	3,84	4,76	5,74	6,77	7,85	8,93	9,47	9,98	10,47	10,90		
37,5	K_{pc}	4,06	5,05	6,13	7,30	8,55	9,84	10,50	11,15	11,79	12,40	12,93	
40,0	K_{pc}	4,29	5,38	6,58	7,91	9,36	10,90	11,70	12,51	13,33	14,13	14,90	15,60

(vgl. DIN V 4085-100, Ausgabe April 1996, Seite 236-34)

12.6 Erdwiderstandsbeiwerte nach DIN 4085-100, Abschnitt 7.6.2 gekrümmte Gleitflächen, Formeln 42 bis 56, Seite 236-30 und 236-31, $\varphi > 0$

12.6.1 Erdwiderstandsbeiwerte nach DIN 4085-100, Abschnitt 7.6.2 gekrümmte Gleitflächen Formeln 42 bis 56, Seite 236-30 und 236-31

φ > 0

φ = 10	K_{pc}								
	β	−φ	−2/3 φ	−1/2 φ	−1/3 φ	0	1/3 φ	1/2 φ	2/3 φ
Geländeneigung β [°]	-30	6,8355	6,5445	6,3144	6,0397	5,3620	4,6522	4,3156	3,9912
	-25	5,5271	5,2714	5,0669	4,8221	4,2158	3,5787	3,2758	2,9833
	-20	4,5153	4,2869	4,1024	3,8805	3,3294	2,7486	2,4718	2,2040
	-15	3,8003	3,5912	3,4207	3,2151	2,7030	2,1620	1,9036	1,6532
	-10	3,3820	3,1842	3,0219	2,8258	2,3366	1,8188	1,5712	1,3310
	-5	3,2604	3,0659	2,9059	2,7127	2,2301	1,7190	1,4746	1,2374
	0	3,4356	3,2363	3,0729	2,8757	2,3835	1,8627	1,6137	1,3723
	5	3,7229	3,5159	3,3469	3,1431	2,6352	2,0985	1,8421	1,5936
	10	4,0193	3,8043	3,6294	3,4189	2,8949	2,3416	2,0776	1,8219
	15	4,3249	4,1016	3,9208	3,7033	3,1626	2,5923	2,3204	2,0573
	20	4,6400	4,4082	4,2212	3,9965	3,4387	2,8509	2,5709	2,3000
	25	4,9650	4,7245	4,5311	4,2990	3,7234	3,1176	2,8292	2,5504
	30	5,3002	5,0506	4,8506	4,6109	4,0170	3,3925	3,0955	2,8085

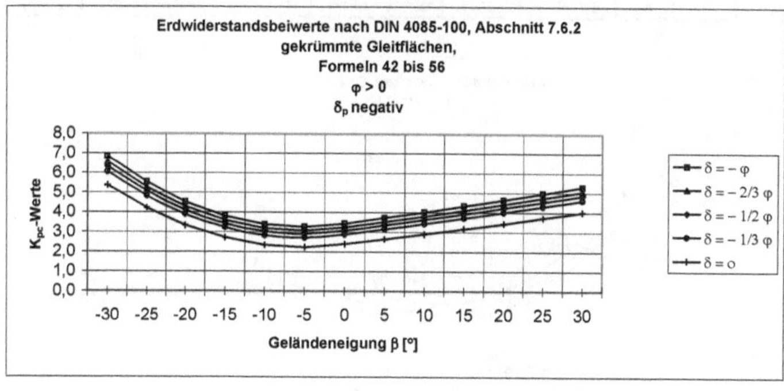

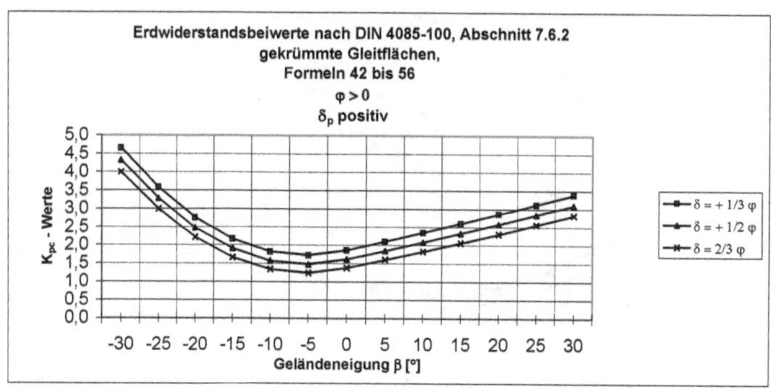

Erdwiderstandsbeiwerte nach DIN 4085-100,
Abschnitt 7.6.2 gekrümmte Gleitflächen
Formeln 42 bis 56, Seite 236-30 und 236-31
φ > 0

$K_{pch} = K_{pc} * \cos \delta_p$

φ = 10		K_{pch}							
	β	−φ	−2/3 φ	−1/2 φ	−1/3 φ	0	1/3 φ	1/2 φ	2/3 φ
Geländeneigung β [°]	-30	6,7317	6,5002	6,2904	6,0295	5,3620	4,6444	4,2992	3,9642
	-25	5,4431	5,2357	5,0477	4,8139	4,2158	3,5726	3,2634	2,9631
	-20	4,4467	4,2579	4,0867	3,8739	3,3294	2,7440	2,4624	2,1891
	-15	3,7426	3,5669	3,4076	3,2097	2,7030	2,1583	1,8963	1,6421
	-10	3,3306	3,1627	3,0104	2,8210	2,3366	1,8157	1,5652	1,3220
	-5	3,2109	3,0452	2,8949	2,7081	2,2301	1,7161	1,4689	1,2290
	0	3,3834	3,2144	3,0612	2,8708	2,3835	1,8596	1,6076	1,3630
	5	3,6664	3,4921	3,3342	3,1378	2,6352	2,0949	1,8351	1,5829
	10	3,9582	3,7785	3,6156	3,4131	2,8949	2,3377	2,0697	1,8096
	15	4,2592	4,0739	3,9058	3,6970	3,1626	2,5880	2,3116	2,0434
	20	4,5695	4,3784	4,2052	3,9898	3,4387	2,8461	2,5611	2,2845
	25	4,8896	4,6925	4,5138	4,2917	3,7234	3,1123	2,8184	2,5331
	30	5,2196	5,0164	4,8322	4,6031	4,0170	3,3868	3,0837	2,7895

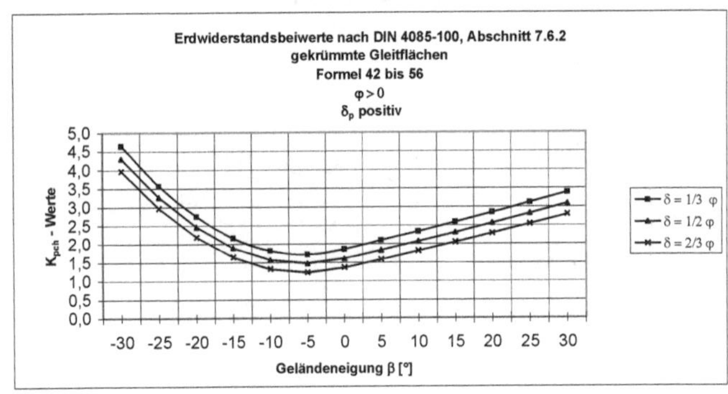

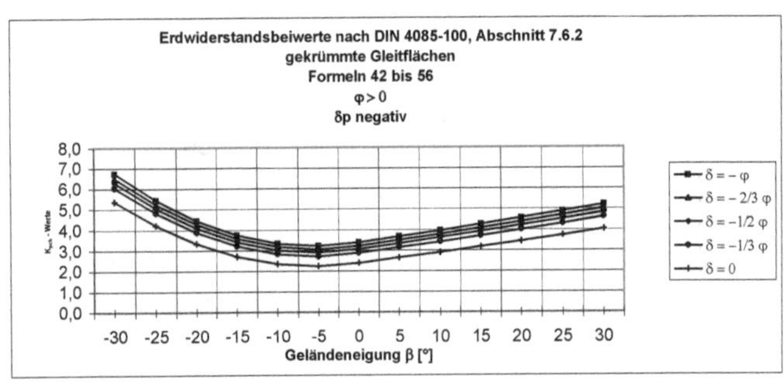

12.6.2 Erdwiderstandsbeiwerte nach DIN 4085-100, Abschnitt 7.6.2 gekrümmte Gleitflächen Formeln 42 bis 56, Seite 236-30 und 236-31 $\varphi > 0$

φ = 15		K_{pc}							
	β	−φ	−2/3 φ	−1/2 φ	−1/3 φ	0	1/3 φ	1/2 φ	2/3 φ
Geländeneigung β [°]	-30	5,3139	4,9421	4,6658	4,3454	3,5877	2,8071	2,4539	2,1253
	-25	4,5842	4,2478	3,9954	3,7020	3,0056	2,2860	1,9595	1,6549
	-20	4,0643	3,7532	3,5179	3,2436	2,5910	1,9148	1,6072	1,3199
	-15	3,7543	3,4582	3,2332	2,9703	2,3437	1,6934	1,3972	1,1201
	-10	3,6542	3,3630	3,1412	2,8820	2,2639	1,6219	1,3294	1,0556
	-5	3,7640	3,4675	3,2421	2,9788	2,3515	1,7003	1,4038	1,1263
	0	4,0837	3,7716	3,5357	3,2607	2,6065	1,9286	1,6204	1,3324
	5	4,4642	4,1336	3,8852	3,5962	2,9099	2,2003	1,8782	1,5776
	10	4,8629	4,5130	4,2515	3,9477	3,2279	2,4850	2,1483	1,8346
	15	5,2807	4,9105	4,6352	4,3161	3,5611	2,7834	2,4314	2,1038
	20	5,7185	5,3270	5,0374	4,7021	3,9103	3,0960	2,7280	2,3860
	25	6,1773	5,7635	5,4588	5,1065	4,2762	3,4236	3,0388	2,6817
	30	6,6580	6,2209	5,9003	5,5304	4,6596	3,7668	3,3646	2,9915

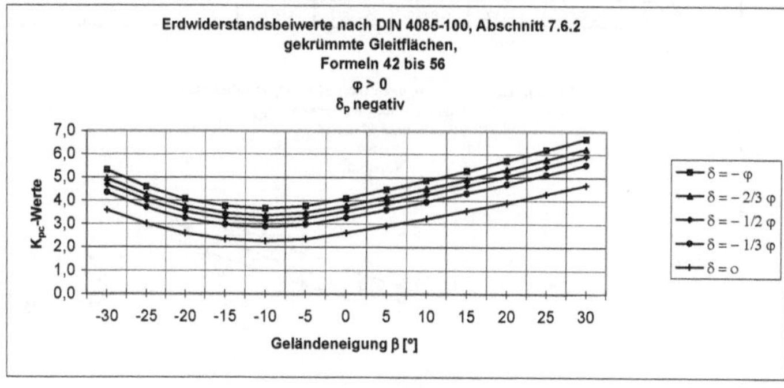

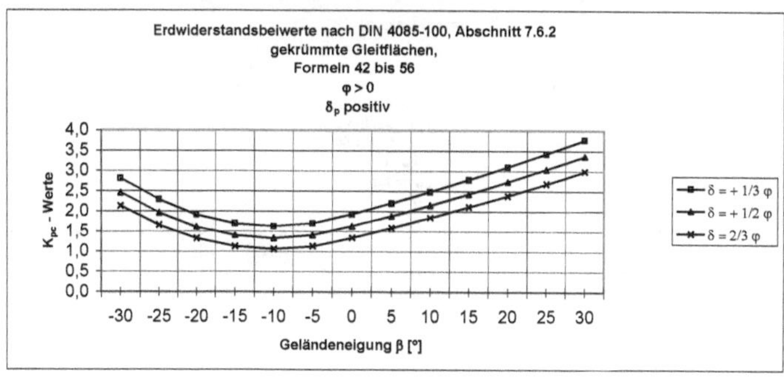

Erdwiderstandsbeiwerte nach DIN 4085-100,
Abschnitt 7.6.2 gekrümmte Gleitflächen
Formeln 42 bis 56, Seite 236-30 und 236-31
$\varphi > 0$

$K_{pch} = K_{pc} * \cos \delta_p$

φ = 15		K_{pch}							
	β	−φ	−2/3 φ	−1/2 φ	−1/3 φ	0	1/3 φ	1/2 φ	2/3 φ
Geländeneigung β [°]	-30	5,1329	4,8670	4,6259	4,3288	3,5877	2,7964	2,4329	2,0930
	-25	4,4280	4,1833	3,9613	3,6879	3,0056	2,2773	1,9427	1,6298
	-20	3,9258	3,6962	3,4878	3,2312	2,5910	1,9075	1,5935	1,2998
	-15	3,6264	3,4057	3,2055	2,9590	2,3437	1,6870	1,3853	1,1031
	-10	3,5297	3,3119	3,1144	2,8711	2,2639	1,6158	1,3180	1,0395
	-5	3,6357	3,4148	3,2143	2,9675	2,3515	1,6939	1,3918	1,1092
	0	3,9445	3,7143	3,5055	3,2483	2,6065	1,9213	1,6065	1,3121
	5	4,3121	4,0708	3,8520	3,5825	2,9099	2,1919	1,8621	1,5536
	10	4,6972	4,4444	4,2151	3,9327	3,2279	2,4756	2,1299	1,8067
	15	5,1008	4,8359	4,5956	4,2996	3,5611	2,7728	2,4106	2,0719
	20	5,5236	5,2461	4,9943	4,6842	3,9103	3,0842	2,7047	2,3497
	25	5,9668	5,6759	5,4121	5,0871	4,2762	3,4105	3,0129	2,6409
	30	6,4311	6,1264	5,8499	5,5093	4,6596	3,7525	3,3358	2,9460

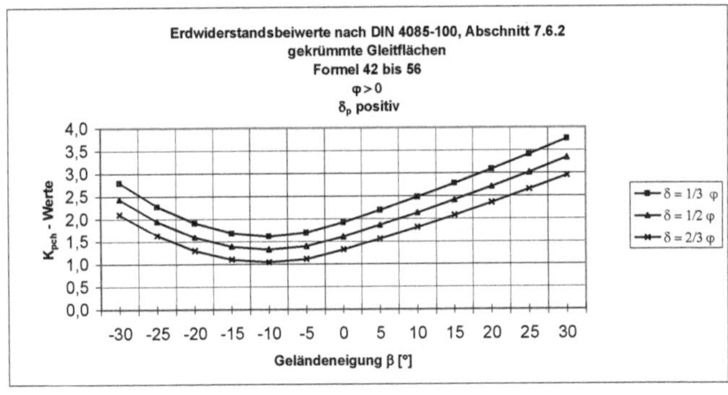

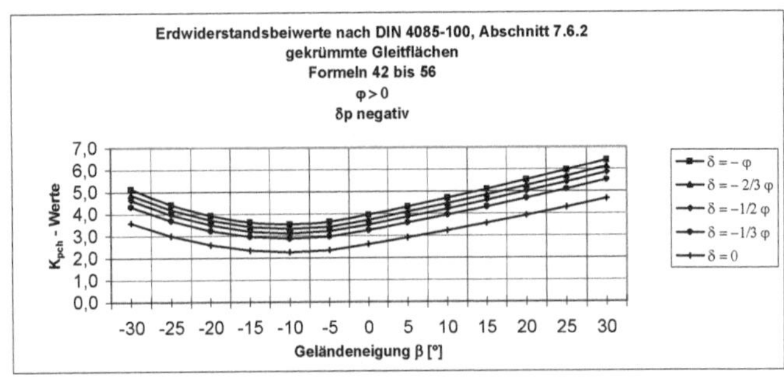

12.6.3 Erdwiderstandsbeiwerte nach DIN 4085-100, Abschnitt 7.6.2 gekrümmte Gleitflächen Formeln 42 bis 56, Seite 236-30 und 236-31 φ > 0

φ = 17,5		K_{pc}							
	β	−φ	−2/3 φ	−1/2 φ	−1/3 φ	0	1/3 φ	1/2 φ	2/3 φ
Geländeneigung β [°]	-30	4,9649	4,5415	4,2368	3,8891	3,0861	2,2743	1,9164	1,5902
	-25	4,4123	4,0230	3,7406	3,4175	2,6691	1,9102	1,5748	1,2684
	-20	4,0492	3,6822	3,4144	3,1074	2,3949	1,6710	1,3503	1,0569
	-15	3,8753	3,5191	3,2583	2,9590	2,2637	1,5564	1,2428	0,9556
	-10	3,8909	3,5337	3,2722	2,9723	2,2755	1,5667	1,2524	0,9647
	-5	4,0957	3,7259	3,4562	3,1472	2,4301	1,7016	1,3791	1,0840
	0	4,4899	4,0959	3,8103	3,4837	2,7277	1,9614	1,6228	1,3136
	5	4,9321	4,5108	4,2074	3,8611	3,0614	2,2527	1,8961	1,5711
	10	5,3992	4,9492	4,6269	4,2599	3,4140	2,5605	2,1850	1,8432
	15	5,8928	5,4124	5,0702	4,6813	3,7866	2,8857	2,4901	2,1307
	20	6,4143	5,9018	5,5386	5,1265	4,1802	3,2293	2,8125	2,4345
	25	6,9653	6,4189	6,0334	5,5969	4,5961	3,5924	3,1532	2,7554
	30	7,5475	6,9652	6,5563	6,0938	5,0356	3,9760	3,5131	3,0945

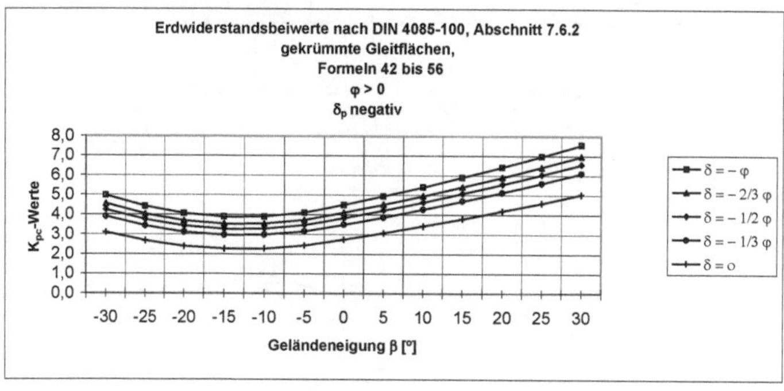

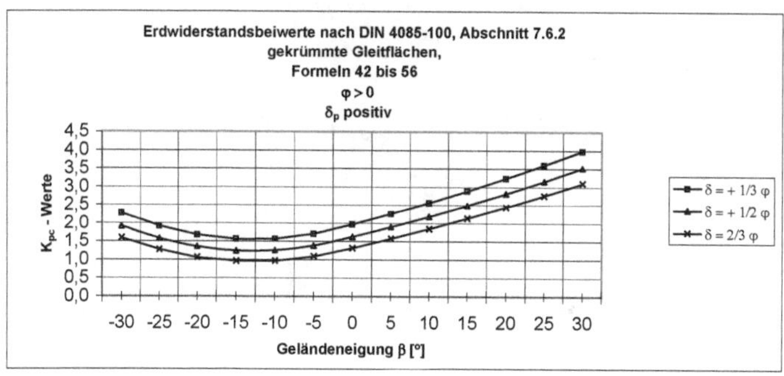

Erdwiderstandsbeiwerte nach DIN 4085-100,
Abschnitt 7.6.2 gekrümmte Gleitflächen
Formeln 42 bis 56, Seite 236-30 und 236-31
φ > 0

$K_{pch} = K_{pc} * \cos \delta_p$

φ = 17,5		K pch							
	β	−φ	−2/3 φ	−1/2 φ	−1/3 φ	0	1/3 φ	1/2 φ	2/3 φ
Geländeneigung β [°]	-30	4,7351	4,4477	4,1875	3,8690	3,0861	2,2625	1,8941	1,5574
	-25	4,2081	3,9399	3,6970	3,3998	2,6691	1,9004	1,5565	1,2422
	-20	3,8618	3,6061	3,3746	3,0913	2,3949	1,6623	1,3346	1,0350
	-15	3,6960	3,4464	3,2204	2,9437	2,2637	1,5484	1,2284	0,9359
	-10	3,7108	3,4607	3,2341	2,9569	2,2755	1,5585	1,2379	0,9447
	-5	3,9062	3,6489	3,4160	3,1309	2,4301	1,6928	1,3630	1,0616
	0	4,2821	4,0112	3,7659	3,4657	2,7277	1,9512	1,6039	1,2865
	5	4,7038	4,4176	4,1584	3,8412	3,0614	2,2410	1,8741	1,5387
	10	5,1493	4,8469	4,5731	4,2379	3,4140	2,5472	2,1595	1,8051
	15	5,6201	5,3006	5,0112	4,6571	3,7866	2,8708	2,4611	2,0867
	20	6,1174	5,7799	5,4741	5,0999	4,1802	3,2126	2,7798	2,3842
	25	6,6429	6,2863	5,9632	5,5679	4,5961	3,5738	3,1165	2,6985
	30	7,1982	6,8213	6,4800	6,0623	5,0356	3,9554	3,4722	3,0306

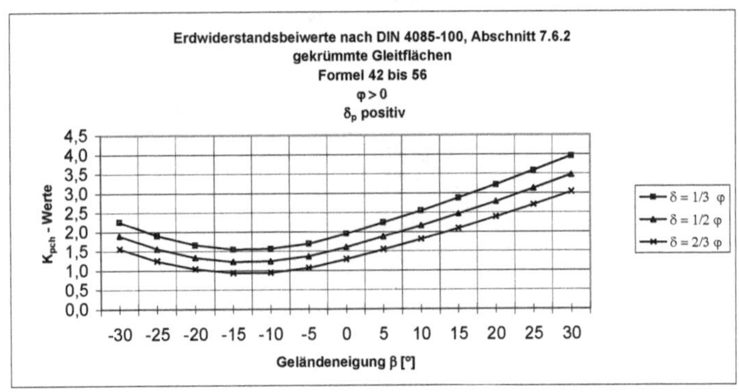

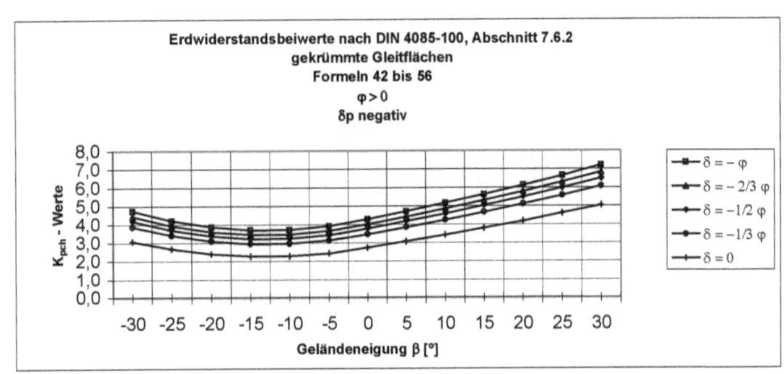

12.6.4 Erdwiderstandsbeiwerte nach DIN 4085-100, Abschnitt 7.6.2 gekrümmte Gleitflächen Formeln 42 bis 56, Seite 236-30 und 236-31 $\varphi > 0$

φ = 20		K_{pc}							
Geländeneigung β [°]	β	−φ	−2/3 φ	−1/2 φ	−1/3 φ	0	1/3 φ	1/2 φ	2/3 φ
	-30	4,7685	4,2838	3,9460	3,5673	2,7146	1,8735	1,5126	1,1911
	-25	4,3581	3,9046	3,5866	3,2294	2,4232	1,6259	1,2831	0,9769
	-20	4,1252	3,6893	3,3826	3,0376	2,2578	1,4854	1,1528	0,8553
	-15	4,0697	3,6381	3,3341	2,9919	2,2184	1,4520	1,1218	0,8264
	-10	4,1917	3,7508	3,4409	3,0924	2,3050	1,5256	1,1900	0,8901
	-5	4,4911	4,0275	3,7031	3,3389	2,5176	1,7062	1,3575	1,0464
	0	4,9681	4,4682	4,1207	3,7316	2,8563	1,9938	1,6243	1,2953
	5	5,4857	4,9464	4,5740	4,1578	3,2238	2,3060	1,9138	1,5654
	10	6,0372	5,4560	5,0569	4,6119	3,6155	2,6387	2,2223	1,8533
	15	6,6249	5,9990	5,5716	5,0958	4,0328	2,9932	2,5510	2,1600
	20	7,2512	6,5777	6,1200	5,6114	4,4775	3,3709	2,9013	2,4869
	25	7,9185	7,1942	6,7043	6,1609	4,9513	3,7734	3,2745	2,8352
	30	8,6296	7,8513	7,3270	6,7464	5,4563	4,2023	3,6723	3,2063

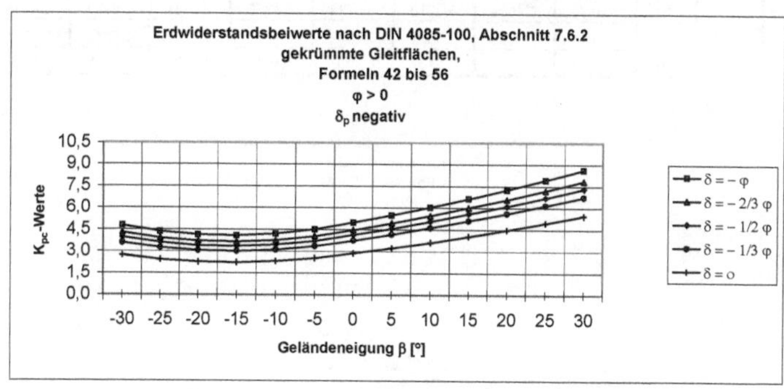

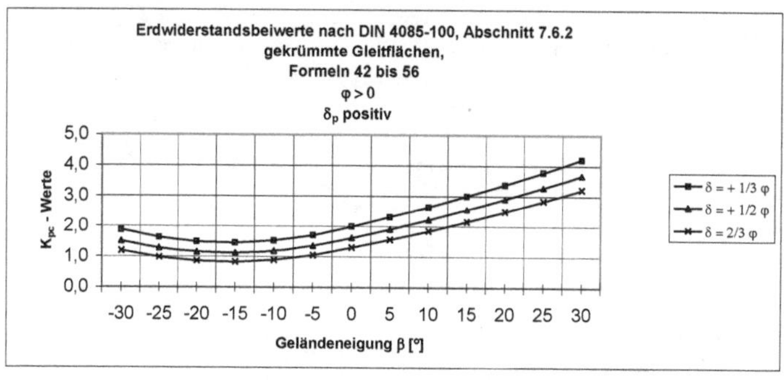

**Erdwiderstandsbeiwerte nach DIN 4085-100,
Abschnitt 7.6.2 gekrümmte Gleitflächen
Formeln 42 bis 56, Seite 236-30 und 236-31
φ > 0**

$K_{pch} = K_{pc} * \cos \delta_p$

φ = 20		K_{pch}							
	β	−φ	−2/3 φ	−1/2 φ	−1/3 φ	0	1/3 φ	1/2 φ	2/3 φ
Geländeneigung β [°]	-30	4,4809	4,1683	3,8860	3,5432	2,7146	1,8608	1,4897	1,1590
	-25	4,0953	3,7993	3,5321	3,2075	2,4232	1,6149	1,2636	0,9506
	-20	3,8764	3,5899	3,3312	3,0171	2,2578	1,4754	1,1353	0,8323
	-15	3,8242	3,5400	3,2834	2,9717	2,2184	1,4422	1,1047	0,8041
	-10	3,9389	3,6497	3,3886	3,0715	2,3050	1,5152	1,1719	0,8661
	-5	4,2203	3,9189	3,6469	3,3164	2,5176	1,6946	1,3369	1,0182
	0	4,6685	4,3477	4,0581	3,7064	2,8563	1,9804	1,5996	1,2604
	5	5,1548	4,8131	4,5045	4,1297	3,2238	2,2904	1,8847	1,5232
	10	5,6731	5,3089	4,9801	4,5807	3,6155	2,6209	2,1885	1,8033
	15	6,2254	5,8373	5,4869	5,0613	4,0328	2,9729	2,5122	2,1018
	20	6,8139	6,4004	6,0270	5,5735	4,4775	3,3481	2,8572	2,4198
	25	7,4410	7,0003	6,6025	6,1192	4,9513	3,7479	3,2248	2,7587
	30	8,1092	7,6396	7,2157	6,7007	5,4563	4,1739	3,6165	3,1199

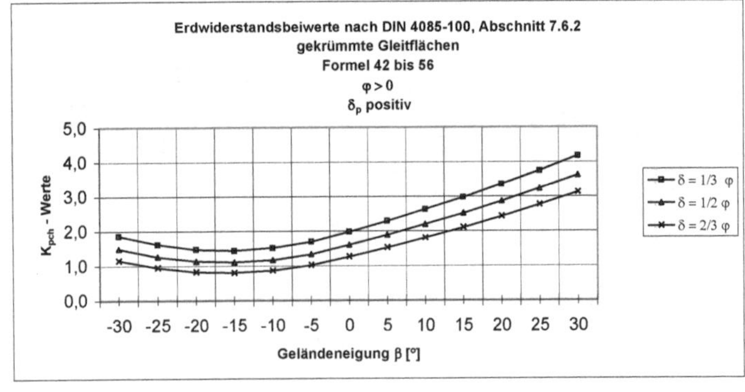

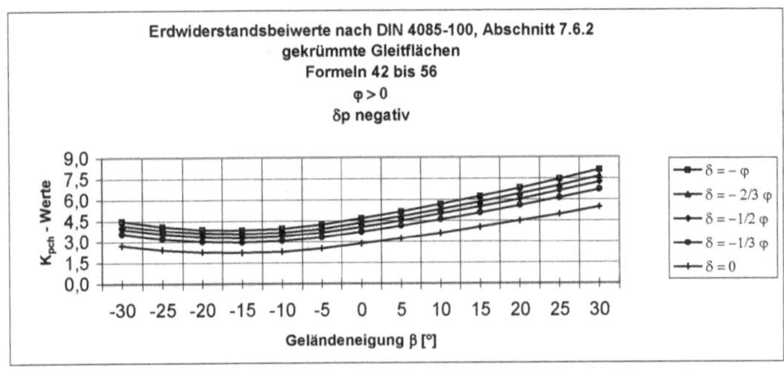

12.6.5 Erdwiderstandsbeiwerte nach DIN 4085-100, Abschnitt 7.6.2 gekrümmte Gleitflächen Formeln 42 bis 56, Seite 236-30 und 236-31 φ > 0

φ = 22,5		K_{pc}							
	β	−φ	−2/3 φ	−1/2 φ	−1/3 φ	0	1/3 φ	1/2 φ	2/3 φ
Geländeneigung β [°]	-30	4,6874	4,1287	3,7522	3,3380	2,4303	1,5614	1,1989	0,8837
	-25	4,3979	3,8659	3,5058	3,1090	2,2382	1,4030	1,0538	0,7495
	-20	4,2808	3,7595	3,4061	3,0164	2,1605	1,3388	0,9951	0,6953
	-15	4,3360	3,8096	3,4531	3,0601	2,1971	1,3691	1,0227	0,7208
	-10	4,5636	4,0162	3,6468	3,2400	2,3481	1,4936	1,1368	0,8263
	-5	4,9635	4,3793	3,9872	3,5562	2,6135	1,7125	1,3373	1,0116
	0	5,5357	4,8989	4,4743	4,0088	2,9932	2,0258	1,6243	1,2768
	5	6,1467	5,4535	4,9942	4,4919	3,3986	2,3602	1,9306	1,5599
	10	6,8034	6,0498	5,5532	5,0112	3,8344	2,7198	2,2599	1,8642
	15	7,5094	6,6907	6,1541	5,5694	4,3029	3,1062	2,6138	2,1914
	20	8,2683	7,3797	6,8000	6,1695	4,8065	3,5217	2,9943	2,5431
	25	9,0841	8,1203	7,4943	6,8146	5,3478	3,9682	3,4034	2,9211
	30	9,9610	8,9165	8,2408	7,5081	5,9297	4,4483	3,8431	3,3275

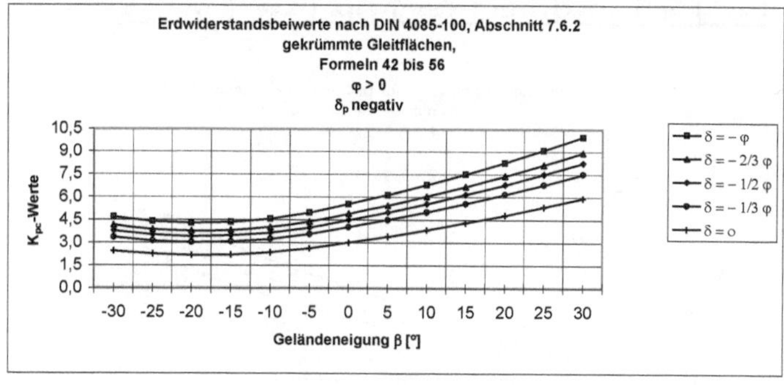

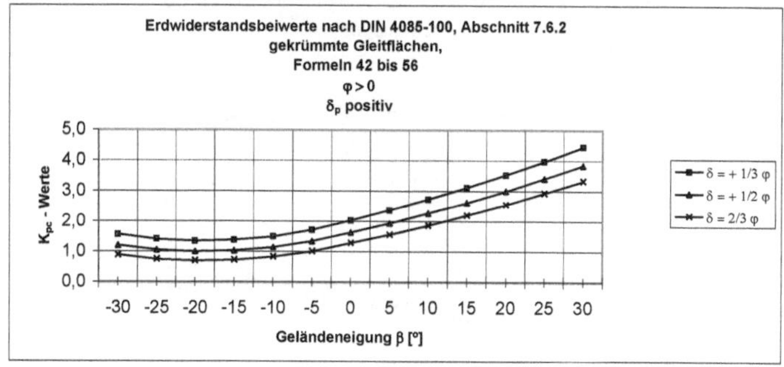

Erdwiderstandsbeiwerte nach DIN 4085-100,
Abschnitt 7.6.2 gekrümmte Gleitflächen
Formeln 42 bis 56, Seite 236-30 und 236-31
$\varphi > 0$

$K_{pch} = K_{pc} * \cos \delta_p$

φ = 22,5		K_{pch}							
	β	−φ	−2/3 φ	−1/2 φ	−1/3 φ	0	1/3 φ	1/2 φ	2/3 φ
Geländeneigung β [°]	-30	4,3306	3,9880	3,6801	3,3094	2,4303	1,5481	1,1759	0,8536
	-25	4,0632	3,7341	3,4385	3,0824	2,2382	1,3910	1,0335	0,7240
	-20	3,9550	3,6314	3,3407	2,9906	2,1605	1,3274	0,9759	0,6716
	-15	4,0060	3,6798	3,3868	3,0339	2,1971	1,3573	1,0031	0,6963
	-10	4,2162	3,8794	3,5767	3,2123	2,3481	1,4808	1,1150	0,7981
	-5	4,5857	4,2301	3,9106	3,5258	2,6135	1,6979	1,3116	0,9771
	0	5,1144	4,7319	4,3883	3,9745	2,9932	2,0085	1,5931	1,2333
	5	5,6788	5,2677	4,8983	4,4534	3,3986	2,3401	1,8935	1,5068
	10	6,2855	5,8436	5,4465	4,9683	3,8344	2,6965	2,2164	1,8007
	15	6,9378	6,4627	6,0358	5,5218	4,3029	3,0796	2,5636	2,1167
	20	7,6389	7,1282	6,6693	6,1168	4,8065	3,4915	2,9368	2,4564
	25	8,3926	7,8436	7,3503	6,7563	5,3478	3,9343	3,3380	2,8216
	30	9,2028	8,6127	8,0824	7,4439	5,9297	4,4102	3,7692	3,2141

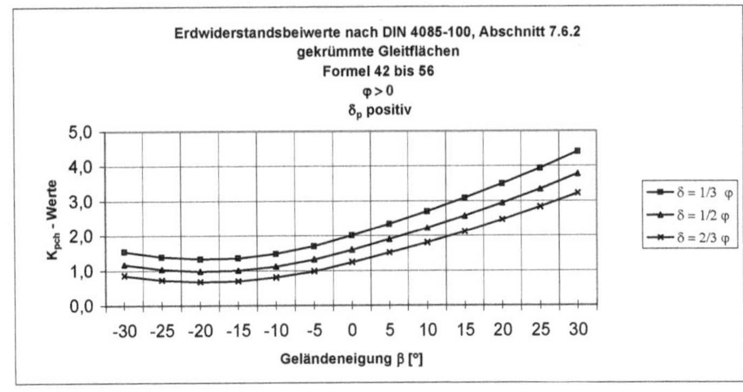

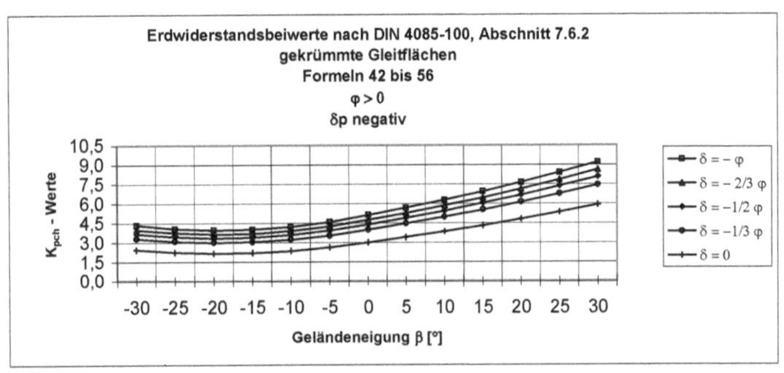

12.6.6 Erdwiderstandsbeiwerte nach DIN 4085-100, Abschnitt 7.6.2 gekrümmte Gleitflächen Formeln 42 bis 56, Seite 236-30 und 236-31 φ > 0

φ = 25		K_{pc}							
	β	−φ	−2/3 φ	−1/2 φ	−1/3 φ	0	1/3 φ	1/2 φ	2/3 φ
Geländeneigung β [°]	-30	4,7022	4,0535	3,6313	3,1759	2,2072	1,3118	0,9485	0,6406
	-25	4,5217	3,8928	3,4825	3,0395	2,0961	1,2229	0,8682	0,5671
	-20	4,5143	3,8862	3,4764	3,0339	2,0915	1,2193	0,8649	0,5641
	-15	4,6801	4,0338	3,6131	3,1593	2,1936	1,3009	0,9387	0,6316
	-10	5,0190	4,3355	3,8926	3,4155	2,4023	1,4677	1,0895	0,7697
	-5	5,5311	4,7913	4,3148	3,8026	2,7175	1,7198	1,3174	0,9783
	0	6,2163	5,4013	4,8797	4,3205	3,1394	2,0571	1,6222	1,2574
	5	6,9440	6,0491	5,4797	4,8706	3,5874	2,4152	1,9460	1,5538
	10	7,7334	6,7518	6,1306	5,4674	4,0734	2,8038	2,2973	1,8753
	15	8,5897	7,5140	6,8366	6,1148	4,6006	3,2253	2,6783	2,2242
	20	9,5187	8,3410	7,6026	6,8170	5,1725	3,6825	3,0917	2,6025
	25	10,5264	9,2380	8,4334	7,5788	5,7929	4,1786	3,5400	3,0130
	30	11,6196	10,2111	9,3347	8,4051	6,4659	4,7166	4,0265	3,4583

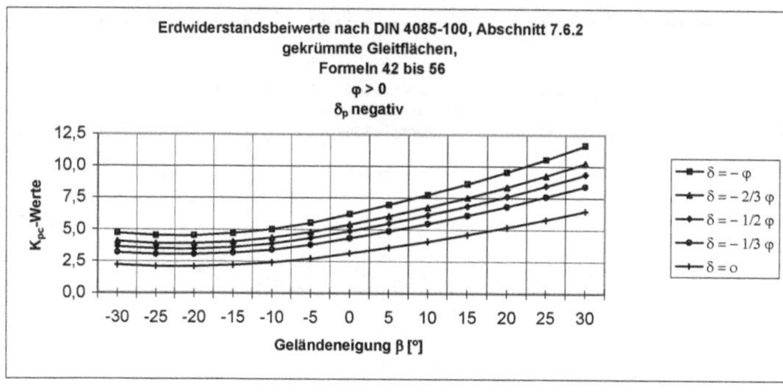

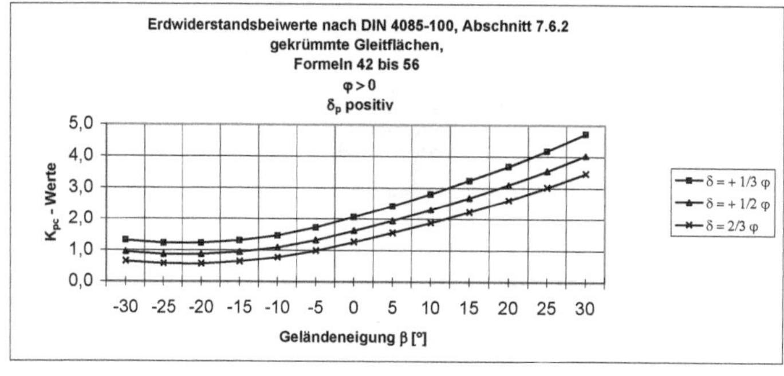

Erdwiderstandsbeiwerte nach DIN 4085-100,
Abschnitt 7.6.2 gekrümmte Gleitflächen
Formeln 42 bis 56, Seite 236-30 und 236-31
$\varphi > 0$

$K_{pch} = K_{pc} * \cos \delta_p$

	φ = 25	K_{pch}							
	β	−φ	−2/3 φ	−1/2 φ	−1/3 φ	0	1/3 φ	1/2 φ	2/3 φ
Geländeneigung β [°]	-30	4,2616	3,8832	3,5452	3,1424	2,2072	1,2979	0,9260	0,6137
	-25	4,0980	3,7293	3,4000	3,0074	2,0961	1,2100	0,8476	0,5433
	-20	4,0914	3,7230	3,3940	3,0019	2,0915	1,2064	0,8444	0,5404
	-15	4,2416	3,8644	3,5275	3,1259	2,1936	1,2872	0,9165	0,6051
	-10	4,5488	4,1534	3,8003	3,3794	2,4023	1,4522	1,0637	0,7374
	-5	5,0129	4,5900	4,2125	3,7624	2,7175	1,7016	1,2861	0,9372
	0	5,6339	5,1744	4,7641	4,2749	3,1394	2,0353	1,5838	1,2045
	5	6,2934	5,7949	5,3498	4,8192	3,5874	2,3897	1,8999	1,4885
	10	7,0088	6,4681	5,9853	5,4097	4,0734	2,7742	2,2428	1,7966
	15	7,7850	7,1984	6,6746	6,0502	4,6006	3,1912	2,6148	2,1307
	20	8,6269	7,9906	7,4224	6,7450	5,1725	3,6437	3,0184	2,4932
	25	9,5402	8,8499	8,2335	7,4988	5,7929	4,1344	3,4561	2,8864
	30	10,5309	9,7821	9,1135	8,3164	6,4659	4,6668	3,9310	3,3130

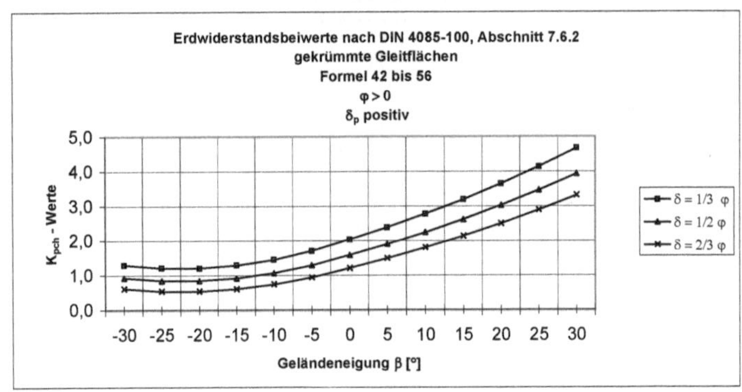

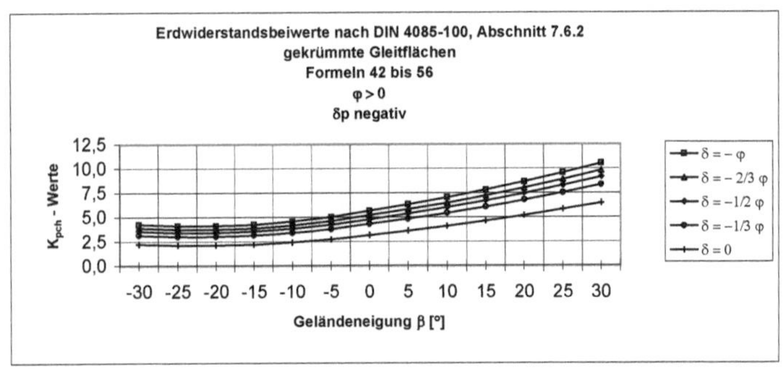

12.6.7 Erdwiderstandsbeiwerte nach DIN 4085-100, Abschnitt 7.6.2 gekrümmte Gleitflächen Formeln 42 bis 56, Seite 236-30 und 236-31 $\varphi > 0$

φ = 27,5		K_{pc}							
	β	−φ	−2/3 φ	−1/2 φ	−1/3 φ	0	1/3 φ	1/2 φ	2/3 φ
Geländeneigung β [°]	-30	4,8039	4,0448	3,5684	3,0652	2,0283	1,1073	0,7438	0,4438
	-25	4,7276	3,9783	3,5076	3,0103	1,9850	1,0738	0,7140	0,4168
	-20	4,8309	4,0683	3,5898	3,0846	2,0436	1,1191	0,7544	0,4534
	-15	5,1139	4,3147	3,8150	3,2881	2,2039	1,2431	0,8649	0,5536
	-10	5,5766	4,7176	4,1832	3,6207	2,4661	1,4457	1,0456	0,7174
	-5	6,2189	5,2769	4,6944	4,0826	2,8301	1,7271	1,2964	0,9448
	0	7,0410	5,9927	5,3485	4,6736	3,2959	2,0873	1,6174	1,2359
	5	7,9166	6,7551	6,0453	5,3032	3,7921	2,4708	1,9593	1,5459
	10	8,8756	7,5901	6,8084	5,9927	4,3355	2,8909	2,3338	1,8854
	15	9,9257	8,5045	7,6440	6,7478	4,9305	3,3509	2,7438	2,2572
	20	11,0758	9,5058	8,5592	7,5746	5,5822	3,8547	3,1929	2,6644
	25	12,3352	10,6024	9,5613	8,4801	6,2958	4,4064	3,6847	3,1102
	30	13,7144	11,8033	10,6588	9,4717	7,0773	5,0106	4,2232	3,5985

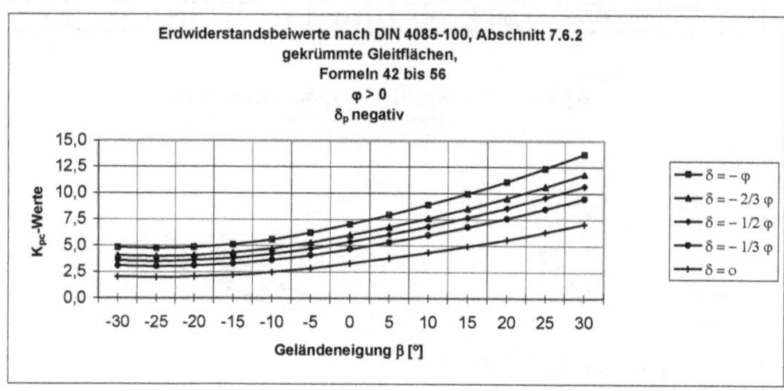

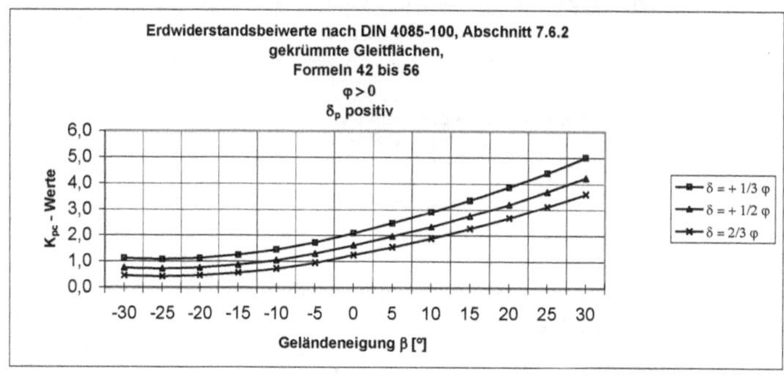

Erdwiderstandsbeiwerte nach DIN 4085-100,
Abschnitt 7.6.2 gekrümmte Gleitflächen
Formeln 42 bis 56, Seite 236-30 und 236-31
$\varphi > 0$

$K_{pch} = K_{pc} * \cos \delta_p$

φ = 27,5		K_{pch}							
	β	$-\varphi$	$-2/3\ \varphi$	$-1/2\ \varphi$	$-1/3\ \varphi$	0	$1/3\ \varphi$	$1/2\ \varphi$	$2/3\ \varphi$
Geländeneigung β [°]	-30	4,2611	3,8395	3,4661	3,0261	2,0283	1,0931	0,7225	0,4213
	-25	4,1934	3,7764	3,4071	2,9719	1,9850	1,0601	0,6936	0,3957
	-20	4,2850	3,8618	3,4869	3,0452	2,0436	1,1048	0,7328	0,4304
	-15	4,5361	4,0957	3,7057	3,2461	2,2039	1,2272	0,8401	0,5255
	-10	4,9465	4,4781	4,0633	3,5745	2,4661	1,4273	1,0156	0,6810
	-5	5,5163	5,0091	4,5598	4,0305	2,8301	1,7051	1,2592	0,8969
	0	6,2454	5,6885	5,1952	4,6140	3,2959	2,0606	1,5710	1,1731
	5	7,0221	6,4123	5,8721	5,2355	3,7921	2,4393	1,9032	1,4674
	10	7,8727	7,2048	6,6133	5,9162	4,3355	2,8540	2,2669	1,7897
	15	8,8042	8,0728	7,4250	6,6616	4,9305	3,3082	2,6652	2,1426
	20	9,8243	9,0233	8,3139	7,4779	5,5822	3,8055	3,1014	2,5291
	25	10,9414	10,0643	9,2873	8,3718	6,2958	4,3502	3,5791	2,9524
	30	12,1648	11,2042	10,3534	9,3508	7,0773	4,9466	4,1022	3,4159

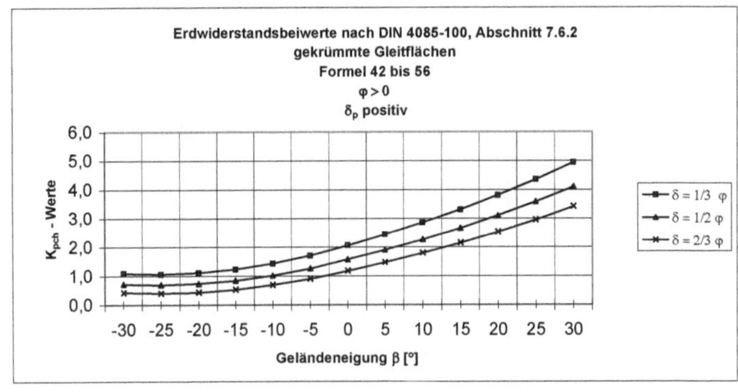

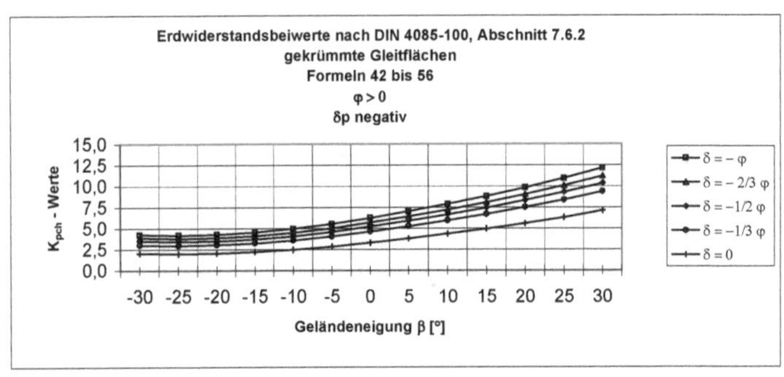

12.6.8 Erdwiderstandsbeiwerte nach DIN 4085-100, Abschnitt 7.6.2 gekrümmte Gleitflächen Formeln 42 bis 56, Seite 236-30 und 236-31 φ > 0

φ = 30	K_{pc}							
β	−φ	−2/3 φ	−1/2 φ	−1/3 φ	0	1/3 φ	1/2 φ	2/3 φ
-30	4,9911	4,0954	3,5539	2,9949	1,8817	0,9360	0,5727	0,2808
-25	5,0204	4,1203	3,5762	3,0148	1,8968	0,9473	0,5826	0,2897
-20	5,2420	4,3085	3,7458	3,1655	2,0114	1,0328	0,6576	0,3570
-15	5,6560	4,6602	4,0624	3,4471	2,2254	1,1923	0,7978	0,4828
-10	6,2624	5,1754	4,5262	3,8594	2,5389	1,4261	1,0030	0,6670
-5	7,0612	5,8539	5,1372	4,4026	2,9518	1,7340	1,2733	0,9097
0	8,0524	6,6959	5,8953	5,0765	3,4641	2,1161	1,6087	1,2109
5	9,1181	7,6012	6,7104	5,8012	4,0150	2,5269	1,9694	1,5346
10	10,2969	8,6024	7,6119	6,6027	4,6243	2,9812	2,3683	1,8928
15	11,6006	9,7099	8,6090	7,4892	5,2982	3,4837	2,8095	2,2888
20	13,0425	10,9347	9,7118	8,4696	6,0435	4,0396	3,2974	2,7269
25	14,6373	12,2894	10,9316	9,5540	6,8679	4,6543	3,8371	3,2114
30	16,4011	13,7877	12,2806	10,7534	7,7796	5,3342	4,4341	3,7473

Geländeneigung β [°]

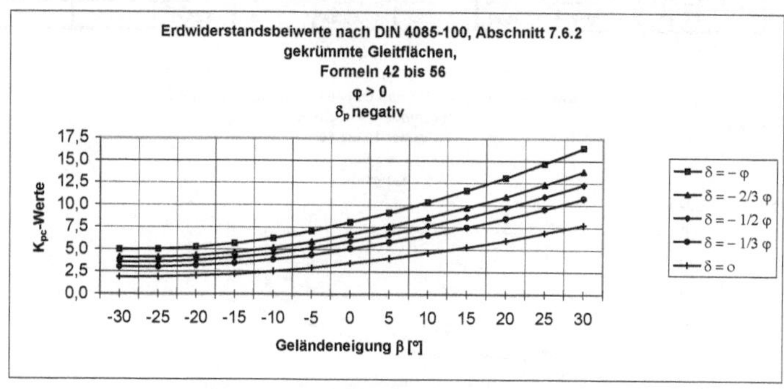

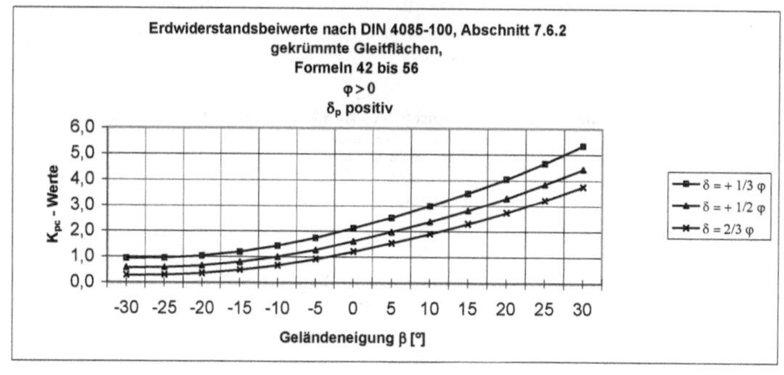

Erdwiderstandsbeiwerte nach DIN 4085-100, Abschnitt 7.6.2 gekrümmte Gleitflächen Formeln 42 bis 56, Seite 236-30 und 236-31

$\varphi > 0$

$K_{pch} = K_{pc} * \cos \delta_p$

φ = 30		K_{pch}							
	β	−φ	−2/3 φ	−1/2 φ	−1/3 φ	0	1/3 φ	1/2 φ	2/3 φ
Geländeneigung β [°]	-30	4,3224	3,8484	3,4328	2,9494	1,8817	0,9218	0,5532	0,2639
	-25	4,3478	3,8718	3,4544	2,9690	1,8968	0,9329	0,5628	0,2722
	-20	4,5397	4,0487	3,6181	3,1175	2,0114	1,0171	0,6352	0,3355
	-15	4,8983	4,3792	3,9240	3,3947	2,2254	1,1742	0,7706	0,4537
	-10	5,4234	4,8632	4,3720	3,8008	2,5389	1,4044	0,9688	0,6268
	-5	6,1152	5,5009	4,9621	4,3357	2,9518	1,7077	1,2299	0,8549
	0	6,9736	6,2920	5,6944	4,9994	3,4641	2,0839	1,5539	1,1378
	5	7,8965	7,1427	6,4817	5,7131	4,0150	2,4885	1,9023	1,4421
	10	8,9174	8,0836	7,3525	6,5024	4,6243	2,9359	2,2876	1,7786
	15	10,0464	9,1243	8,3157	7,3754	5,2982	3,4308	2,7137	2,1508
	20	11,2951	10,2753	9,3809	8,3409	6,0435	3,9782	3,1851	2,5625
	25	12,6762	11,5483	10,5591	9,4089	6,8679	4,5836	3,7064	3,0178
	30	14,2038	12,9562	11,8622	10,5900	7,7796	5,2531	4,2830	3,5213

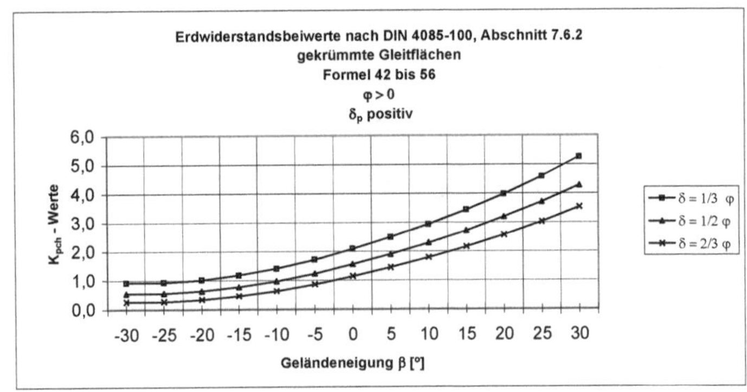

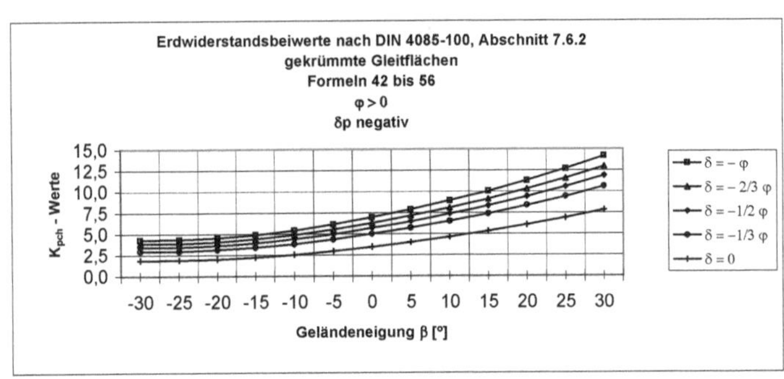

12.6.9 Erdwiderstandsbeiwerte nach DIN 4085-100, Abschnitt 7.6.2 gekrümmte Gleitflächen Formeln 42 bis 56, Seite 236-30 und 236-31 $\varphi > 0$

φ = 32,5	K_{pc}								
Geländeneigung β [°]	β	−φ	−2/3 φ	−1/2 φ	−1/3 φ	0	1/3 φ	1/2 φ	2/3 φ
	-30	5,2678	4,2016	3,5816	2,9573	1,7586	0,7894	0,4264	0,1423
	-25	5,4109	4,3198	3,6863	3,0487	1,8254	0,8374	0,4678	0,1791
	-20	5,7663	4,6134	3,9463	3,2757	1,9913	0,9564	0,5705	0,2703
	-15	6,3338	5,0824	4,3616	3,6384	2,2562	1,1464	0,7346	0,4161
	-10	7,1135	5,7266	4,9322	4,1366	2,6202	1,4076	0,9601	0,6164
	-5	8,1055	6,5463	5,6580	4,7705	3,0833	1,7398	1,2469	0,8712
	0	9,3096	7,5413	6,5392	5,5399	3,6455	2,1431	1,5951	1,1806
	5	10,6234	8,6268	7,5005	6,3794	4,2589	2,5831	1,9750	1,5180
	10	12,0916	9,8400	8,5749	7,3177	4,9443	3,0748	2,3996	1,8952
	15	13,7326	11,1959	9,7757	8,3662	5,7104	3,6244	2,8741	2,3167
	20	15,5665	12,7113	11,1176	9,5381	6,5666	4,2386	3,4044	2,7878
	25	17,6161	14,4048	12,6174	10,8478	7,5235	4,9251	3,9970	3,3143
	30	19,9068	16,2976	14,2936	12,3115	8,5929	5,6923	4,6594	3,9028

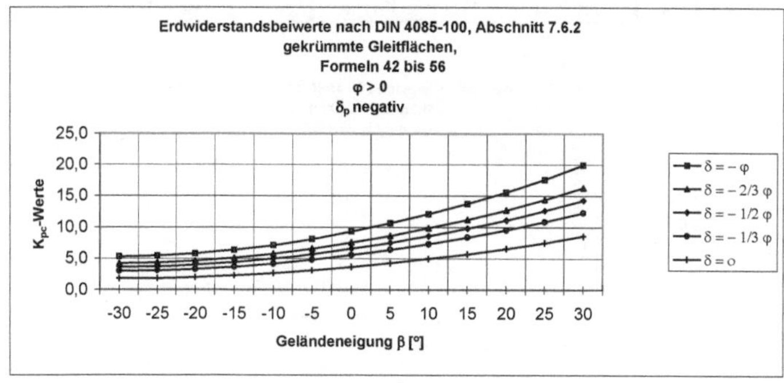

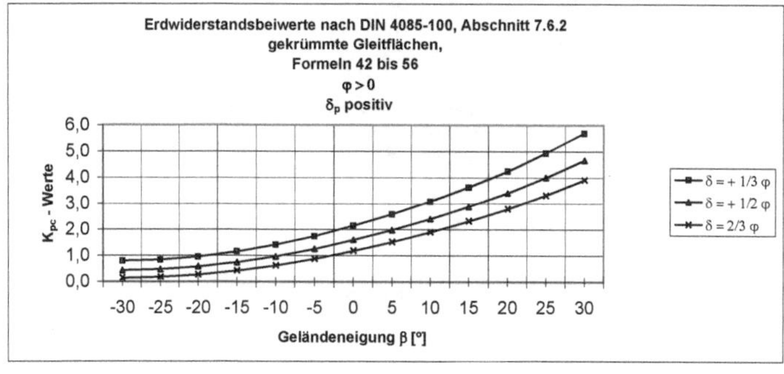

Erdwiderstandsbeiwerte nach DIN 4085-100,
Abschnitt 7.6.2 gekrümmte Gleitflächen
Formeln 42 bis 56, Seite 236-30 und 236-31
$\varphi > 0$

$K_{pch} = K_{pc} * \cos \delta_p$

φ = 32,5		K_{pch}							
	β	−φ	−2/3 φ	−1/2 φ	−1/3 φ	0	1/3 φ	1/2 φ	2/3 φ
Geländeneigung β [°]	-30	4,4429	3,9047	3,4385	2,9045	1,7586	0,7754	0,4094	0,1322
	-25	4,5635	4,0146	3,5391	2,9944	1,8254	0,8224	0,4491	0,1664
	-20	4,8632	4,2875	3,7887	3,2174	1,9913	0,9393	0,5477	0,2512
	-15	5,3419	4,7233	4,1874	3,5735	2,2562	1,1260	0,7053	0,3867
	-10	5,9995	5,3220	4,7351	4,0629	2,6202	1,3825	0,9218	0,5729
	-5	6,8361	6,0838	5,4320	4,6855	3,0833	1,7088	1,1971	0,8097
	0	7,8517	7,0084	6,2779	5,4412	3,6455	2,1049	1,5314	1,0971
	5	8,9597	8,0173	7,2009	6,2657	4,2589	2,5371	1,8961	1,4108
	10	10,1980	9,1448	8,2323	7,1872	4,9443	3,0200	2,3037	1,7613
	15	11,5820	10,4049	9,3851	8,2171	5,7104	3,5598	2,7593	2,1530
	20	13,1287	11,8132	10,6735	9,3681	6,5666	4,1631	3,2684	2,5909
	25	14,8573	13,3871	12,1134	10,6545	7,5235	4,8373	3,8374	3,0802
	30	16,7892	15,1461	13,7226	12,0921	8,5929	5,5908	4,4733	3,6270

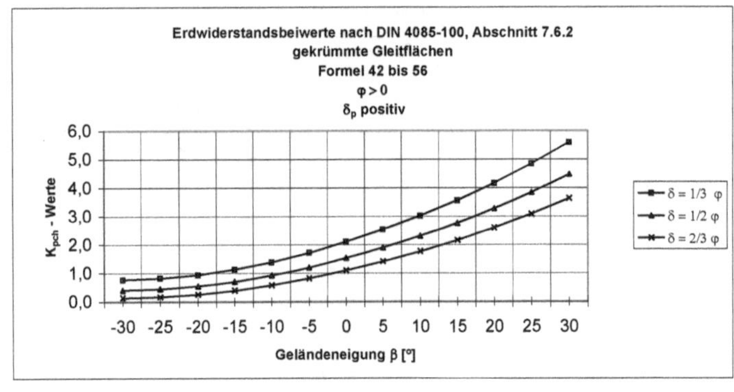

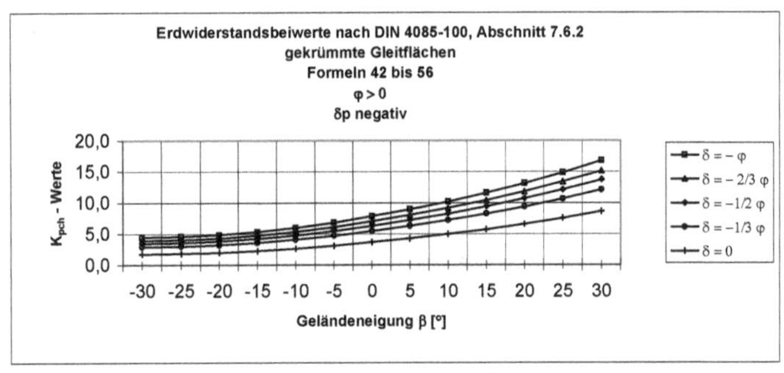

12.6.10 Erdwiderstandsbeiwerte nach DIN 4085-100, Abschnitt 7.6.2 gekrümmte Gleitflächen Formeln 42 bis 56, Seite 236-30 und 236-31

$\varphi > 0$

φ =	35	K_{pc}							
	β	$-\varphi$	$-2/3\ \varphi$	$-1/2\ \varphi$	$-1/3\ \varphi$	0	$1/3\ \varphi$	$1/2\ \varphi$	$2/3\ \varphi$
Geländeneigung β [°]	-30	5,6435	4,3624	3,6474	2,9460	1,6519	0,6610	0,2984	0,0216
	-25	5,9169	4,5814	3,8378	3,1090	1,7659	0,7395	0,3648	0,0799
	-20	6,4311	4,9934	4,1960	3,4156	1,9803	0,8870	0,4898	0,1897
	-15	7,1862	5,5982	4,7218	3,8658	2,2951	1,1036	0,6734	0,3509
	-10	8,1820	6,3960	5,4154	4,4595	2,7103	1,3893	0,9155	0,5635
	-5	9,4187	7,3867	6,2767	5,1969	3,2259	1,7441	1,2161	0,8275
	0	10,8961	8,5703	7,3057	6,0778	3,8420	2,1680	1,5753	1,1429
	5	12,5391	9,8866	8,4500	7,0574	4,5270	2,6394	1,9747	1,4936
	10	14,3957	11,3739	9,7431	8,1643	5,3011	3,1720	2,4261	1,8899
	15	16,4937	13,0546	11,2043	9,4152	6,1759	3,7739	2,9361	2,3378
	20	18,8643	14,9537	12,8554	10,8286	7,1643	4,4541	3,5124	2,8439
	25	21,5431	17,0998	14,7211	12,4258	8,2813	5,2226	4,1637	3,4157
	30	24,5702	19,5247	16,8294	14,2306	9,5434	6,0911	4,8996	4,0619

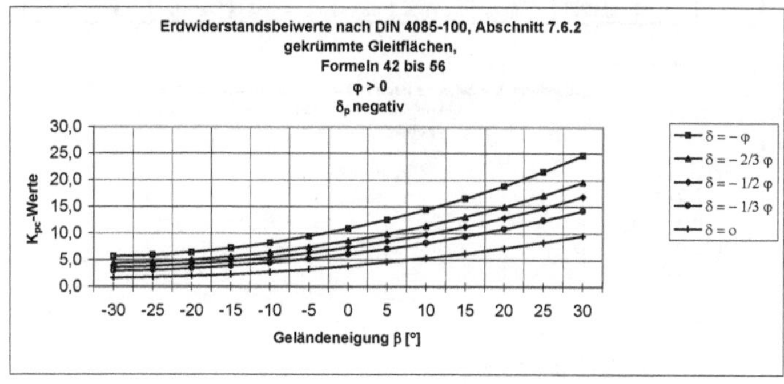

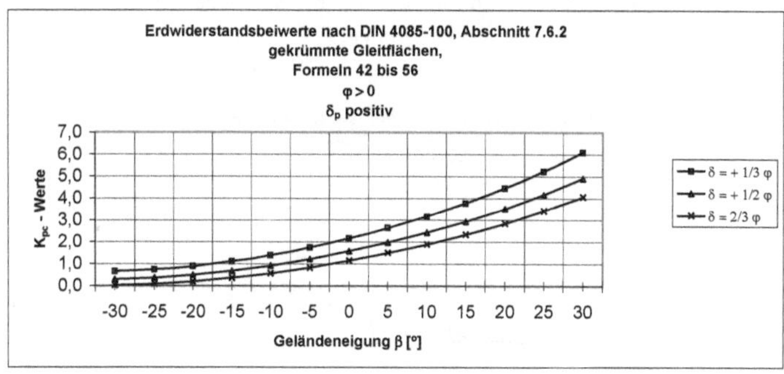

Erdwiderstandsbeiwerte nach DIN 4085-100,
Abschnitt 7.6.2 gekrümmte Gleitflächen
Formeln 42 bis 56, Seite 236-30 und 236-31
$\varphi > 0$

$K_{pch} = K_{pc} * \cos \delta_p$

φ = 35		K_{pch}							
	β	−φ	−2/3 φ	−1/2 φ	−1/3 φ	0	1/3 φ	1/2 φ	2/3 φ
Geländeneigung β [°]	-30	4,6229	4,0056	3,4786	2,8851	1,6519	0,6474	0,2845	0,0198
	-25	4,8468	4,2067	3,6602	3,0448	1,7659	0,7242	0,3479	0,0734
	-20	5,2681	4,5850	4,0018	3,3451	1,9803	0,8687	0,4672	0,1742
	-15	5,8866	5,1404	4,5033	3,7859	2,2951	1,0808	0,6422	0,3222
	-10	6,7023	5,8729	5,1648	4,3674	2,7103	1,3606	0,8731	0,5174
	-5	7,7153	6,7826	5,9862	5,0895	3,2259	1,7081	1,1598	0,7598
	0	8,9256	7,8694	6,9676	5,9522	3,8420	2,1232	1,5024	1,0494
	5	10,2715	9,0780	8,0589	6,9116	4,5270	2,5848	1,8833	1,3714
	10	11,7923	10,4437	9,2922	7,9957	5,3011	3,1065	2,3138	1,7354
	15	13,5108	11,9869	10,6857	9,2207	6,1759	3,6960	2,8002	2,1466
	20	15,4527	13,7308	12,2604	10,6049	7,1643	4,3620	3,3499	2,6113
	25	17,6471	15,7013	14,0398	12,1691	8,2813	5,1147	3,9710	3,1364
	30	20,1267	17,9279	16,0505	13,9366	9,5434	5,9652	4,6728	3,7297

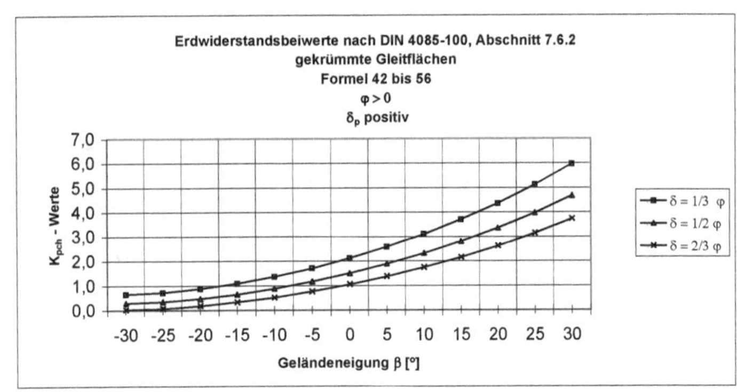

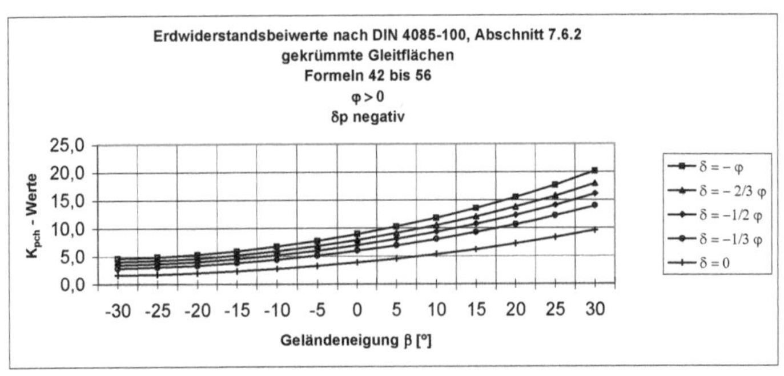

12.6.11 Erdwiderstandsbeiwerte nach DIN 4085-100, Abschnitt 7.6.2 gekrümmte Gleitflächen Formeln 42 bis 56, Seite 236-30 und 236-31 $\varphi > 0$

φ = 37,5		K_{pc}							
	β	−φ	−2/3 φ	−1/2 φ	−1/3 φ	0	1/3 φ	1/2 φ	2/3 φ
Geländeneigung β [°]	-30	6,1326	4,5786	3,7479	2,9558	1,5555	0,5457	0,1836	-0,0865
	-25	6,5641	4,9125	4,0322	3,1939	1,7141	0,6501	0,2702	-0,0115
	-20	7,2763	5,4636	4,5016	3,5869	1,9760	0,8224	0,4131	0,1123
	-15	8,2692	6,2320	5,1560	4,1348	2,3411	1,0625	0,6123	0,2848
	-10	9,5429	7,2176	5,9954	4,8377	2,8094	1,3706	0,8678	0,5062
	-5	11,0974	8,4204	7,0198	5,6955	3,3809	1,7466	1,1797	0,7764
	0	12,9325	9,8405	8,2293	6,7082	4,0556	2,1904	1,5479	1,0954
	5	15,0212	11,4567	9,6058	7,8608	4,8235	2,6956	1,9669	1,4584
	10	17,4093	13,3046	11,1796	9,1786	5,7016	3,2732	2,4460	1,8735
	15	20,1395	15,4173	12,9789	10,6852	6,7054	3,9336	2,9937	2,3480
	20	23,2610	17,8328	15,0361	12,4078	7,8531	4,6886	3,6200	2,8906
	25	26,8299	20,5944	17,3881	14,3772	9,1652	5,5518	4,3360	3,5109
	30	30,9102	23,7517	20,0771	16,6288	10,6654	6,5387	5,1546	4,2201

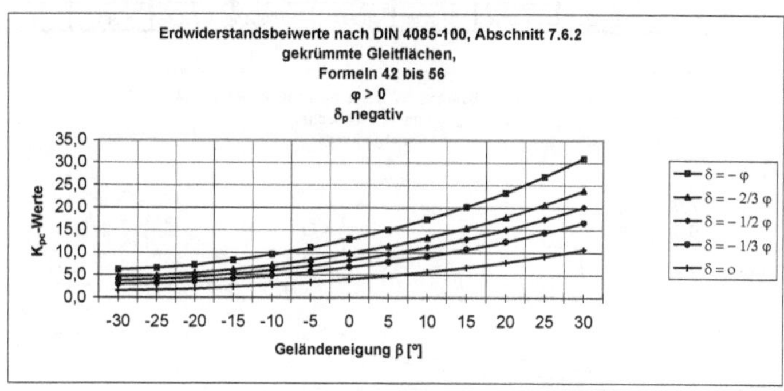

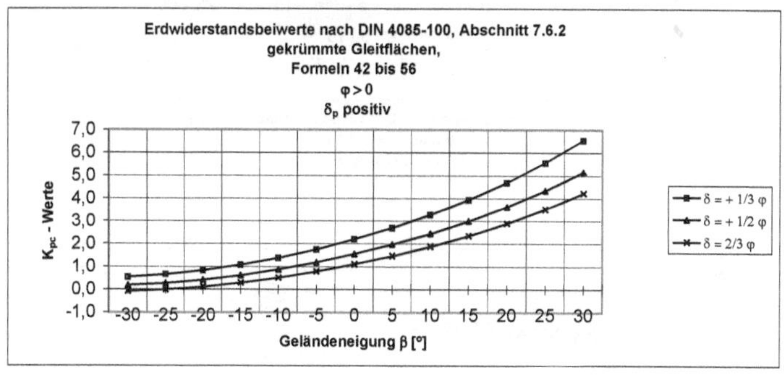

Erdwiderstandsbeiwerte nach DIN 4085-100, Abschnitt 7.6.2 gekrümmte Gleitflächen Formeln 42 bis 56, Seite 236-30 und 236-31

$\varphi > 0$

$K_{pch} = K_{pc} * \cos \delta_p$

φ = 37,5		K_{pch}							
	β	−φ	−2/3 φ	−1/2 φ	−1/3 φ	0	1/3 φ	1/2 φ	2/3 φ
Geländeneigung β [°]	-30	4,8653	4,1496	3,5490	2,8857	1,5555	0,5328	0,1739	-0,0784
	-25	5,2076	4,4522	3,8183	3,1182	1,7141	0,6347	0,2559	-0,0105
	-20	5,7727	4,9517	4,2627	3,5019	1,9760	0,8029	0,3912	0,1017
	-15	6,5604	5,6481	4,8824	4,0368	2,3411	1,0373	0,5798	0,2582
	-10	7,5709	6,5414	5,6772	4,7230	2,8094	1,3381	0,8218	0,4588
	-5	8,8041	7,6315	6,6473	5,5605	3,3809	1,7052	1,1171	0,7037
	0	10,2601	8,9185	7,7925	6,5492	4,0556	2,1385	1,4657	0,9927
	5	11,9172	10,3833	9,0960	7,6745	4,8235	2,6317	1,8625	1,3218
	10	13,8117	12,0581	10,5863	8,9610	5,7016	3,1956	2,3162	1,6979
	15	15,9778	13,9728	12,2901	10,4319	6,7054	3,8404	2,8349	2,1280
	20	18,4542	16,1620	14,2381	12,1137	7,8531	4,5775	3,4279	2,6198
	25	21,2856	18,6649	16,4653	14,0364	9,1652	5,4202	4,1059	3,1819
	30	24,5227	21,5264	19,0116	16,2346	10,6654	6,3837	4,8810	3,8247

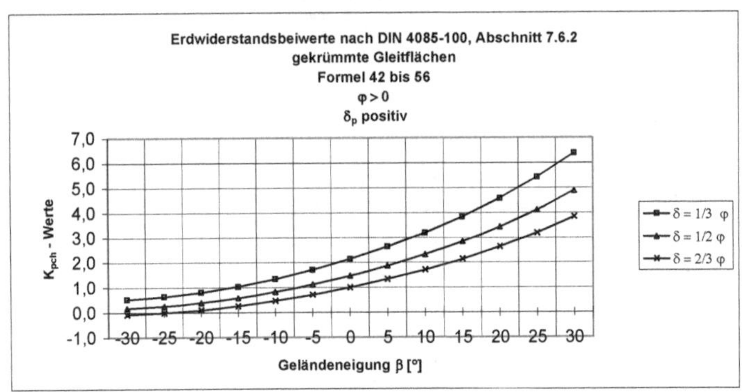

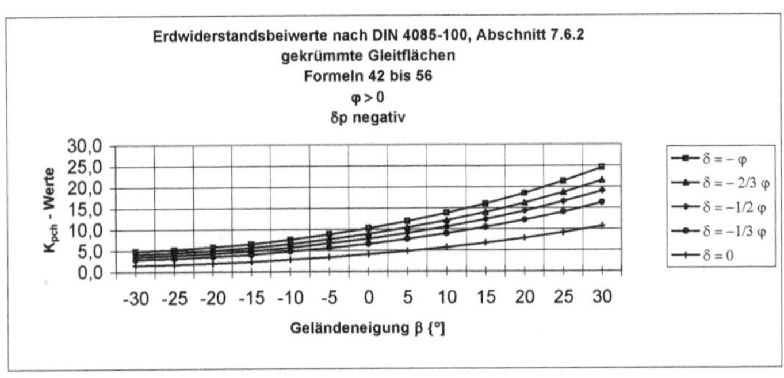

12.6.12 Erdwiderstandsbeiwerte nach DIN 4085-100, Abschnitt 7.6.2 gekrümmte Gleitflächen Formeln 42 bis 56, Seite 236-30 und 236-31 $\varphi > 0$

φ = 40		K_{pc}							
	β	−φ	−2/3 φ	−1/2 φ	−1/3 φ	0	1/3 φ	1/2 φ	2/3 φ
Geländeneigung β [°]	-30	6,7556	4,8522	3,8800	2,9810	1,4638	0,4396	0,0786	-0,1857
	-25	7,3894	5,3239	4,2727	3,3018	1,6664	0,5666	0,1813	-0,0981
	-20	8,3592	6,0457	4,8734	3,7925	1,9762	0,7608	0,3385	0,0358
	-15	9,6649	7,0175	5,6822	4,4532	2,3934	1,0223	0,5501	0,2162
	-10	11,3065	8,2393	6,6990	5,2840	2,9179	1,3510	0,8161	0,4429
	-5	13,2841	9,7112	7,9240	6,2847	3,5498	1,7470	1,1365	0,7160
	0	15,5976	11,4330	9,3571	7,4554	4,2890	2,2103	1,5114	1,0356
	5	18,3030	13,4465	11,0329	8,8244	5,1534	2,7521	1,9498	1,4092
	10	21,4351	15,7776	12,9730	10,4093	6,1542	3,3794	2,4574	1,8418
	15	25,0611	18,4764	15,2190	12,2442	7,3128	4,1055	3,0450	2,3426
	20	29,2590	21,6007	17,8194	14,3685	8,6541	4,9462	3,7253	2,9225
	25	34,1191	25,2179	20,8298	16,8279	10,2069	5,9194	4,5128	3,5937
	30	39,7456	29,4055	24,3151	19,6751	12,0047	7,0462	5,4246	4,3708

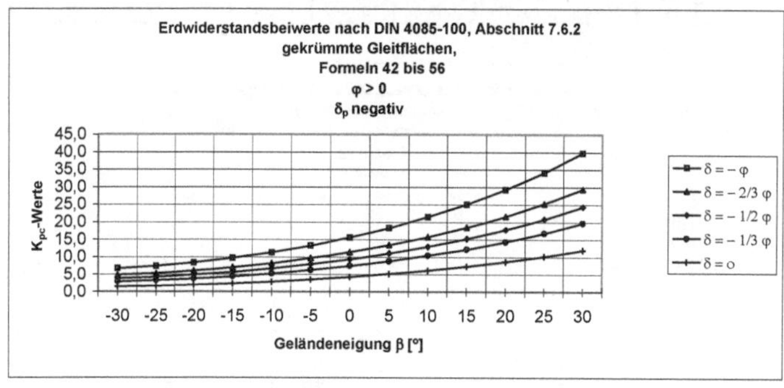

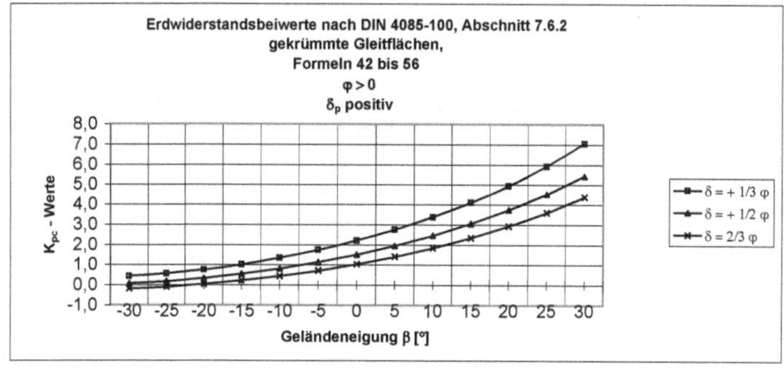

Erdwiderstandsbeiwerte nach DIN 4085-100,
Abschnitt 7.6.2 gekrümmte Gleitflächen
Formeln 42 bis 56, Seite 236-30 und 236-31
$\varphi > 0$

$K_{pch} = K_{pc} * \cos\delta_p$

φ = 40		K_{pch}							
	β	−φ	−2/3 φ	−1/2 φ	−1/3 φ	0	1/3 φ	1/2 φ	2/3 φ
Geländeneigung β [°]	-30	5,1751	4,3361	3,6460	2,9007	1,4638	0,4278	0,0739	-0,1659
	-25	5,6606	4,7577	4,0150	3,2128	1,6664	0,5513	0,1704	-0,0877
	-20	6,4035	5,4027	4,5795	3,6903	1,9762	0,7403	0,3181	0,0320
	-15	7,4037	6,2711	5,3395	4,3332	2,3934	0,9947	0,5169	0,1932
	-10	8,6613	7,3629	6,2950	5,1415	2,9179	1,3146	0,7669	0,3958
	-5	10,1762	8,6782	7,4461	6,1153	3,5498	1,7000	1,0680	0,6399
	0	11,9485	10,2169	8,7928	7,2544	4,2890	2,1508	1,4203	0,9254
	5	14,0209	12,0163	10,3675	8,5865	5,1534	2,6779	1,8323	1,2593
	10	16,4202	14,0994	12,1906	10,1287	6,1542	3,2883	2,3092	1,6459
	15	19,1979	16,5111	14,3012	11,9142	7,3128	3,9948	2,8614	2,0935
	20	22,4137	19,3031	16,7447	13,9812	8,6541	4,8129	3,5006	2,6116
	25	26,1367	22,5355	19,5736	16,3743	10,2069	5,7599	4,2407	3,2115
	30	30,4469	26,2778	22,8487	19,1447	12,0047	6,8563	5,0975	3,9059

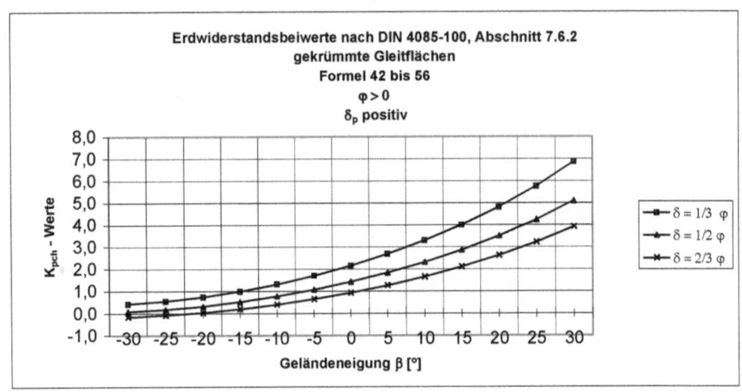

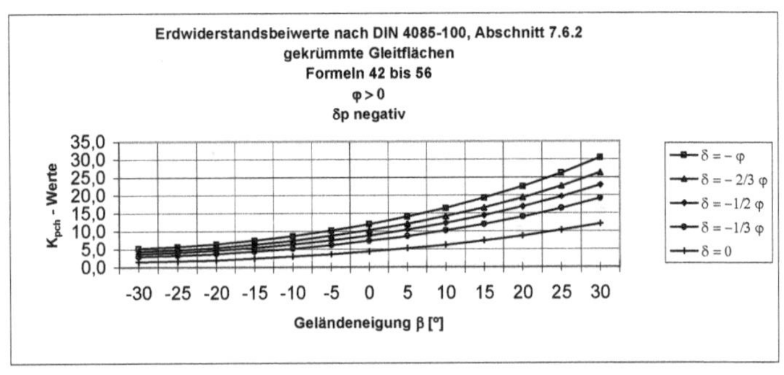

12.6.13 Erdwiderstandsbeiwerte nach DIN 4085-100, Abschnitt 7.6.2 gekrümmte Gleitflächen Formeln 42 bis 56, Seite 236-30 und 236-31 $\varphi > 0$

φ = 42,5	K_{pc}								
	β	$-\varphi$	$-2/3\,\varphi$	$-1/2\,\varphi$	$-1/3\,\varphi$	0	$1/3\,\varphi$	$1/2\,\varphi$	$2/3\,\varphi$
Geländeneigung β [°]	-30	7,5390	5,1850	4,0397	3,0152	1,3714	0,3396	-0,0193	-0,2783
	-25	8,4453	5,8306	4,5633	3,4313	1,6188	0,4869	0,0964	-0,1817
	-20	9,7641	6,7700	5,3252	4,0368	1,9789	0,7011	0,2648	-0,0411
	-15	11,4953	8,0032	6,3253	4,8316	2,4516	0,9823	0,4859	0,1435
	-10	13,6389	9,5302	7,5638	5,8157	3,0369	1,3306	0,7596	0,3720
	-5	16,1949	11,3510	9,0405	6,9892	3,7348	1,7458	1,0860	0,6445
	0	19,1634	13,4656	10,7554	8,3521	4,5453	2,2280	1,4650	0,9610
	5	22,7436	16,0160	12,8238	9,9958	5,5229	2,8096	1,9221	1,3427
	10	26,9447	19,0086	15,2509	11,9245	6,6700	3,4921	2,4586	1,7906
	15	31,8744	22,5203	18,0989	14,1878	8,0160	4,2930	3,0880	2,3162
	20	37,6591	26,6409	21,4409	16,8436	9,5955	5,2327	3,8267	2,9329
	25	44,4469	31,4763	25,3624	19,9599	11,4489	6,3354	4,6934	3,6566
	30	52,4120	37,1502	29,9640	23,6167	13,6237	7,6293	5,7104	4,5057

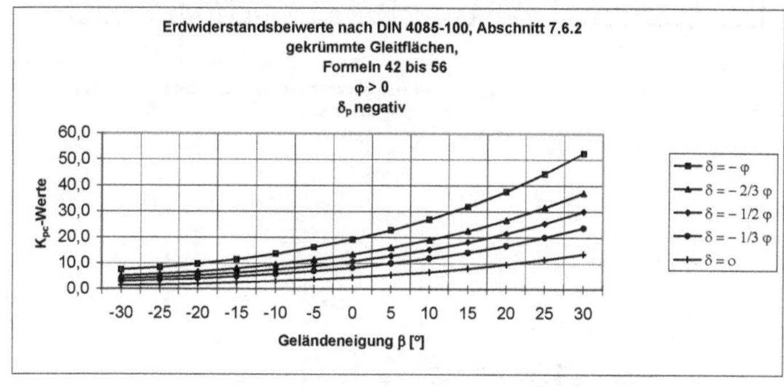

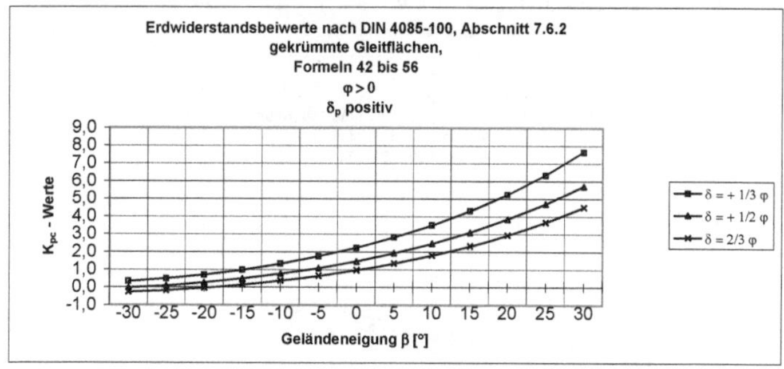

Erdwiderstandsbeiwerte nach DIN 4085-100,
Abschnitt 7.6.2 gekrümmte Gleitflächen
Formeln 42 bis 56, Seite 236-30 und 236-31
$\varphi > 0$

$K_{pch} = K_{pc} * \cos \delta_p$

φ = 42,5		K_{pch}							
	β	−φ	−2/3 φ	−1/2 φ	−1/3 φ	0	1/3 φ	1/2 φ	2/3 φ
Geländeneigung β [°]	-30	5,5584	4,5638	3,7650	2,9235	1,3714	0,3293	-0,0180	-0,2449
	-25	6,2266	5,1321	4,2530	3,3270	1,6188	0,4721	0,0899	-0,1599
	-20	7,1988	5,9590	4,9631	3,9140	1,9789	0,6798	0,2468	-0,0361
	-15	8,4752	7,0444	5,8953	4,6846	2,4516	0,9525	0,4528	0,1263
	-10	10,0556	8,3885	7,0495	5,6389	3,0369	1,2901	0,7079	0,3275
	-5	11,9402	9,9912	8,4258	6,7767	3,7348	1,6927	1,0121	0,5673
	0	14,1288	11,8524	10,0242	8,0981	4,5453	2,1603	1,3654	0,8459
	5	16,7684	14,0973	11,9519	9,6918	5,5229	2,7242	1,7915	1,1819
	10	19,8657	16,7314	14,2140	11,5619	6,6700	3,3859	2,2914	1,5761
	15	23,5003	19,8224	16,8683	13,7563	8,0160	4,1624	2,8781	2,0387
	20	27,7652	23,4494	19,9830	16,3313	9,5955	5,0735	3,5665	2,5815
	25	32,7697	27,7055	23,6379	19,3529	11,4489	6,1427	4,3743	3,2185
	30	38,6422	32,6996	27,9267	22,8985	13,6237	7,3973	5,3222	3,9659

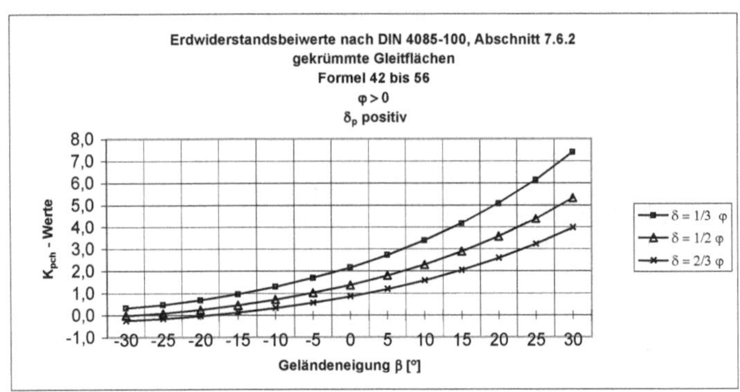

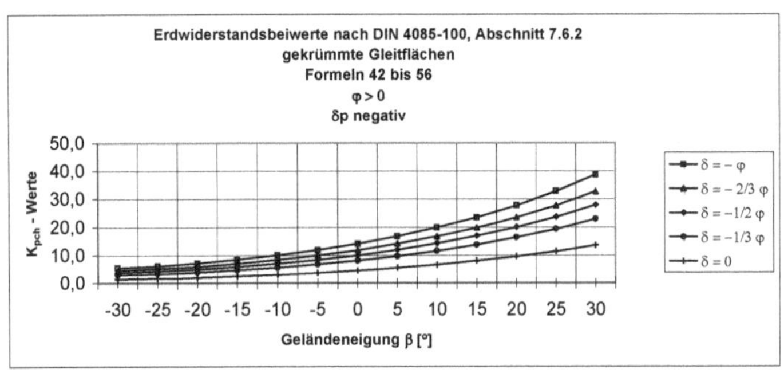

12.6.14 Erdwiderstandsbeiwerte nach DIN 4085-100, Abschnitt 7.6.2 gekrümmte Gleitflächen Formeln 42 bis 56, Seite 236-30 und 236-31 $\varphi > 0$

φ = 45		K_{pc}							
Geländeneigung β [°]	β	−φ	−2/3 φ	−1/2 φ	−1/3 φ	0	1/3 φ	1/2 φ	2/3 φ
	-30	8,5154	5,5768	4,2201	3,0497	1,2721	0,2433	-0,1115	-0,3654
	-25	9,8064	6,4520	4,9095	3,5807	1,5675	0,4096	0,0148	-0,2628
	-20	11,6171	7,6796	5,8764	4,3257	1,9818	0,6427	0,1918	-0,1189
	-15	13,9476	9,2594	7,1209	5,2844	2,5151	0,9428	0,4197	0,0664
	-10	16,7978	11,1917	8,6429	6,4569	3,1673	1,3098	0,6984	0,2929
	-5	20,1678	13,4763	10,4425	7,8433	3,9384	1,7438	1,0279	0,5608
	0	24,0575	16,1132	12,5196	9,4435	4,8284	2,2446	1,4082	0,8700
	5	28,9147	19,4060	15,1134	11,4417	5,9398	2,8701	1,8832	1,2561
	10	34,6981	23,3267	18,2017	13,8209	7,2632	3,6148	2,4487	1,7158
	15	41,5844	27,9951	21,8790	16,6538	8,8389	4,5015	3,1220	2,2631
	20	49,7838	33,5537	26,2575	20,0270	10,7151	5,5573	3,9237	2,9149
	25	59,5467	40,1722	31,4710	24,0433	12,9491	6,8144	4,8784	3,6909
	30	71,1713	48,0528	37,6786	28,8256	15,6090	8,3113	6,0150	4,6149

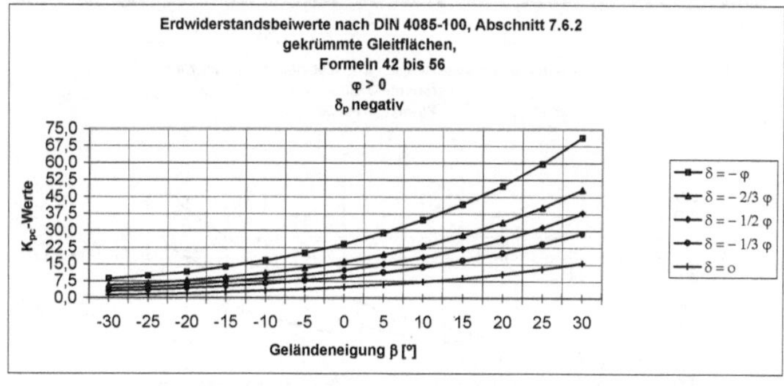

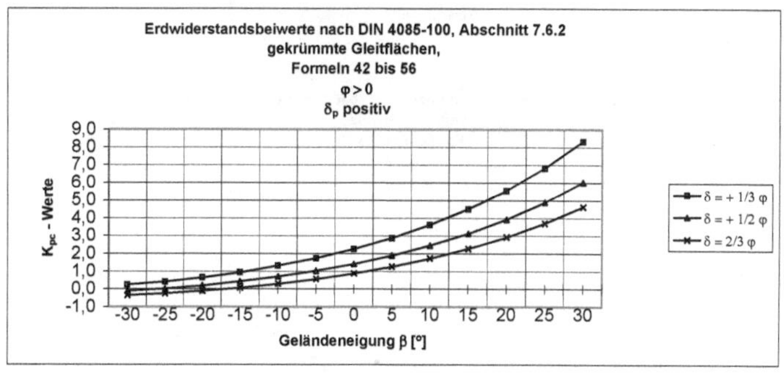

Erdwiderstandsbeiwerte nach DIN 4085-100,
Abschnitt 7.6.2 gekrümmte Gleitflächen
Formeln 42 bis 56, Seite 236-30 und 236-31
$\varphi > 0$

$K_{pch} = K_{pc} * \cos \delta_p$

φ = 45		K_{pch}							
Geländeneigung β [°]	β	$-\varphi$	$-2/3\ \varphi$	$-1/2\ \varphi$	$-1/3\ \varphi$	0	$1/3\ \varphi$	$1/2\ \varphi$	$2/3\ \varphi$
	-30	6,0213	4,8297	3,8988	2,9457	1,2721	0,2350	-0,1030	-0,3165
	-25	6,9342	5,5876	4,5357	3,4587	1,5675	0,3956	0,0136	-0,2276
	-20	8,2145	6,6507	5,4291	4,1783	1,9818	0,6208	0,1772	-0,1030
	-15	9,8624	8,0189	6,5788	5,1043	2,5151	0,9107	0,3877	0,0575
	-10	11,8778	9,6923	7,9850	6,2369	3,1673	1,2652	0,6452	0,2537
	-5	14,2608	11,6708	9,6476	7,5760	3,9384	1,6843	0,9496	0,4857
	0	17,0112	13,9544	11,5666	9,1217	4,8284	2,1681	1,3010	0,7534
	5	20,4458	16,8061	13,9629	11,0518	5,9398	2,7723	1,7398	1,0878
	10	24,5353	20,2015	16,8162	13,3500	7,2632	3,4916	2,2623	1,4859
	15	29,4046	24,2445	20,2136	16,0864	8,8389	4,3481	2,8844	1,9599
	20	35,2024	29,0583	24,2588	19,3446	10,7151	5,3679	3,6251	2,5244
	25	42,1059	34,7902	29,0754	23,2241	12,9491	6,5822	4,5070	3,1964
	30	50,3257	41,6150	34,8105	27,8434	15,6090	8,0281	5,5572	3,9966

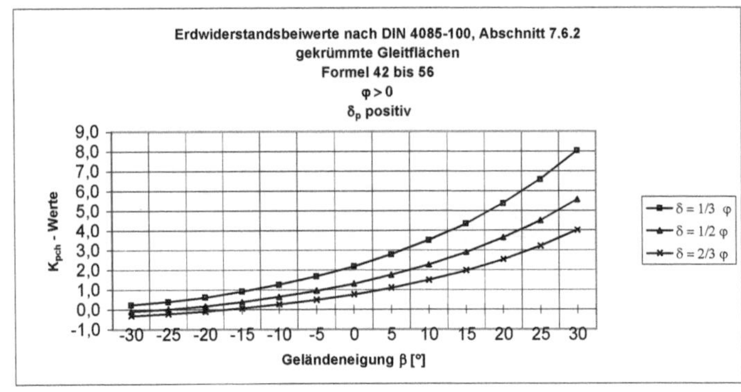

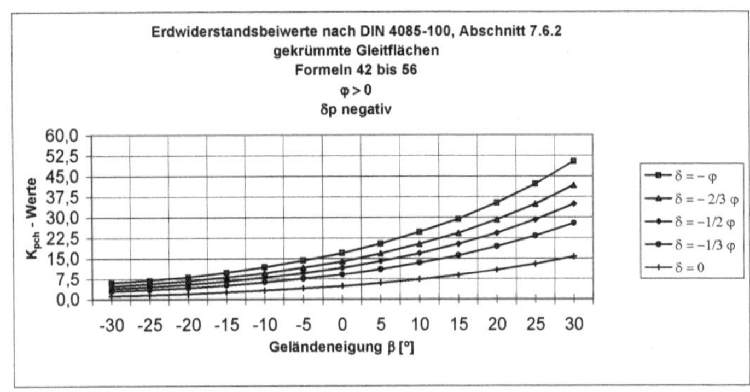

12.7 Erdwiderstandsbeiwerte nach E DIN 4085-2002-12

12.7.1 Erdwiderstandsbeiwerte nach E DIN 4085-2002-12

$\varphi = 0$

$K_{pc,0} = 1,0$

$i_{pc} = 1,0$

$g_{pc} = 1 + \beta$

$t_{pc} = 1 - \alpha / \cos \alpha$

$K_{pc} = 2 * (1 + \beta) * (1 - \alpha) / \cos \alpha$

α	β	K_{pc} - Werte
	30	1,6763
	25	1,5803
	20	1,4842
	15	1,3882
	10	1,2922
	5	1,1962
30	0	1,1002
	-5	1,0042
	-10	0,9082
	-15	0,8122
	-20	0,7162
	-25	0,6201
	-30	0,5241

α	β	K_{pc} - Werte
	30	1,8952
	25	1,7866
	20	1,6781
	15	1,5695
	10	1,4610
	5	1,3524
25	0	1,2439
	-5	1,1353
	-10	1,0268
	-15	0,9182
	-20	0,8097
	-25	0,7011
	-30	0,5926

α	β	K_{pc} - Werte
	30	2,1108
	25	1,9899
	20	1,8690
	15	1,7481
	10	1,6272
	5	1,5063
20	0	1,3854
	-5	1,2645
	-10	1,1436
	-15	1,0227
	-20	0,9018
	-25	0,7809
	-30	0,6600

α	β	K_{pc} - Werte
	30	2,3288
	25	2,1954
	20	2,0620
	15	1,9286
	10	1,7953
	5	1,6619
15	0	1,5285
	-5	1,3951
	-10	1,2617
	-15	1,1283
	-20	0,9949
	-25	0,8616
	-30	0,7282

α	β	K_{pc} - Werte
	30	2,5542
	25	2,4079
	20	2,2616
	15	2,1153
	10	1,9690
	5	1,8227
10	0	1,6764
	-5	1,5301
	-10	1,3838
	-15	1,2375
	-20	1,0912
	-25	0,9449
	-30	0,7986

α	β	K_{pc} - Werte
	30	2,7919
	25	2,6320
	20	2,4721
	15	2,3122
	10	2,1523
	5	1,9924
5	0	1,8324
	-5	1,6725
	-10	1,5126
	-15	1,3527
	-20	1,1928
	-25	1,0329
	-30	0,8730

α	β	K_{pc} - Werte
	30	3,0472
	25	2,8727
	20	2,6981
	15	2,5236
	10	2,3491
	5	2,1745
0	0	2,0000
	-5	1,8255
	-10	1,6509
	-15	1,4764
	-20	1,3019
	-25	1,1273
	-30	0,9528

α	β	K_{pc} - Werte
	30	3,3258
	25	3,1353
	20	2,9448
	15	2,7543
	10	2,5638
	5	2,3733
-5	0	2,1828
	-5	1,9924
	-10	1,8019
	-15	1,6114
	-20	1,4209
	-25	1,2304
	-30	1,0399

α	β	K_{pc} - Werte
	30	3,6342
	25	3,4261
	20	3,2179
	15	3,0098
	10	2,8016
	5	2,5935
-10	0	2,3853
	-5	2,1771
	-10	1,9690
	-15	1,7608
	-20	1,5527
	-25	1,3445
	-30	1,1364

α	β	K_{pc} - Werte
	30	3,9806
	25	3,7526
	20	3,5246
	15	3,2966
	10	3,0686
	5	2,8406
-15	0	2,6126
	-5	2,3846
	-10	2,1566
	-15	1,9286
	-20	1,7006
	-25	1,4727
	-30	1,2447

α	β	K_{pc} - Werte
	30	4,3747
	25	4,1241
	20	3,8736
	15	3,6230
	10	3,3724
	5	3,1219
-20	0	2,8713
	-5	2,6207
	-10	2,3702
	-15	2,1196
	-20	1,8690
	-25	1,6185
	-30	1,3679

α	β	K_{pc} - Werte
	30	4,8293
	25	4,5526
	20	4,2760
	15	3,9994
	10	3,7228
	5	3,4462
-25	0	3,1696
	-5	2,8930
	-10	2,6164
	-15	2,3398
	-20	2,0632
	-25	1,7866
	-30	1,5100

α	β	K_{pc} - Werte
	30	5,3609
	25	5,0539
	20	4,7468
	15	4,4398
	10	4,1327
	5	3,8257
-30	0	3,5186
	-5	3,2115
	-10	2,9045
	-15	2,5974
	-20	2,2904
	-25	1,9833
	-30	1,6763

12.7.2 Erdwiderstandsbeiwerte nach E DIN 4085-2002-12

$\varphi > 0$

φ = 10		K_{pc}							
α	β	−φ	−2/3 φ	−1/2 φ	−1/3 φ	0	1/3 φ	1/2 φ	2/3 φ
	30	3,6607	3,3923	3,2453	3,0897	2,7522	2,3181	2,1065	1,8978
	25	3,3483	3,0897	2,9477	2,7973	2,4704	2,0491	1,8435	1,6404
	20	3,0453	2,7962	2,6592	2,5137	2,1970	1,7882	1,5884	1,3909
	15	2,7515	2,5117	2,3794	2,2387	1,9320	1,5352	1,3410	1,1489
	10	2,4665	2,2357	2,1080	1,9721	1,6750	1,2898	1,1012	0,9143
	5	2,1903	1,9682	1,8449	1,7135	1,4257	1,0520	0,8686	0,6868
30	0	1,9224	1,7087	1,5898	1,4628	1,1841	0,8213	0,6430	0,4661
	-5	1,8442	1,6331	1,5154	1,3897	1,1136	0,7540	0,5773	0,4018
	-10	1,7668	1,5581	1,4417	1,3172	1,0438	0,6874	0,5121	0,3381
	-15	1,6901	1,4838	1,3686	1,2454	0,9746	0,6213	0,4475	0,2749
	-20	1,6141	1,4102	1,2962	1,1743	0,9060	0,5559	0,3835	0,2123
	-25	1,5388	1,3372	1,2245	1,1038	0,8381	0,4910	0,3201	0,1503
	-30	1,4642	1,2650	1,1534	1,0340	0,7708	0,4268	0,2573	0,0888
	30	3,8059	3,5397	3,3943	3,2405	2,9077	2,4802	2,2721	2,0670
	25	3,4980	3,2415	3,1011	2,9524	2,6299	2,2151	2,0129	1,8134
	20	3,1995	2,9524	2,8167	2,6729	2,3606	1,9580	1,7615	1,5675
	15	2,9099	2,6720	2,5410	2,4020	2,0994	1,7087	1,5178	1,3291
	10	2,6292	2,4000	2,2736	2,1392	1,8461	1,4669	1,2814	1,0979
	5	2,3569	2,1364	2,0143	1,8844	1,6005	1,2325	1,0522	0,8737
25	0	2,0929	1,8807	1,7629	1,6373	1,3624	1,0052	0,8300	0,6563
	-5	2,0159	1,8061	1,6896	1,5653	1,2929	0,9389	0,7652	0,5929
	-10	1,9397	1,7323	1,6170	1,4939	1,2241	0,8732	0,7009	0,5300
	-15	1,8641	1,6591	1,5450	1,4232	1,1559	0,8082	0,6373	0,4678
	-20	1,7892	1,5865	1,4737	1,3531	1,0884	0,7437	0,5743	0,4061
	-25	1,7150	1,5146	1,4030	1,2836	1,0214	0,6798	0,5118	0,3450
	-30	1,6414	1,4434	1,3329	1,2148	0,9551	0,6164	0,4499	0,2844
	30	3,9770	3,7106	3,5654	3,4120	3,0806	2,6558	2,4492	2,2458
	25	3,6707	3,4140	3,2737	3,1254	2,8044	2,3921	2,1914	1,9936
	20	3,3738	3,1264	2,9909	2,8475	2,5365	2,1364	1,9414	1,7490
	15	3,0858	2,8475	2,7166	2,5780	2,2767	1,8884	1,6990	1,5118
	10	2,8065	2,5770	2,4507	2,3166	2,0248	1,6480	1,4639	1,2819
	5	2,5358	2,3148	2,1928	2,0632	1,7805	1,4148	1,2359	1,0589
20	0	2,2732	2,0605	1,9428	1,8175	1,5437	1,1887	1,0148	0,8426
	-5	2,1966	1,9863	1,8699	1,7458	1,4746	1,1228	0,9504	0,7796
	-10	2,1207	1,9128	1,7976	1,6748	1,4062	1,0575	0,8865	0,7171
	-15	2,0456	1,8400	1,7260	1,6044	1,3383	0,9927	0,8232	0,6552
	-20	1,9711	1,7679	1,6551	1,5347	1,2711	0,9286	0,7605	0,5938
	-25	1,8973	1,6964	1,5848	1,4656	1,2045	0,8650	0,6984	0,5330
	-30	1,8241	1,6256	1,5151	1,3972	1,1386	0,8021	0,6368	0,4728
	30	4,1762	3,9074	3,7611	3,6069	3,2741	2,8482	2,6414	2,4378
	25	3,8690	3,6098	3,4685	3,3194	2,9970	2,5837	2,3827	2,1848
	20	3,5710	3,3213	3,1848	3,0405	2,7282	2,3271	2,1319	1,9394
	15	3,2821	3,0415	2,9097	2,7701	2,4676	2,0784	1,8887	1,7015
	10	3,0020	2,7701	2,6429	2,5080	2,2149	1,8371	1,6528	1,4708
	5	2,7303	2,5070	2,3841	2,2537	1,9698	1,6032	1,4241	1,2471
15	0	2,4669	2,2519	2,1333	2,0072	1,7322	1,3764	1,2023	1,0301
	-5	2,3901	2,1775	2,0601	1,9353	1,6629	1,3103	1,1377	0,9668
	-10	2,3140	2,1038	1,9876	1,8640	1,5942	1,2447	1,0736	0,9042
	-15	2,2385	2,0308	1,9158	1,7935	1,5262	1,1798	1,0101	0,8421
	-20	2,1638	1,9584	1,8446	1,7235	1,4588	1,1154	0,9472	0,7805
	-25	2,0897	1,8867	1,7741	1,6542	1,3920	1,0517	0,8848	0,7195
	-30	2,0164	1,8156	1,7042	1,5855	1,3258	0,9885	0,8230	0,6591
	30	4,4069	4,1334	3,9850	3,8286	3,4917	3,0612	2,8524	2,6470
	25	4,0961	3,8325	3,6890	3,5378	3,2114	2,7936	2,5908	2,3911
	20	3,7948	3,5406	3,4020	3,2557	2,9395	2,5341	2,3370	2,1429
	15	3,5026	3,2576	3,1237	2,9822	2,6759	2,2825	2,0910	1,9022
	10	3,2192	2,9831	2,8539	2,7170	2,4203	2,0385	1,8525	1,6689
	5	2,9444	2,7170	2,5922	2,4599	2,1724	1,8019	1,6211	1,4426
10	0	2,6780	2,4590	2,3384	2,2105	1,9320	1,5725	1,3968	1,2231
	-5	2,6003	2,3837	2,2644	2,1378	1,8620	1,5056	1,3314	1,1592
	-10	2,5233	2,3092	2,1911	2,0657	1,7925	1,4393	1,2666	1,0958
	-15	2,4470	2,2353	2,1185	1,9943	1,7237	1,3736	1,2024	1,0329
	-20	2,3714	2,1621	2,0465	1,9236	1,6555	1,3085	1,1387	0,9707
	-25	2,2965	2,0895	1,9751	1,8535	1,5879	1,2440	1,0756	0,9090
	-30	2,2223	2,0176	1,9045	1,7840	1,5210	1,1801	1,0132	0,8479
	30	4,6734	4,3930	4,2412	4,0814	3,7376	3,2990	3,0865	2,8777
	25	4,3566	4,0862	3,9394	3,7849	3,4518	3,0262	2,8198	2,6167
	20	4,0493	3,7887	3,6469	3,4973	3,1747	2,7617	2,5611	2,3637
	15	3,7514	3,5001	3,3631	3,2185	2,9059	2,5052	2,3103	2,1184
	10	3,4625	3,2203	3,0880	2,9481	2,6453	2,2564	2,0671	1,8805
	5	3,1824	2,9490	2,8212	2,6860	2,3926	2,0152	1,8313	1,6498
5	0	2,9108	2,6860	2,5626	2,4318	2,1476	1,7813	1,6026	1,4261
	-5	2,8316	2,6093	2,4871	2,3576	2,0761	1,7131	1,5359	1,3609
	-10	2,7531	2,5332	2,4124	2,2842	2,0053	1,6455	1,4698	1,2962
	-15	2,6753	2,4579	2,3383	2,2114	1,9352	1,5786	1,4044	1,2322
	-20	2,5982	2,3833	2,2649	2,1393	1,8656	1,5122	1,3395	1,1687
	-25	2,5219	2,3093	2,1922	2,0678	1,7968	1,4465	1,2752	1,1058
	-30	2,4462	2,2360	2,1201	1,9970	1,7285	1,3813	1,2115	1,0435

φ = 10		K_{pc}							
α	β	−φ	−2/3 φ	−1/2 φ	−1/3 φ	0	1/3 φ	1/2 φ	2/3 φ
	30	4,9811	4,6916	4,5350	4,3705	4,0170	3,5667	3,3488	3,1348
	25	4,6556	4,3763	4,2250	4,0658	3,7234	3,2865	3,0748	2,8667
	20	4,3400	4,0706	3,9244	3,7705	3,4387	3,0147	2,8091	2,6068
	15	4,0339	3,7742	3,6330	3,4840	3,1626	2,7512	2,5514	2,3547
	10	3,7371	3,4868	3,3503	3,2063	2,8949	2,4956	2,3015	2,1103
	5	3,4494	3,2081	3,0763	2,9369	2,6352	2,2478	2,0593	1,8733
0	0	3,1703	2,9378	2,8105	2,6758	2,3835	2,0075	1,8243	1,6435
	-5	3,0889	2,8590	2,7330	2,5996	2,3101	1,9375	1,7558	1,5765
	-10	3,0083	2,7809	2,6562	2,5241	2,2374	1,8681	1,6879	1,5101
	-15	2,9284	2,7035	2,5801	2,4494	2,1653	1,7993	1,6207	1,4443
	-20	2,8492	2,6269	2,5047	2,3753	2,0939	1,7311	1,5540	1,3791
	-25	2,7708	2,5509	2,4300	2,3018	2,0231	1,6635	1,4880	1,3145
	-30	2,6930	2,4756	2,3560	2,2291	1,9530	1,5966	1,4225	1,2505
	30	5,3370	5,0358	4,8732	4,7025	4,3363	3,8705	3,6452	3,4242
	25	5,0001	4,7095	4,5523	4,3871	4,0323	3,5804	3,3616	3,1467
	20	4,6734	4,3930	4,2412	4,0814	3,7376	3,2990	3,0865	2,8777
	15	4,3566	4,0862	3,9394	3,7849	3,4518	3,0262	2,8198	2,6167
	10	4,0493	3,7887	3,6469	3,4973	3,1747	2,7617	2,5611	2,3637
	5	3,7514	3,5001	3,3631	3,2185	2,9059	2,5052	2,3103	2,1184
-5	0	3,4625	3,2203	3,0880	2,9481	2,6453	2,2564	2,0671	1,8805
	-5	3,3783	3,1388	3,0078	2,8693	2,5693	2,1839	1,9962	1,8111
	-10	3,2948	3,0579	2,9283	2,7912	2,4940	2,1120	1,9259	1,7424
	-15	3,2121	2,9778	2,8495	2,7138	2,4194	2,0408	1,8563	1,6743
	-20	3,1302	2,8985	2,7715	2,6371	2,3455	1,9702	1,7873	1,6068
	-25	3,0489	2,8198	2,6942	2,5611	2,2722	1,9003	1,7189	1,5399
	-30	2,9685	2,7419	2,6175	2,4858	2,1996	1,8310	1,6512	1,4736
	30	5,7502	5,4344	5,2643	5,0858	4,7035	4,2179	3,9833	3,7533
	25	5,3988	5,0940	4,9295	4,7569	4,3864	3,9152	3,6874	3,4638
	20	5,0579	4,7639	4,6049	4,4379	4,0790	3,6218	3,4005	3,1831
	15	4,7274	4,4438	4,2902	4,1286	3,7808	3,3372	3,1222	2,9109
	10	4,4069	4,1334	3,9850	3,8286	3,4917	3,0612	2,8524	2,6470
	5	4,0961	3,8325	3,6890	3,5378	3,2114	2,7936	2,5908	2,3911
-10	0	3,7948	3,5406	3,4020	3,2557	2,9395	2,5341	2,3370	2,1429
	-5	3,7069	3,4555	3,3183	3,1735	2,8602	2,4585	2,2631	2,0705
	-10	3,6198	3,3712	3,2354	3,0920	2,7817	2,3835	2,1898	1,9988
	-15	3,5336	3,2876	3,1533	3,0112	2,7039	2,3092	2,1171	1,9278
	-20	3,4481	3,2048	3,0718	2,9312	2,6267	2,2356	2,0451	1,8573
	-25	3,3634	3,1228	2,9912	2,8519	2,5503	2,1626	1,9738	1,7876
	-30	3,2794	3,0415	2,9112	2,7734	2,4746	2,0904	1,9031	1,7184
	30	6,2322	5,8986	5,7191	5,5311	5,1288	4,6185	4,3723	4,1310
	25	5,8626	5,5407	5,3672	5,1852	4,7954	4,3003	4,0612	3,8266
	20	5,5043	5,1936	5,0259	4,8498	4,4722	3,9918	3,7595	3,5315
	15	5,1568	4,8571	4,6950	4,5246	4,1587	3,6926	3,4669	3,2453
	10	4,8198	4,5307	4,3741	4,2093	3,8547	3,4024	3,1832	2,9678
	5	4,4931	4,2142	4,0629	3,9035	3,5600	3,1211	2,9081	2,6987
-15	0	4,1762	3,9074	3,7611	3,6069	3,2741	2,8482	2,6414	2,4378
	-5	4,0838	3,8179	3,6731	3,5205	3,1908	2,7687	2,5636	2,3617
	-10	3,9923	3,7292	3,5860	3,4348	3,1082	2,6898	2,4865	2,2863
	-15	3,9016	3,6414	3,4996	3,3499	3,0264	2,6117	2,4102	2,2116
	-20	3,8117	3,5543	3,4140	3,2657	2,9453	2,5343	2,3345	2,1376
	-25	3,7226	3,4681	3,3291	3,1824	2,8649	2,4576	2,2595	2,0642
	-30	3,6343	3,3826	3,2451	3,0998	2,7853	2,3816	2,1852	1,9915
	30	6,7979	6,4426	6,2518	6,0521	5,6254	5,0848	4,8242	4,5689
	25	6,4062	6,0632	5,8788	5,6855	5,2720	4,7475	4,4944	4,2463
	20	6,0263	5,6953	5,5170	5,3300	4,9293	4,4204	4,1745	3,9335
	15	5,6579	5,3386	5,1662	4,9852	4,5970	4,1032	3,8644	3,6301
	10	5,3007	4,9926	4,8260	4,6509	4,2748	3,7956	3,5637	3,3359
	5	4,9544	4,6572	4,4962	4,3268	3,9623	3,4974	3,2721	3,0507
-20	0	4,6185	4,3319	4,1763	4,0124	3,6593	3,2082	2,9893	2,7741
	-5	4,5206	4,2370	4,0830	3,9208	3,5710	3,1239	2,9069	2,6934
	-10	4,4235	4,1431	3,9906	3,8299	3,4835	3,0403	2,8252	2,6135
	-15	4,3274	4,0499	3,8990	3,7399	3,3967	2,9575	2,7442	2,5343
	-20	4,2321	3,9576	3,8083	3,6508	3,3107	2,8754	2,6640	2,4558
	-25	4,1376	3,8662	3,7184	3,5624	3,2256	2,7941	2,5845	2,3781
	-30	4,0441	3,7756	3,6293	3,4748	3,1412	2,7136	2,5057	2,3010
	30	7,4672	7,0856	6,8810	6,6671	6,2104	5,6328	5,3545	5,0822
	25	7,0483	6,6800	6,4821	6,2751	5,8326	5,2721	5,0019	4,7372
	20	6,6422	6,2866	6,0953	5,8949	5,4662	4,9224	4,6599	4,4027
	15	6,2483	5,9051	5,7202	5,5263	5,1109	4,5832	4,3283	4,0784
	10	5,8664	5,5352	5,3565	5,1689	4,7663	4,2544	4,0068	3,7638
	5	5,4960	5,1766	5,0038	4,8223	4,4323	3,9355	3,6950	3,4588
-25	0	5,1369	4,8287	4,6618	4,4862	4,1083	3,6262	3,3926	3,1631
	-5	5,0322	4,7273	4,5621	4,3881	4,0138	3,5361	3,3045	3,0768
	-10	4,9284	4,6268	4,4632	4,2910	3,9202	3,4467	3,2171	2,9914
	-15	4,8256	4,5272	4,3653	4,1948	3,8275	3,3582	3,1305	2,9067
	-20	4,7237	4,4286	4,2683	4,0994	3,7356	3,2704	3,0448	2,8228
	-25	4,6227	4,3308	4,1721	4,0050	3,6445	3,1835	2,9598	2,7396
	-30	4,5227	4,2339	4,0769	3,9113	3,5542	3,0974	2,8756	2,6572
	30	8,2666	7,8530	7,6316	7,4003	6,9071	6,2840	5,9841	5,6908
	25	7,8145	7,4152	7,2011	6,9772	6,4993	5,8948	5,6036	5,3186
	20	7,3762	6,9907	6,7836	6,5670	6,1039	5,5173	5,2345	4,9576
	15	6,9511	6,5790	6,3788	6,1691	5,7204	5,1513	4,8767	4,6075
	10	6,5389	6,1798	5,9863	5,7834	5,3486	4,7964	4,5296	4,2681
	5	6,1392	5,7927	5,6057	5,4093	4,9881	4,4522	4,1932	3,9389
-30	0	5,7517	5,4173	5,2365	5,0466	4,6384	4,1185	3,8669	3,6197
	-5	5,6386	5,3079	5,1289	4,9408	4,5365	4,0212	3,7717	3,5266
	-10	5,5266	5,1994	5,0223	4,8360	4,4354	3,9248	3,6774	3,4344
	-15	5,4157	5,0920	4,9166	4,7321	4,3353	3,8292	3,5840	3,3430
	-20	5,3057	4,9855	4,8119	4,6292	4,2362	3,7345	3,4914	3,2525
	-25	5,1968	4,8799	4,7081	4,5273	4,1379	3,6407	3,3997	3,1627
	-30	5,0888	4,7754	4,6053	4,4262	4,0405	3,5478	3,3088	3,0738

12.7.3 Erdwiderstandsbeiwerte nach E DIN 4085-2002-12

$\varphi > 0$

$\varphi = 15$		K_{pc}							
α	β	$-\varphi$	$-2/3\,\varphi$	$-1/2\,\varphi$	$-1/3\,\varphi$	0	$1/3\,\varphi$	$1/2\,\varphi$	$2/3\,\varphi$
	30	4,5614	4,0956	3,8434	3,5784	3,0097	2,3081	1,9909	1,6907
	25	4,1492	3,7085	3,4692	3,2172	2,6753	2,0050	1,7014	1,4135
	20	3,7558	3,3391	3,1121	2,8726	2,3561	1,7157	1,4250	1,1490
	15	3,3803	2,9866	2,7713	2,5437	2,0516	1,4397	1,1613	0,8965
	10	3,0220	2,6503	2,4461	2,2298	1,7610	1,1763	0,9097	0,6557
	5	2,6801	2,3292	2,1357	1,9303	1,4836	0,9249	0,6695	0,4258
30	0	2,3538	2,0229	1,8396	1,6445	1,2189	0,6850	0,4403	0,2064
	-5	2,2291	1,9058	1,7264	1,5352	1,1178	0,5933	0,3528	0,1225
	-10	2,1067	1,7909	1,6152	1,4280	1,0185	0,5033	0,2668	0,0402
	-15	1,9865	1,6780	1,5062	1,3227	0,9210	0,4149	0,1824	-0,0406
	-20	1,8685	1,5673	1,3991	1,2194	0,8253	0,3282	0,0995	-0,1199
	-25	1,7527	1,4585	1,2939	1,1179	0,7313	0,2430	0,0181	-0,1978
	-30	1,6390	1,3517	1,1907	1,0183	0,6391	0,1594	-0,0617	-0,2742
	30	4,7715	4,3011	4,0472	3,7809	3,2107	2,5090	2,1924	1,8931
	25	4,3587	3,9135	3,6725	3,4193	2,8759	2,2055	1,9024	1,6155
	20	3,9647	3,5437	3,3150	3,0743	2,5564	1,9159	1,6257	1,3507
	15	3,5888	3,1907	2,9737	2,7449	2,2514	1,6395	1,3617	1,0979
	10	3,2301	2,8539	2,6481	2,4307	1,9604	1,3757	1,1097	0,8567
	5	2,8877	2,5325	2,3374	2,1307	1,6827	1,1240	0,8692	0,6265
25	0	2,5610	2,2257	2,0408	1,8445	1,4177	0,8838	0,6398	0,4068
	-5	2,4361	2,1085	1,9275	1,7351	1,3164	0,7920	0,5521	0,3229
	-10	2,3136	1,9934	1,8162	1,6278	1,2170	0,7018	0,4660	0,2405
	-15	2,1932	1,8804	1,7070	1,5223	1,1193	0,6134	0,3814	0,1596
	-20	2,0751	1,7695	1,5997	1,4188	1,0235	0,5265	0,2985	0,0801
	-25	1,9591	1,6606	1,4945	1,3172	0,9294	0,4412	0,2170	0,0021
	-30	1,8452	1,5537	1,3911	1,2175	0,8371	0,3575	0,1370	-0,0744
	30	5,0191	4,5400	4,2821	4,0121	3,4351	2,7266	2,4075	2,1063
	25	4,6019	4,1483	3,9034	3,6466	3,0967	2,4198	2,1145	1,8258
	20	4,2038	3,7745	3,5421	3,2979	2,7737	2,1271	1,8348	1,5581
	15	3,8239	3,4178	3,1972	2,9650	2,4655	1,8478	1,5680	1,3027
	10	3,4613	3,0774	2,8681	2,6474	2,1714	1,5812	1,3133	1,0589
	5	3,1153	2,7525	2,5540	2,3443	1,8908	1,3268	1,0703	0,8263
20	0	2,7851	2,4425	2,2543	2,0550	1,6229	1,0840	0,8384	0,6043
	-5	2,6589	2,3240	2,1398	1,9445	1,5206	0,9913	0,7497	0,5194
	-10	2,5350	2,2077	2,0273	1,8360	1,4201	0,9002	0,6627	0,4361
	-15	2,4134	2,0935	1,9169	1,7294	1,3214	0,8108	0,5773	0,3543
	-20	2,2940	1,9814	1,8086	1,6248	1,2246	0,7230	0,4934	0,2741
	-25	2,1768	1,8713	1,7022	1,5221	1,1295	0,6368	0,4111	0,1952
	-30	2,0617	1,7633	1,5977	1,4213	1,0361	0,5522	0,3303	0,1179
	30	5,3081	4,8160	4,5518	4,2757	3,6868	2,9652	2,6408	2,3350
	25	4,8828	4,4167	4,1658	3,9031	3,3418	2,6525	2,3421	2,0491
	20	4,4770	4,0356	3,7974	3,5476	3,0126	2,3541	2,0570	1,7762
	15	4,0896	3,6720	3,4459	3,2083	2,6984	2,0694	1,7850	1,5158
	10	3,7200	3,3250	3,1104	2,8845	2,3986	1,7976	1,5254	1,2673
	5	3,3673	2,9938	2,7902	2,5755	2,1125	1,5383	1,2777	1,0301
15	0	3,0307	2,6778	2,4847	2,2806	1,8394	1,2908	1,0412	0,8038
	-5	2,9021	2,5570	2,3679	2,1679	1,7351	1,1962	0,9509	0,7173
	-10	2,7758	2,4384	2,2533	2,0573	1,6326	1,1033	0,8622	0,6324
	-15	2,6518	2,3220	2,1407	1,9487	1,5320	1,0122	0,7751	0,5491
	-20	2,5301	2,2077	2,0302	1,8421	1,4333	0,9227	0,6896	0,4672
	-25	2,4106	2,0955	1,9218	1,7374	1,3364	0,8348	0,6057	0,3869
	-30	2,2933	1,9854	1,8153	1,6346	1,2412	0,7486	0,5233	0,3080
	30	5,6434	5,1340	4,8613	4,5766	3,9706	3,2297	2,8972	2,5841
	25	5,2063	4,7236	4,4646	4,1937	3,6161	2,9083	2,5902	2,2903
	20	4,7892	4,3320	4,0859	3,8283	3,2777	2,6017	2,2972	2,0098
	15	4,3911	3,9582	3,7246	3,4796	2,9548	2,3090	2,0176	1,7422
	10	4,0112	3,6016	3,3798	3,1468	2,6467	2,0297	1,7508	1,4867
	5	3,6487	3,2612	3,0507	2,8292	2,3526	1,7631	1,4962	1,2430
10	0	3,3028	2,9364	2,7367	2,5261	2,0720	1,5088	1,2532	1,0104
	-5	3,1705	2,8123	2,6167	2,4103	1,9647	1,4116	1,1603	0,9215
	-10	3,0407	2,6904	2,4989	2,2966	1,8594	1,3161	1,0691	0,8342
	-15	2,9133	2,5707	2,3832	2,1850	1,7561	1,2224	0,9796	0,7485
	-20	2,7882	2,4533	2,2697	2,0754	1,6546	1,1305	0,8917	0,6644
	-25	2,6654	2,3380	2,1582	1,9678	1,5550	1,0402	0,8055	0,5819
	-30	2,5448	2,2248	2,0487	1,8622	1,4571	0,9515	0,7208	0,5008
	30	6,0317	5,5004	5,2167	4,9209	4,2925	3,5257	3,1821	2,8590
	25	5,5789	5,0753	4,8057	4,5243	3,9252	3,1928	2,8641	2,5546
	20	5,1468	4,6696	4,4135	4,1458	3,5747	2,8751	2,5606	2,2641
	15	4,7344	4,2825	4,0392	3,7845	3,2402	2,5719	2,2709	1,9868
	10	4,3409	3,9130	3,6820	3,4398	2,9210	2,2826	1,9945	1,7222
	5	3,9654	3,5604	3,3412	3,1108	2,6164	2,0065	1,7308	1,4697
5	0	3,6070	3,2239	3,0159	2,7969	2,3257	1,7430	1,4790	1,2288
	-5	3,4700	3,0953	2,8915	2,6769	2,2146	1,6423	1,3828	1,1367
	-10	3,3356	2,9691	2,7695	2,5591	2,1055	1,5434	1,2884	1,0463
	-15	3,2036	2,8452	2,6497	2,4434	1,9985	1,4464	1,1957	0,9575
	-20	3,0740	2,7235	2,5320	2,3299	1,8933	1,3511	1,1047	0,8704
	-25	2,9468	2,6040	2,4166	2,2185	1,7901	1,2576	1,0153	0,7849
	-30	2,8219	2,4868	2,3032	2,1091	1,6888	1,1657	0,9276	0,7009

φ = 15		K_{pc}							
α	β	−φ	−2/3 φ	−1/2 φ	−1/3 φ	0	1/3 φ	1/2 φ	2/3 φ
	30	6,4814	5,9233	5,6259	5,3163	4,6596	3,8598	3,5020	3,1659
	25	6,0087	5,4795	5,1969	4,9022	4,2762	3,5123	3,1700	2,8482
	20	5,5577	5,0560	4,7874	4,5071	3,9103	3,1806	2,8532	2,5449
	15	5,1272	4,6519	4,3967	4,1300	3,5611	2,8642	2,5508	2,2555
	10	4,7164	4,2662	4,0239	3,7701	3,2279	2,5621	2,2623	1,9793
	5	4,3244	3,8981	3,6680	3,4267	2,9099	2,2739	1,9870	1,7157
0	0	3,9503	3,5469	3,3284	3,0990	2,6065	1,9988	1,7242	1,4642
	-5	3,8073	3,4126	3,1987	2,9737	2,4905	1,8937	1,6238	1,3680
	-10	3,6670	3,2808	3,0713	2,8508	2,3766	1,7905	1,5252	1,2737
	-15	3,5292	3,1515	2,9462	2,7301	2,2648	1,6892	1,4284	1,1810
	-20	3,3939	3,0245	2,8234	2,6115	2,1551	1,5898	1,3334	1,0900
	-25	3,2611	2,8998	2,7029	2,4952	2,0474	1,4921	1,2401	1,0008
	-30	3,1307	2,7774	2,5845	2,3810	1,9416	1,3963	1,1485	0,9131
	30	7,0033	6,4127	6,0987	5,7721	5,0807	4,2401	3,8646	3,5123
	25	6,5062	5,9459	5,6474	5,3366	4,6774	3,8746	3,5154	3,1780
	20	6,0317	5,5004	5,2167	4,9209	4,2925	3,5257	3,1821	2,8590
	15	5,5789	5,0753	4,8057	4,5243	3,9252	3,1928	2,8641	2,5546
	10	5,1468	4,6696	4,4135	4,1458	3,5747	2,8751	2,5606	2,2641
	5	4,7344	4,2825	4,0392	3,7845	3,2402	2,5719	2,2709	1,9868
-5	0	4,3409	3,9130	3,6820	3,4398	2,9210	2,2826	1,9945	1,7222
	-5	4,1905	3,7718	3,5455	3,3080	2,7990	2,1720	1,8889	1,6211
	-10	4,0429	3,6332	3,4115	3,1787	2,6793	2,0635	1,7852	1,5219
	-15	3,8979	3,4971	3,2799	3,0517	2,5617	1,9569	1,6834	1,4244
	-20	3,7556	3,3635	3,1508	2,9271	2,4463	1,8523	1,5835	1,3287
	-25	3,6160	3,2323	3,0240	2,8047	2,3330	1,7496	1,4853	1,2348
	-30	3,4788	3,1036	2,8995	2,6846	2,2217	1,6487	1,3890	1,1426
	30	7,6113	6,9817	6,6476	6,3006	5,5669	4,6766	4,2794	3,9073
	25	7,0843	6,4869	6,1692	5,8389	5,1395	4,2891	3,9093	3,5529
	20	6,5814	6,0147	5,7127	5,3983	4,7315	3,9194	3,5560	3,2148
	15	6,1014	5,5640	5,2770	4,9778	4,3422	3,5665	3,2189	2,8921
	10	5,6434	5,1340	4,8613	4,5766	3,9706	3,2297	2,8972	2,5841
	5	5,2063	4,7236	4,4646	4,1937	3,6161	2,9083	2,5902	2,2903
-10	0	4,7892	4,3320	4,0859	3,8283	3,2777	2,6017	2,2972	2,0098
	-5	4,6298	4,1823	3,9412	3,6886	3,1484	2,4845	2,1852	1,9026
	-10	4,4733	4,0354	3,7992	3,5515	3,0214	2,3694	2,0753	1,7974
	-15	4,3196	3,8911	3,6597	3,4169	2,8968	2,2564	1,9674	1,6941
	-20	4,1688	3,7495	3,5228	3,2848	2,7745	2,1455	1,8614	1,5927
	-25	4,0207	3,6105	3,3884	3,1551	2,6544	2,0367	1,7574	1,4931
	-30	3,8754	3,4740	3,2565	3,0277	2,5364	1,9298	1,6553	1,3954
	30	8,3231	7,6468	7,2886	6,9170	6,1325	5,1820	4,7585	4,3622
	25	7,7601	7,1181	6,7775	6,4237	5,6758	4,7680	4,3631	3,9837
	20	7,2228	6,6137	6,2898	5,9530	5,2399	4,3730	3,9857	3,6224
	15	6,7100	6,1322	5,8244	5,5038	4,8240	3,9960	3,6255	3,2776
	10	6,2207	5,6728	5,3802	5,0752	4,4270	3,6362	3,2818	2,9486
	5	5,7537	5,2344	4,9563	4,6661	4,0482	3,2929	2,9538	2,6347
-15	0	5,3081	4,8160	4,5518	4,2757	3,6868	2,9652	2,6408	2,3350
	-5	5,1378	4,6561	4,3972	4,1265	3,5486	2,8400	2,5212	2,2205
	-10	4,9706	4,4991	4,2455	3,9800	3,4130	2,7170	2,4038	2,1081
	-15	4,8064	4,3450	4,0965	3,8362	3,2798	2,5964	2,2885	1,9977
	-20	4,6453	4,1937	3,9502	3,6950	3,1491	2,4779	2,1753	1,8894
	-25	4,4871	4,0451	3,8066	3,5565	3,0208	2,3616	2,0642	1,7830
	-30	4,3318	3,8993	3,6656	3,4204	2,8948	2,2474	1,9551	1,6786
	30	9,1620	8,4296	8,0425	7,6413	6,7956	5,7725	5,3174	4,8917
	25	8,5555	7,8602	7,4920	7,1100	6,3037	5,3267	4,8914	4,4840
	20	7,9767	7,3169	6,9667	6,6030	5,8342	4,9011	4,4849	4,0949
	15	7,4244	6,7983	6,4654	6,1192	5,3862	4,4950	4,0969	3,7235
	10	6,8974	6,3034	5,9870	5,6575	4,9587	4,1075	3,7267	3,3691
	5	6,3944	5,8312	5,5304	5,2168	4,5506	3,7377	3,3734	3,0309
-20	0	5,9143	5,3805	5,0947	4,7963	4,1613	3,3848	3,0363	2,7082
	-5	5,7309	5,2083	4,9282	4,6356	4,0125	3,2499	2,9074	2,5849
	-10	5,5508	5,0392	4,7647	4,4779	3,8664	3,1175	2,7809	2,4638
	-15	5,3740	4,8732	4,6042	4,3230	3,7229	2,9875	2,6568	2,3449
	-20	5,2004	4,7102	4,4467	4,1709	3,5822	2,8599	2,5348	2,2282
	-25	5,0300	4,5502	4,2920	4,0216	3,4439	2,7346	2,4152	2,1136
	-30	4,8627	4,3931	4,1402	3,8751	3,3082	2,6116	2,2977	2,0012
	30	10,1584	9,3588	8,9369	8,5000	7,5804	6,4696	5,9760	5,5150
	25	9,4994	8,7402	8,3388	7,9228	7,0460	5,9852	5,5132	5,0719
	20	8,8706	8,1498	7,7680	7,3720	6,5359	5,5229	5,0716	4,6492
	15	8,2706	7,5864	7,2233	6,8463	6,0491	5,0817	4,6501	4,2457
	10	7,6979	7,0487	6,7035	6,3446	5,5846	4,6606	4,2479	3,8607
	5	7,1514	6,5356	6,2075	5,8659	5,1413	4,2588	3,8640	3,4932
-25	0	6,6299	6,0460	5,7341	5,4090	4,7183	3,8754	3,4977	3,1426
	-5	6,4306	5,8588	5,5532	5,2344	4,5566	3,7288	3,3577	3,0086
	-10	6,2349	5,6751	5,3756	5,0630	4,3979	3,5850	3,2203	2,8770
	-15	6,0428	5,4948	5,2012	4,8947	4,2420	3,4437	3,0854	2,7479
	-20	5,8542	5,3177	5,0301	4,7295	4,0891	3,3051	2,9529	2,6211
	-25	5,6691	5,1439	4,8620	4,5673	3,9389	3,1690	2,8229	2,4966
	-30	5,4874	4,9732	4,6970	4,4081	3,7915	3,0353	2,6952	2,3744
	30	11,3534	10,4725	10,0084	9,5284	8,5192	7,3018	6,7615	6,2573
	25	10,6309	9,7941	9,3525	8,8954	7,9330	6,7706	6,2540	5,7715
	20	9,9413	9,1467	8,7266	8,2913	7,3737	6,2636	5,7697	5,3079
	15	9,2833	8,5289	8,1293	7,7149	6,8399	5,7798	5,3075	4,8654
	10	8,6553	7,9392	7,5593	7,1647	6,3305	5,3180	4,8664	4,4432
	5	8,0560	7,3766	7,0154	6,6397	5,8444	4,8774	4,4455	4,0402
-30	0	7,4841	6,8396	6,4962	6,1387	5,3805	4,4569	4,0437	3,6557
	-5	7,2655	6,6344	6,2978	5,9472	5,2032	4,2962	3,8902	3,5088
	-10	7,0509	6,4329	6,1031	5,7593	5,0291	4,1385	3,7395	3,3645
	-15	6,8403	6,2352	5,9119	5,5747	4,8582	3,9836	3,5916	3,2229
	-20	6,6335	6,0410	5,7242	5,3936	4,6905	3,8315	3,4463	3,0838
	-25	6,4304	5,8504	5,5399	5,2157	4,5258	3,6823	3,3037	2,9473
	-30	6,2311	5,6632	5,3590	5,0411	4,3641	3,5357	3,1637	2,8133

12.7.4 Erdwiderstandsbeiwerte nach E DIN 4085-2002-12

$\varphi > 0$

φ = 17,5		K_{pc}							
α	β	$-\varphi$	$-2/3\ \varphi$	$-1/2\ \varphi$	$-1/3\ \varphi$	0	$1/3\ \varphi$	$1/2\ \varphi$	$2/3\ \varphi$
	30	5,1195	4,5197	4,1982	3,8627	3,1496	2,3047	1,9396	1,6017
	25	4,6398	4,0774	3,7750	3,4588	2,7849	1,9842	1,6373	1,3157
	20	4,1858	3,6589	3,3745	3,0765	2,4397	1,6808	1,3512	1,0450
	15	3,7561	3,2628	2,9954	2,7146	2,1130	1,3937	1,0805	0,7889
	10	3,3493	2,8878	2,6366	2,3722	1,8038	1,1220	0,8242	0,5464
	5	2,9644	2,5330	2,2971	2,0480	1,5111	0,8648	0,5817	0,3169
30	0	2,6001	2,1971	1,9757	1,7413	1,2341	0,6214	0,3522	0,0997
	-5	2,4448	2,0540	1,8387	1,6105	1,1160	0,5176	0,2543	0,0072
	-10	2,2932	1,9143	1,7050	1,4829	1,0008	0,4164	0,1588	-0,0832
	-15	2,1453	1,7779	1,5745	1,3584	0,8883	0,3176	0,0657	-0,1714
	-20	2,0010	1,6449	1,4472	1,2368	0,7786	0,2211	-0,0253	-0,2574
	-25	1,8601	1,5150	1,3229	1,1182	0,6715	0,1270	-0,1140	-0,3414
	-30	1,7226	1,3883	1,2016	1,0025	0,5670	0,0352	-0,2007	-0,4234
	30	5,3763	4,7653	4,4388	4,0988	3,3779	2,5259	2,1585	1,8193
	25	4,8920	4,3188	4,0116	3,6910	3,0096	2,2023	1,8534	1,5305
	20	4,4336	3,8962	3,6072	3,3050	2,6611	1,8960	1,5645	1,2572
	15	3,9997	3,4963	3,2245	2,9397	2,3313	1,6061	1,2912	0,9986
	10	3,5891	3,1177	2,8623	2,5940	2,0191	1,3318	1,0325	0,7538
	5	3,2005	2,7595	2,5194	2,2667	1,7236	1,0721	0,7876	0,5221
25	0	2,8326	2,4204	2,1950	1,9570	1,4439	0,8264	0,5559	0,3028
	-5	2,6759	2,2759	2,0566	1,8250	1,3247	0,7216	0,4571	0,2094
	-10	2,5228	2,1348	1,9217	1,6962	1,2084	0,6194	0,3607	0,1182
	-15	2,3735	1,9972	1,7899	1,5704	1,0949	0,5196	0,2666	0,0291
	-20	2,2278	1,8628	1,6614	1,4477	0,9841	0,4223	0,1748	-0,0577
	-25	2,0856	1,7317	1,5359	1,3280	0,8759	0,3272	0,0852	-0,1425
	-30	1,9468	1,6038	1,4135	1,2111	0,7704	0,2345	-0,0023	-0,2253
	30	5,6789	5,0509	4,7165	4,3688	3,6331	2,7659	2,3928	2,0488
	25	5,1853	4,5960	4,2811	3,9532	3,2579	2,4361	2,0818	1,7546
	20	4,7182	4,1653	3,8691	3,5599	2,9027	2,1240	1,7875	1,4761
	15	4,2761	3,7578	3,4791	3,1876	2,5666	1,8286	1,5090	1,2126
	10	3,8576	3,3721	3,1099	2,8353	2,2484	1,5491	1,2453	0,9631
	5	3,4616	3,0070	2,7606	2,5018	1,9473	1,2845	0,9958	0,7270
20	0	3,0868	2,6614	2,4299	2,1862	1,6623	1,0340	0,7596	0,5036
	-5	2,9270	2,5142	2,2890	2,0517	1,5409	0,9273	0,6590	0,4083
	-10	2,7711	2,3704	2,1514	1,9204	1,4223	0,8231	0,5607	0,3154
	-15	2,6189	2,2302	2,0172	1,7923	1,3066	0,7214	0,4649	0,2247
	-20	2,4704	2,0933	1,8862	1,6672	1,1937	0,6222	0,3713	0,1361
	-25	2,3255	1,9597	1,7584	1,5452	1,0835	0,5254	0,2800	0,0497
	-30	2,1840	1,8293	1,6336	1,4261	0,9760	0,4309	0,1909	-0,0346
	30	6,0319	5,3814	5,0359	4,6773	3,9201	3,0297	2,6474	2,2956
	25	5,5246	4,9138	4,5884	4,2501	3,5344	2,6907	2,3278	1,9932
	20	5,0445	4,4711	4,1649	3,8458	3,1694	2,3700	2,0253	1,7070
	15	4,5900	4,0522	3,7640	3,4632	2,8239	2,0663	1,7390	1,4361
	10	4,1599	3,6557	3,3846	3,1010	2,4969	1,7790	1,4680	1,1796
	5	3,7529	3,2805	3,0255	2,7583	2,1874	1,5070	1,2115	0,9370
15	0	3,3676	2,9253	2,6856	2,4339	1,8944	1,2496	0,9688	0,7073
	-5	3,2034	2,7739	2,5407	2,2956	1,7696	1,1399	0,8653	0,6094
	-10	3,0431	2,6262	2,3994	2,1606	1,6477	1,0328	0,7643	0,5138
	-15	2,8867	2,4820	2,2614	2,0289	1,5288	0,9283	0,6658	0,4206
	-20	2,7340	2,3413	2,1267	1,9004	1,4128	0,8263	0,5696	0,3296
	-25	2,5851	2,2040	1,9953	1,7750	1,2995	0,7268	0,4757	0,2408
	-30	2,4397	2,0700	1,8671	1,6526	1,1890	0,6296	0,3841	0,1541
	30	6,4420	5,7629	5,4032	5,0303	4,2447	3,3229	2,9279	2,5650
	25	5,9163	5,2782	4,9394	4,5876	3,8450	2,9716	2,5967	2,2516
	20	5,4187	4,8195	4,5005	4,1686	3,4667	2,6392	2,2832	1,9550
	15	4,9478	4,3854	4,0850	3,7721	3,1086	2,3245	1,9865	1,6742
	10	4,5020	3,9745	3,6918	3,3968	2,7697	2,0267	1,7056	1,4085
	5	4,0802	3,5856	3,3197	3,0416	2,4490	1,7449	1,4398	1,1570
10	0	3,6809	3,2176	2,9675	2,7054	2,1454	1,4781	1,1883	0,9190
	-5	3,5107	3,0607	2,8173	2,5621	2,0160	1,3644	1,0810	0,8175
	-10	3,3446	2,9076	2,6708	2,4222	1,8898	1,2534	0,9764	0,7185
	-15	3,1825	2,7582	2,5278	2,2858	1,7665	1,1451	0,8743	0,6219
	-20	3,0244	2,6123	2,3883	2,1526	1,6463	1,0394	0,7746	0,5276
	-25	2,8700	2,4700	2,2521	2,0226	1,5289	0,9363	0,6773	0,4356
	-30	2,7193	2,3312	2,1192	1,8957	1,4143	0,8356	0,5824	0,3457
	30	6,9175	6,2032	5,8258	5,4352	4,6137	3,6518	3,2404	2,8631
	25	6,3684	5,6970	5,3414	4,9728	4,1962	3,2849	2,8944	2,5357
	20	5,8487	5,2179	4,8829	4,5352	3,8010	2,9376	2,5670	2,2259
	15	5,3568	4,7644	4,4490	4,1210	3,4270	2,6090	2,2571	1,9326
	10	4,8912	4,3353	4,0383	3,7290	3,0731	2,2979	1,9637	1,6551
	5	4,4506	3,9291	3,6496	3,3580	2,7381	2,0036	1,6861	1,3924
5	0	4,0335	3,5447	3,2817	3,0068	2,4210	1,7249	1,4234	1,1438
	-5	3,8558	3,3808	3,1249	2,8571	2,2859	1,6062	1,3114	1,0378
	-10	3,6823	3,2209	2,9719	2,7111	2,1540	1,4902	1,2021	0,9344
	-15	3,5130	3,0648	2,8225	2,5685	2,0252	1,3771	1,0954	0,8335
	-20	3,3478	2,9125	2,6768	2,4294	1,8996	1,2667	0,9913	0,7350
	-25	3,1865	2,7638	2,5346	2,2936	1,7770	1,1590	0,8897	0,6389
	-30	3,0292	2,6188	2,3957	2,1611	1,6574	1,0539	0,7906	0,5450

φ = 17,5		K_{pc}							
α	β	−φ	−2/3 φ	−1/2 φ	−1/3 φ	0	1/3 φ	1/2 φ	2/3 φ
	30	7,4692	6,7124	6,3135	5,9011	5,0356	4,0240	3,5922	3,1967
	25	6,8912	6,1796	5,8036	5,4145	4,5961	3,6379	3,2281	2,8522
	20	6,3442	5,6753	5,3211	4,9539	4,1802	3,2724	2,8834	2,5261
	15	5,8264	5,1980	4,8644	4,5179	3,7866	2,9265	2,5572	2,2174
	10	5,3364	4,7463	4,4321	4,1053	3,4140	2,5991	2,2485	1,9253
	5	4,8726	4,3188	4,0230	3,7148	3,0614	2,2892	1,9563	1,6488
0	0	4,4336	3,9141	3,6357	3,3452	2,7277	1,9959	1,6797	1,3871
	-5	4,2465	3,7417	3,4707	3,1876	2,5854	1,8709	1,5618	1,2756
	-10	4,0639	3,5733	3,3096	3,0339	2,4466	1,7489	1,4468	1,1667
	-15	3,8857	3,4091	3,1524	2,8839	2,3111	1,6299	1,3345	1,0605
	-20	3,7118	3,2488	2,9990	2,7374	2,1789	1,5137	1,2249	0,9568
	-25	3,5421	3,0923	2,8493	2,5945	2,0498	1,4003	1,1180	0,8556
	-30	3,3765	2,9396	2,7032	2,4551	1,9239	1,2896	1,0136	0,7569
	30	8,1107	7,3031	6,8784	6,4398	5,5209	4,4490	3,9922	3,5744
	25	7,4977	6,7380	6,3376	5,9237	5,0548	4,0394	3,6060	3,2090
	20	6,9175	6,2032	5,8258	5,4352	4,6137	3,6518	3,2404	2,8631
	15	6,3684	5,6970	5,3414	4,9728	4,1962	3,2849	2,8944	2,5357
	10	5,8487	5,2179	4,8829	4,5352	3,8010	2,9376	2,5670	2,2259
	5	5,3568	4,7644	4,4490	4,1210	3,4270	2,6090	2,2571	1,9326
-5	0	4,8912	4,3353	4,0383	3,7290	3,0731	2,2979	1,9637	1,6551
	-5	4,6928	4,1523	3,8633	3,5619	2,9222	2,1654	1,8387	1,5368
	-10	4,4991	3,9738	3,6924	3,3988	2,7750	2,0360	1,7167	1,4213
	-15	4,3101	3,7996	3,5257	3,2397	2,6313	1,9097	1,5976	1,3087
	-20	4,1257	3,6296	3,3630	3,0844	2,4910	1,7865	1,4814	1,1987
	-25	3,9457	3,4636	3,2042	2,9328	2,3542	1,6662	1,3680	1,0914
	-30	3,7700	3,3017	3,0492	2,7849	2,2206	1,5488	1,2573	0,9867
	30	8,8597	7,9915	7,5359	7,0660	6,0828	4,9381	4,4511	4,0063
	25	8,2045	7,3876	6,9579	6,5143	5,5847	4,5004	4,0384	3,6157
	20	7,5844	6,8159	6,4109	5,9922	5,1132	4,0861	3,6477	3,2461
	15	6,9975	6,2749	5,8932	5,4980	4,6670	3,6940	3,2779	2,8962
	10	6,4420	5,7629	5,4032	5,0303	4,2447	3,3229	2,9279	2,5650
	5	5,9163	5,2782	4,9394	4,5876	3,8450	2,9716	2,5967	2,2516
-10	0	5,4187	4,8195	4,5005	4,1686	3,4667	2,6392	2,2832	1,9550
	-5	5,2066	4,6240	4,3134	3,9901	3,3054	2,4975	2,1495	1,8285
	-10	4,9996	4,4332	4,1308	3,8158	3,1480	2,3592	2,0191	1,7052
	-15	4,7976	4,2470	3,9526	3,6457	2,9945	2,2242	1,8919	1,5847
	-20	4,6005	4,0653	3,7787	3,4797	2,8446	2,0925	1,7676	1,4672
	-25	4,4081	3,8879	3,6090	3,3177	2,6983	1,9640	1,6464	1,3525
	-30	4,2204	3,7149	3,4433	3,1596	2,5556	1,8385	1,5281	1,2406
	30	9,7387	8,7984	8,3058	7,7984	6,7383	5,5062	4,9828	4,5054
	25	9,0329	8,1478	7,6832	7,2041	6,2017	5,0347	4,5382	4,0846
	20	8,3649	7,5320	7,0939	6,6416	5,6939	4,5884	4,1173	3,6864
	15	7,7327	6,9492	6,5362	6,1093	5,2132	4,1660	3,7190	3,3095
	10	7,1343	6,3976	6,0084	5,6055	4,7582	3,7662	3,3420	2,9528
	5	6,5680	5,8755	5,5088	5,1286	4,3277	3,3878	2,9851	2,6152
-15	0	6,0319	5,3814	5,0359	4,6773	3,9201	3,0297	2,6474	2,2956
	-5	5,8035	5,1708	4,8344	4,4849	3,7464	2,8770	2,5035	2,1594
	-10	5,5805	4,9652	4,6377	4,2972	3,5769	2,7281	2,3630	2,0265
	-15	5,3629	4,7647	4,4458	4,1139	3,4115	2,5827	2,2259	1,8968
	-20	5,1505	4,5689	4,2584	3,9351	3,2500	2,4408	2,0921	1,7702
	-25	4,9433	4,3779	4,0756	3,7606	3,0924	2,3023	1,9615	1,6466
	-30	4,7410	4,1914	3,8972	3,5903	2,9387	2,1672	1,8341	1,5261
	30	10,7770	9,7506	9,2138	8,6615	7,5092	6,1720	5,6049	5,0881
	25	10,0105	9,0440	8,5377	8,0161	6,9264	5,6599	5,1219	4,6312
	20	9,2850	8,3752	7,8977	7,4052	6,3749	5,1752	4,6648	4,1987
	15	8,5984	7,7423	7,2920	6,8271	5,8528	4,7165	4,2322	3,7893
	10	7,9485	7,1432	6,7187	6,2799	5,3587	4,2823	3,8228	3,4019
	5	7,3335	6,5762	6,1761	5,7620	4,8911	3,8713	3,4353	3,0352
-20	0	6,7513	6,0395	5,6626	5,2718	4,4485	3,4824	3,0685	2,6882
	-5	6,5032	5,8108	5,4437	5,0629	4,2598	3,3166	2,9121	2,5403
	-10	6,2610	5,5876	5,2301	4,8589	4,0757	3,1548	2,7596	2,3959
	-15	6,0247	5,3697	5,0216	4,6600	3,8960	2,9969	2,6107	2,2550
	-20	5,7940	5,1571	4,8181	4,4658	3,7207	2,8428	2,4653	2,1175
	-25	5,5690	4,9496	4,6196	4,2762	3,5495	2,6924	2,3235	1,9833
	-30	5,3493	4,7471	4,4258	4,0913	3,3825	2,5457	2,1851	1,8524
	30	12,0138	10,8839	10,2940	9,6876	8,4243	6,9604	6,3404	5,7762
	25	11,1740	10,1098	9,5532	8,9806	7,7858	6,3994	5,8113	5,2756
	20	10,3793	9,3771	8,8522	8,3114	7,1816	5,8684	5,3106	4,8018
	15	9,6271	8,6837	8,1886	7,6780	6,6097	5,3658	4,8367	4,3533
	10	8,9151	8,0274	7,5606	7,0785	6,0684	4,8902	4,3881	3,9289
	5	8,2413	7,4063	6,9662	6,5112	5,5561	4,4400	3,9636	3,5272
-25	0	7,6036	6,8184	6,4036	5,9742	5,0713	4,0139	3,5618	3,1470
	-5	7,3318	6,5678	6,1638	5,7453	4,8646	3,8323	3,3905	2,9850
	-10	7,0665	6,3233	5,9298	5,5219	4,6629	3,6551	3,2234	2,8268
	-15	6,8076	6,0846	5,7014	5,3040	4,4660	3,4821	3,0603	2,6725
	-20	6,5549	5,8517	5,4785	5,0912	4,2739	3,3133	2,9011	2,5219
	-25	6,3083	5,6244	5,2610	4,8836	4,0865	3,1485	2,7457	2,3749
	-30	6,0677	5,4026	5,0487	4,6810	3,9035	2,9878	2,5941	2,2314
	30	13,5011	12,2460	11,5919	10,9200	9,5221	7,9045	7,2203	6,5983
	25	12,5726	11,3901	10,7728	10,1382	8,8161	7,2842	6,6353	6,0448
	20	11,6938	10,5800	9,9976	9,3983	8,1480	6,6971	6,0817	5,5209
	15	10,8621	9,8133	9,2639	8,6980	7,5156	6,1414	5,5576	5,0251
	10	10,0749	9,0876	8,5695	8,0351	6,9171	5,6154	5,0617	4,5558
	5	9,3298	8,4008	7,9123	7,4078	6,3507	5,1177	4,5922	4,1117
-30	0	8,6247	7,7508	7,2902	6,8140	5,8146	4,6465	4,1480	3,6913
	-5	8,3241	7,4737	7,0251	6,5610	5,5860	4,4457	3,9586	3,5121
	-10	8,0308	7,2033	6,7663	6,3140	5,3630	4,2497	3,7738	3,3372
	-15	7,7445	6,9394	6,5138	6,0729	5,1454	4,0585	3,5934	3,1666
	-20	7,4651	6,6819	6,2673	5,8377	4,9330	3,8718	3,4174	3,0000
	-25	7,1925	6,4306	6,0268	5,6081	4,7257	3,6897	3,2456	2,8375
	-30	6,9264	6,1853	5,7921	5,3841	4,5234	3,5119	3,0780	2,6789

12.7.5 Erdwiderstandsbeiwerte nach E DIN 4085-2002-12

$\varphi > 0$

φ = 20		K_{pc}							
α	β	$-\varphi$	$-2/3\,\varphi$	$-1/2\,\varphi$	$-1/3\,\varphi$	0	$1/3\,\varphi$	$1/2\,\varphi$	$2/3\,\varphi$
	30	5,7695	5,0038	4,5984	4,1789	3,2982	2,3044	1,8954	1,5257
	25	5,2066	4,4951	4,1171	3,7251	2,8999	1,9659	1,5805	1,2311
	20	4,6783	4,0178	3,6654	3,2992	2,5261	1,6483	1,2849	0,9547
	15	4,1826	3,5698	3,2416	2,8996	2,1754	1,3503	1,0075	0,6952
	10	3,7173	3,1494	2,8438	2,5245	1,8462	1,0706	0,7473	0,4518
	5	3,2808	2,7549	2,4705	2,1725	1,5373	0,8081	0,5030	0,2233
30	0	2,8710	2,3847	2,1201	1,8422	1,2475	0,5618	0,2737	0,0089
	-5	2,6787	2,2109	1,9557	1,6872	1,1114	0,4461	0,1661	-0,0918
	-10	2,4923	2,0424	1,7963	1,5369	0,9795	0,3341	0,0618	-0,1893
	-15	2,3116	1,8792	1,6418	1,3912	0,8516	0,2254	-0,0392	-0,2839
	-20	2,1365	1,7209	1,4921	1,2500	0,7277	0,1201	-0,1372	-0,3755
	-25	1,9667	1,5675	1,3469	1,1132	0,6077	0,0181	-0,2322	-0,4644
	-30	1,8022	1,4189	1,2062	0,9806	0,4913	-0,0808	-0,3242	-0,5505
	30	6,0862	5,2993	4,8841	4,4552	3,5571	2,5465	2,1318	1,7579
	25	5,5131	4,7814	4,3941	3,9932	3,1516	2,2019	1,8112	1,4579
	20	4,9752	4,2953	3,9341	3,5595	2,7710	1,8786	1,5102	1,1764
	15	4,4704	3,8392	3,5025	3,1526	2,4139	1,5751	1,2278	0,9123
	10	3,9967	3,4111	3,0975	2,7707	2,0787	1,2903	0,9628	0,6643
	5	3,5521	3,0094	2,7174	2,4123	1,7642	1,0230	0,7140	0,4317
25	0	3,1349	2,6325	2,3607	2,0760	1,4690	0,7722	0,4806	0,2134
	-5	2,9391	2,4555	2,1932	1,9181	1,3305	0,6544	0,3711	0,1109
	-10	2,7493	2,2840	2,0309	1,7651	1,1962	0,5403	0,2649	0,0116
	-15	2,5653	2,1177	1,8736	1,6168	1,0660	0,4297	0,1619	-0,0847
	-20	2,3870	1,9566	1,7211	1,4730	0,9398	0,3225	0,0622	-0,1780
	-25	2,2142	1,8004	1,5734	1,3337	0,8175	0,2186	-0,0345	-0,2685
	-30	2,0466	1,6491	1,4301	1,1986	0,6990	0,1179	-0,1283	-0,3562
	30	6,4590	5,6433	5,2143	4,7718	3,8475	2,8102	2,3857	2,0037
	25	5,8700	5,1110	4,7106	4,2970	3,4307	2,4561	2,0561	1,6954
	20	5,3172	4,6115	4,2379	3,8513	3,0396	2,1237	1,7468	1,4061
	15	4,7984	4,1427	3,7944	3,4331	2,6726	1,8118	1,4566	1,1346
	10	4,3116	3,7028	3,3781	3,0406	2,3281	1,5191	1,1842	0,8798
	5	3,8547	3,2900	2,9874	2,6723	2,0049	1,2444	0,9286	0,6407
20	0	3,4259	2,9025	2,6208	2,3266	1,7015	0,9867	0,6887	0,4164
	-5	3,2247	2,7207	2,4487	2,1643	1,5591	0,8657	0,5761	0,3110
	-10	3,0296	2,5444	2,2819	2,0071	1,4211	0,7484	0,4669	0,2089
	-15	2,8405	2,3735	2,1203	1,8546	1,2873	0,6347	0,3611	0,1100
	-20	2,6572	2,2079	1,9636	1,7069	1,1576	0,5245	0,2586	0,0141
	-25	2,4796	2,0474	1,8117	1,5637	1,0320	0,4177	0,1592	-0,0789
	-30	2,3075	1,8919	1,6645	1,4249	0,9102	0,3142	0,0629	-0,1690
	30	6,8943	6,0418	5,5948	5,1345	4,1750	3,1010	2,6625	2,2688
	25	6,2836	5,4901	5,0727	4,6422	3,7430	2,7339	2,3209	1,9492
	20	5,7106	4,9722	4,5827	4,1803	3,3375	2,3894	2,0003	1,6494
	15	5,1728	4,4863	4,1228	3,7467	2,9571	2,0660	1,6994	1,3679
	10	4,6681	4,0302	3,6913	3,3398	2,6000	1,7626	1,4170	1,1038
	5	4,1945	3,6022	3,2864	2,9580	2,2649	1,4779	1,1520	0,8559
15	0	3,7500	3,2006	2,9063	2,5997	1,9504	1,2106	0,9033	0,6233
	-5	3,5414	3,0121	2,7279	2,4315	1,8028	1,0852	0,7866	0,5142
	-10	3,3391	2,8293	2,5550	2,2685	1,6597	0,9636	0,6735	0,4083
	-15	3,1431	2,6522	2,3874	2,1104	1,5210	0,8458	0,5638	0,3058
	-20	2,9531	2,4806	2,2250	1,9573	1,3866	0,7316	0,4575	0,2063
	-25	2,7690	2,3142	2,0675	1,8088	1,2563	0,6209	0,3545	0,1100
	-30	2,5905	2,1529	1,9149	1,6650	1,1301	0,5136	0,2546	0,0166
	30	7,4003	6,5027	6,0332	5,5506	4,5465	3,4253	2,9685	2,5593
	25	6,7621	5,9260	5,4875	5,0361	4,0950	3,0416	2,6115	2,2253
	20	6,1631	5,3848	4,9754	4,5532	3,6712	2,6815	2,2764	1,9119
	15	5,6011	4,8769	4,4948	4,1001	3,2736	2,3436	1,9619	1,6177
	10	5,0736	4,4002	4,0438	3,6749	2,9004	2,0264	1,6668	1,3417
	5	4,5786	3,9529	3,6205	3,2758	2,5501	1,7288	1,3898	1,0826
10	0	4,1140	3,5332	3,2233	2,9013	2,2215	1,4495	1,1299	0,8395
	-5	3,8960	3,3361	3,0369	2,7255	2,0672	1,3184	1,0079	0,7254
	-10	3,6846	3,1451	2,8562	2,5551	1,9176	1,1914	0,8897	0,6148
	-15	3,4798	2,9600	2,6810	2,3900	1,7727	1,0682	0,7751	0,5076
	-20	3,2812	2,7806	2,5112	2,2299	1,6322	0,9488	0,6640	0,4037
	-25	3,0888	2,6067	2,3467	2,0747	1,4961	0,8331	0,5563	0,3030
	-30	2,9022	2,4382	2,1872	1,9244	1,3641	0,7210	0,4519	0,2054
	30	7,9880	7,0359	6,5391	6,0292	4,9702	3,7903	3,3108	2,8819
	25	7,3157	6,4284	5,9643	5,4872	4,4946	3,3861	2,9346	2,5301
	20	6,6848	5,8583	5,4248	4,9785	4,0482	3,0068	2,5816	2,1999
	15	6,0927	5,3232	4,9185	4,5012	3,6293	2,6508	2,2504	1,8900
	10	5,5371	4,8211	4,4434	4,0532	3,2361	2,3168	1,9395	1,5992
	5	5,0156	4,3500	3,9976	3,6329	2,8672	2,0033	1,6477	1,3264
5	0	4,5263	3,9078	3,5792	3,2384	2,5210	1,7091	1,3739	1,0703
	-5	4,2965	3,7002	3,3827	3,0532	2,3585	1,5710	1,2454	0,9501
	-10	4,0739	3,4990	3,1924	2,8737	2,2009	1,4371	1,1209	0,8335
	-15	3,8581	3,3040	3,0079	2,6997	2,0483	1,3074	1,0001	0,7206
	-20	3,6489	3,1150	2,8290	2,5311	1,9003	1,1816	0,8831	0,6111
	-25	3,4462	2,9318	2,6557	2,3677	1,7568	1,0597	0,7697	0,5051
	-30	3,2497	2,7543	2,4877	2,2092	1,6178	0,9416	0,6597	0,4022

φ = 20		K_{pc}							
α	β	−φ	−2/3 φ	−1/2 φ	−1/3 φ	0	1/3 φ	1/2 φ	2/3 φ
	30	8,6713	7,6540	7,1244	6,5816	5,4563	4,2050	3,6974	3,2444
	25	7,9576	7,0091	6,5142	6,0062	4,9513	3,7759	3,2982	2,8709
	20	7,2879	6,4039	5,9416	5,4663	4,4775	3,3732	2,9234	2,5204
	15	6,6593	5,8360	5,4042	4,9596	4,0328	2,9954	2,5718	2,1915
	10	6,0695	5,3030	4,8998	4,4841	3,6155	2,6407	2,2418	1,8828
	5	5,5160	4,8028	4,4265	4,0378	3,2238	2,3079	1,9321	1,5932
0	0	4,9965	4,3334	3,9824	3,6190	2,8563	1,9956	1,6415	1,3213
	-5	4,7527	4,1131	3,7739	3,4225	2,6838	1,8490	1,5050	1,1937
	-10	4,5163	3,8995	3,5718	3,2319	2,5166	1,7069	1,3728	1,0700
	-15	4,2873	3,6925	3,3759	3,0472	2,3545	1,5692	1,2446	0,9501
	-20	4,0652	3,4919	3,1861	2,8682	2,1974	1,4357	1,1204	0,8339
	-25	3,8500	3,2974	3,0021	2,6948	2,0451	1,3064	1,0000	0,7213
	-30	3,6414	3,1089	2,8237	2,5266	1,8976	1,1810	0,8833	0,6122
	30	9,4678	8,3730	7,8044	7,2221	6,0172	4,6800	4,1387	3,6563
	25	8,7044	7,6832	7,1517	6,6067	5,4771	4,2210	3,7116	3,2568
	20	7,9880	7,0359	6,5391	6,0292	4,9702	3,7903	3,3108	2,8819
	15	7,3157	6,4284	5,9643	5,4872	4,4946	3,3861	2,9346	2,5301
	10	6,6848	5,8583	5,4248	4,9785	4,0482	3,0068	2,5816	2,1999
	5	6,0927	5,3232	4,9185	4,5012	3,6293	2,6508	2,2504	1,8900
-5	0	5,5371	4,8211	4,4434	4,0532	3,2361	2,3168	1,9395	1,5992
	-5	5,2762	4,5855	4,2204	3,8430	3,0516	2,1599	1,7935	1,4627
	-10	5,0234	4,3570	4,0043	3,6392	2,8727	2,0080	1,6521	1,3304
	-15	4,7784	4,1356	3,7947	3,4416	2,6994	1,8606	1,5150	1,2022
	-20	4,5409	3,9210	3,5917	3,2502	2,5313	1,7179	1,3821	1,0779
	-25	4,3107	3,7130	3,3949	3,0646	2,3685	1,5795	1,2533	0,9575
	-30	4,0876	3,5114	3,2041	2,8847	2,2106	1,4453	1,1285	0,8407
	30	10,4001	9,2134	8,5982	7,9690	6,6690	5,2288	4,6469	4,1292
	25	9,5773	8,4699	7,8946	7,3056	6,0868	4,7341	4,1865	3,6986
	20	8,8050	7,7721	7,2344	6,6831	5,5404	4,2698	3,7545	3,2944
	15	8,0804	7,1172	6,6147	6,0989	5,0277	3,8341	3,3490	2,9152
	10	7,4003	6,5027	6,0332	5,5506	4,5465	3,4253	2,9685	2,5593
	5	6,7621	5,9260	5,4875	5,0361	4,0950	3,0416	2,6115	2,2253
-10	0	6,1631	5,3848	4,9754	4,5532	3,6712	2,6815	2,2764	1,9119
	-5	5,8820	5,1307	4,7350	4,3266	3,4723	2,5124	2,1191	1,7647
	-10	5,6095	4,8845	4,5020	4,1069	3,2795	2,3486	1,9666	1,6221
	-15	5,3454	4,6458	4,2762	3,8940	3,0926	2,1898	1,8188	1,4839
	-20	5,0894	4,4145	4,0573	3,6876	2,9115	2,0359	1,6756	1,3499
	-25	4,8413	4,1903	3,8451	3,4876	2,7360	1,8867	1,5368	1,2201
	-30	4,6008	3,9730	3,6395	3,2937	2,5658	1,7421	1,4022	1,0942
	30	11,4974	10,2013	9,5306	8,8455	7,4318	5,8685	5,2379	4,6777
	25	10,6034	9,3935	8,7663	8,1248	6,7993	5,3310	4,7377	4,2099
	20	9,7645	8,6354	8,0489	7,4484	6,2058	4,8266	4,2684	3,7709
	15	8,9772	7,9240	7,3758	6,8137	5,6487	4,3533	3,8279	3,3588
	10	8,2383	7,2564	6,7440	6,2181	5,1260	3,9091	3,4145	2,9722
	5	7,5450	6,6298	6,1512	5,6591	4,6354	3,4922	3,0266	2,6093
-15	0	6,8943	6,0418	5,5948	5,1345	4,1750	3,1010	2,6625	2,2688
	-5	6,5888	5,7658	5,3336	4,8883	3,9589	2,9174	2,4916	2,1090
	-10	6,2928	5,4983	5,0805	4,6496	3,7495	2,7394	2,3260	1,9540
	-15	6,0058	5,2390	4,8351	4,4183	3,5464	2,5669	2,1654	1,8039
	-20	5,7277	4,9877	4,5973	4,1941	3,3497	2,3997	2,0098	1,6583
	-25	5,4581	4,7441	4,3668	3,9768	3,1590	2,2376	1,8590	1,5173
	-30	5,1969	4,5080	4,1434	3,7661	2,9741	2,0805	1,7128	1,3805
	30	12,7975	11,3709	10,6340	9,8818	8,3321	6,6210	5,9320	5,3207
	25	11,8183	10,4861	9,7967	9,0924	7,6393	6,0323	5,3841	4,8083
	20	10,8994	9,6557	9,0110	8,3516	6,9891	5,4798	4,8700	4,3274
	15	10,0371	8,8765	8,2736	7,6564	6,3790	4,9614	4,3875	3,8761
	10	9,2278	8,1452	7,5817	7,0039	5,8064	4,4748	3,9347	3,4526
	5	8,4683	7,4589	6,9323	6,3917	5,2691	4,0182	3,5098	3,0552
-20	0	7,7556	6,8149	6,3229	5,8171	4,7648	3,5897	3,1111	2,6822
	-5	7,4210	6,5126	6,0368	5,5474	4,5281	3,3886	2,9239	2,5071
	-10	7,0967	6,2196	5,7595	5,2859	4,2987	3,1936	2,7425	2,3374
	-15	6,7824	5,9356	5,4908	5,0326	4,0763	3,0047	2,5666	2,1729
	-20	6,4778	5,6603	5,2303	4,7870	3,8608	2,8215	2,3962	2,0135
	-25	6,1825	5,3935	4,9779	4,5489	3,6519	2,6440	2,2310	1,8590
	-30	5,8964	5,1349	4,7332	4,3182	3,4494	2,4719	2,0709	1,7092
	30	14,3508	12,7673	11,9507	11,1180	9,4044	7,5153	6,7557	6,0829
	25	13,2689	11,7898	11,0257	10,2458	8,6390	6,8649	6,1505	5,5167
	20	12,2537	10,8724	10,1576	9,4273	7,9207	6,2545	5,5825	4,9854
	15	11,3009	10,0114	9,3429	8,6592	7,2466	5,6817	5,0494	4,4868
	10	10,4068	9,2035	8,5784	7,9384	6,6140	5,1441	4,5491	4,0189
	5	9,5677	8,4452	7,8610	7,2619	6,0203	4,6397	4,0797	3,5798
-25	0	8,7803	7,7337	7,1877	6,6271	5,4632	4,1662	3,6391	3,1677
	-5	8,4106	7,3997	6,8716	6,3291	5,2017	3,9440	3,4323	2,9743
	-10	8,0523	7,0759	6,5653	6,0403	4,9482	3,7286	3,2319	2,7868
	-15	7,7051	6,7622	6,2683	5,7603	4,7025	3,5198	3,0376	2,6050
	-20	7,3685	6,4580	5,9806	5,4890	4,4643	3,3175	2,8493	2,4289
	-25	7,0423	6,1632	5,7016	5,2260	4,2335	3,1214	2,6668	2,2582
	-30	6,7261	5,8775	5,4313	4,9711	4,0098	2,9313	2,4899	2,0927
	30	16,2247	14,4513	13,5381	12,6077	10,6954	8,5902	7,7450	6,9972
	25	15,0183	13,3612	12,5066	11,6351	9,8419	7,8649	7,0700	6,3658
	20	13,8861	12,3382	11,5385	10,7224	9,0408	7,1842	6,4366	5,7733
	15	12,8236	11,3781	10,6301	9,8658	8,2891	6,5454	5,8421	5,2173
	10	11,8266	10,4771	9,7775	9,0620	7,5837	5,9460	5,2843	4,6955
	5	10,8908	9,6316	8,9774	8,3077	6,9216	5,3834	4,7607	4,2058
-30	0	10,0127	8,8381	8,2266	7,5997	6,3003	4,8555	4,2694	3,7463
	-5	9,6005	8,4656	7,8741	7,2674	6,0087	4,6076	4,0388	3,5306
	-10	9,2010	8,1046	7,5325	6,9453	5,7260	4,3674	3,8153	3,3215
	-15	8,8138	7,7547	7,2014	6,6331	5,4520	4,1346	3,5986	3,1189
	-20	8,4384	7,4155	6,8805	6,3306	5,1865	3,9090	3,3886	2,9224
	-25	8,0746	7,0868	6,5695	6,0373	4,9291	3,6903	3,1851	2,7321
	-30	7,7221	6,7682	6,2680	5,7530	4,6796	3,4783	2,9878	2,5475

12.7.6 Erdwiderstandsbeiwerte nach E DIN 4085-2002-12

$\varphi > 0$

φ = 22,5		K_{pc}							
α	β	$-\varphi$	$-2/3\ \varphi$	$-1/2\ \varphi$	$-1/3\ \varphi$	0	$1/3\ \varphi$	$1/2\ \varphi$	$2/3\ \varphi$
	30	6,5306	5,5590	5,0518	4,5319	3,4563	2,3084	1,8601	1,4640
	25	5,8647	4,9700	4,5012	4,0197	3,0208	1,9513	1,5321	1,1606
	20	5,2452	4,4221	3,9891	3,5433	2,6157	1,6192	1,2270	0,8784
	15	4,6689	3,9124	3,5126	3,1000	2,2388	1,3101	0,9432	0,6159
	10	4,1329	3,4383	3,0694	2,6877	1,8883	1,0227	0,6792	0,3716
	5	3,6342	2,9972	2,6571	2,3042	1,5622	0,7552	0,4336	0,1444
30	0	3,1703	2,5869	2,2736	1,9474	1,2588	0,5065	0,2051	-0,0669
	-5	2,9330	2,3770	2,0774	1,7649	1,1036	0,3792	0,0883	-0,1750
	-10	2,7048	2,1751	1,8887	1,5893	0,9544	0,2568	-0,0241	-0,2790
	-15	2,4853	1,9810	1,7072	1,4205	0,8108	0,1391	-0,1322	-0,3790
	-20	2,2742	1,7943	1,5327	1,2582	0,6728	0,0259	-0,2362	-0,4752
	-25	2,0712	1,6148	1,3649	1,1021	0,5401	-0,0829	-0,3362	-0,5677
	-30	1,8760	1,4421	1,2035	0,9519	0,4124	-0,1876	-0,4323	-0,6566
	30	6,9243	5,9169	5,3928	4,8565	3,7500	2,5726	2,1143	1,7106
	25	6,2403	5,3119	4,8273	4,3304	3,3026	2,2058	1,7774	1,3989
	20	5,6040	4,7491	4,3012	3,8410	2,8865	1,8646	1,4640	1,1090
	15	5,0121	4,2255	3,8118	3,3858	2,4994	1,5472	1,1725	0,8394
	10	4,4614	3,7385	3,3565	2,9623	2,1393	1,2519	0,9013	0,5885
	5	3,9492	3,2854	2,9330	2,5683	1,8044	0,9772	0,6490	0,3551
25	0	3,4727	2,8640	2,5390	2,2018	1,4927	0,7217	0,4143	0,1380
	-5	3,2289	2,6484	2,3375	2,0143	1,3333	0,5909	0,2943	0,0270
	-10	2,9945	2,4410	2,1437	1,8340	1,1800	0,4652	0,1788	-0,0799
	-15	2,7690	2,2416	1,9573	1,6606	1,0326	0,3443	0,0678	-0,1826
	-20	2,5522	2,0498	1,7780	1,4938	0,8908	0,2281	-0,0390	-0,2813
	-25	2,3437	1,8654	1,6056	1,3335	0,7544	0,1163	-0,1417	-0,3763
	-30	2,1432	1,6881	1,4398	1,1792	0,6233	0,0087	-0,2404	-0,4677
	30	7,3875	6,3339	5,7875	5,2294	4,0805	2,8615	2,3884	1,9729
	25	6,6783	5,7067	5,2012	4,6840	3,6167	2,4812	2,0392	1,6498
	20	6,0186	5,1232	4,6558	4,1766	3,1853	2,1275	1,7142	1,3492
	15	5,4049	4,5804	4,1484	3,7046	2,7840	1,7984	1,4120	1,0696
	10	4,8340	4,0754	3,6764	3,2655	2,4106	1,4922	1,1308	0,8095
	5	4,3029	3,6057	3,2373	2,8570	2,0633	1,2074	0,8693	0,5676
20	0	3,8089	3,1687	2,8288	2,4770	1,7403	0,9425	0,6260	0,3425
	-5	3,5561	2,9452	2,6198	2,2826	1,5750	0,8070	0,5015	0,2273
	-10	3,3131	2,7302	2,4189	2,0957	1,4160	0,6766	0,3818	0,1166
	-15	3,0794	2,5235	2,2256	1,9159	1,2632	0,5513	0,2667	0,0101
	-20	2,8546	2,3247	2,0398	1,7430	1,1162	0,4307	0,1560	-0,0923
	-25	2,6384	2,1335	1,8611	1,5768	0,9748	0,3148	0,0495	-0,1908
	-30	2,4305	1,9496	1,6892	1,4169	0,8389	0,2033	-0,0529	-0,2855
	30	7,9285	6,8179	6,2435	5,6578	4,4547	3,1815	2,6888	2,2572
	25	7,1868	6,1619	5,6303	5,0874	3,9697	2,7838	2,3236	1,9193
	20	6,4969	5,5517	5,0599	4,5568	3,5185	2,4139	1,9838	1,6050
	15	5,8551	4,9840	4,5293	4,0632	3,0988	2,0697	1,6677	1,3126
	10	5,2581	4,4560	4,0357	3,6040	2,7084	1,7495	1,3737	1,0406
	5	4,7027	3,9647	3,5765	3,1768	2,3452	1,4517	1,1001	0,7876
15	0	4,1861	3,5078	3,1493	2,7794	2,0073	1,1746	0,8457	0,5522
	-5	3,9218	3,2740	2,9308	2,5761	1,8345	1,0329	0,7155	0,4317
	-10	3,6676	3,0492	2,7207	2,3806	1,6682	0,8966	0,5903	0,3159
	-15	3,4231	2,8330	2,5186	2,1926	1,5084	0,7655	0,4699	0,2046
	-20	3,1881	2,6251	2,3242	2,0118	1,3546	0,6394	0,3542	0,0975
	-25	2,9620	2,4251	2,1373	1,8380	1,2068	0,5182	0,2428	-0,0055
	-30	2,7446	2,2328	1,9576	1,6707	1,0646	0,4016	0,1357	-0,1046
	30	8,5584	7,3787	6,7703	6,1507	4,8806	3,5399	3,0224	2,5702
	25	7,7764	6,6871	6,1238	5,5493	4,3693	3,1205	2,6373	2,2139
	20	7,0490	6,0438	5,5224	4,9899	3,8936	2,7304	2,2790	1,8825
	15	6,3724	5,4452	4,9629	4,4694	3,4510	2,3676	1,9457	1,5742
	10	5,7429	4,8885	4,4425	3,9852	3,0394	2,0300	1,6357	1,2874
	5	5,1573	4,3705	3,9583	3,5349	2,6564	1,7160	1,3473	1,0206
10	0	4,6126	3,8887	3,5079	3,1159	2,3002	1,4239	1,0790	0,7725
	-5	4,3339	3,6422	3,2775	2,9015	2,1180	1,2744	0,9418	0,6455
	-10	4,0659	3,4052	3,0560	2,6954	1,9427	1,1307	0,8098	0,5234
	-15	3,8082	3,1772	2,8429	2,4972	1,7742	0,9925	0,6829	0,4060
	-20	3,5603	2,9580	2,6380	2,3066	1,6121	0,8596	0,5608	0,2930
	-25	3,3220	2,7472	2,4409	2,1232	1,4562	0,7318	0,4434	0,1845
	-30	3,0927	2,5445	2,2514	1,9469	1,3063	0,6088	0,3305	0,0800
	30	9,2915	8,0294	7,3799	6,7195	5,3682	3,9450	3,3971	2,9194
	25	8,4606	7,2944	6,6929	6,0804	4,8248	3,4994	2,9878	2,5408
	20	7,6875	6,6107	6,0538	5,4859	4,3193	3,0849	2,6071	2,1886
	15	6,9685	5,9747	5,4593	4,9328	3,8491	2,6992	2,2530	1,8610
	10	6,2995	5,3830	4,9062	4,4183	3,4116	2,3405	1,9235	1,5562
	5	5,6772	4,8326	4,3917	3,9397	3,0046	2,0068	1,6170	1,2727
5	0	5,0983	4,3206	3,9131	3,4945	2,6261	1,6964	1,3319	1,0090
	-5	4,8022	4,0586	3,6682	3,2667	2,4324	1,5376	1,1861	0,8740
	-10	4,5174	3,8068	3,4328	3,0476	2,2462	1,3848	1,0458	0,7443
	-15	4,2435	3,5645	3,2063	2,8370	2,0671	1,2380	0,9109	0,6195
	-20	3,9801	3,3315	2,9886	2,6344	1,8948	1,0967	0,7812	0,4995
	-25	3,7268	3,1075	2,7791	2,4396	1,7292	0,9609	0,6565	0,3841
	-30	3,4833	2,8921	2,5777	2,2522	1,5699	0,8303	0,5365	0,2731

φ = 22,5		K_{pc}							
α	β	−φ	−2/3 φ	−1/2 φ	−1/3 φ	0	1/3 φ	1/2 φ	2/3 φ
	30	10,1460	8,7859	8,0876	7,3784	5,9297	4,4072	3,8224	3,3137
	25	9,2561	7,9988	7,3518	6,6940	5,3478	3,9300	3,3841	2,9083
	20	8,4284	7,2666	6,6674	6,0573	4,8065	3,4861	2,9764	2,5311
	15	7,6583	6,5855	6,0308	5,4650	4,3029	3,0731	2,5972	2,1803
	10	6,9419	5,9519	5,4385	4,9140	3,8344	2,6890	2,2444	1,8539
	5	6,2755	5,3625	4,8875	4,4015	3,3986	2,3316	1,9162	1,5503
0	0	5,6556	4,8142	4,3750	3,9247	2,9932	1,9992	1,6109	1,2679
	-5	5,3385	4,5337	4,1128	3,6808	2,7858	1,8291	1,4547	1,1234
	-10	5,0335	4,2640	3,8606	3,4462	2,5864	1,6656	1,3045	0,9844
	-15	4,7402	4,0045	3,6181	3,2206	2,3946	1,5083	1,1600	0,8508
	-20	4,4582	3,7551	3,3849	3,0037	2,2101	1,3570	1,0211	0,7223
	-25	4,1869	3,5152	3,1607	2,7951	2,0327	1,2116	0,8875	0,5987
	-30	3,9261	3,2844	2,9450	2,5944	1,8621	1,0717	0,7591	0,4799
	30	11,1450	9,6687	8,9124	8,1451	6,5803	4,9389	4,3099	3,7638
	25	10,1848	8,8194	8,1185	7,4066	5,9524	4,4240	3,8370	3,3263
	20	9,2915	8,0294	7,3799	6,7195	5,3682	3,9450	3,3971	2,9194
	15	8,4606	7,2944	6,6929	6,0804	4,8248	3,4994	2,9878	2,5408
	10	7,6875	6,6107	6,0538	5,4859	4,3193	3,0849	2,6071	2,1886
	5	6,9685	5,9747	5,4593	4,9328	3,8491	2,6992	2,2530	1,8610
-5	0	6,2995	5,3830	4,9062	4,4183	3,4116	2,3405	1,9235	1,5562
	-5	5,9573	5,0803	4,6233	4,1551	3,1878	2,1570	1,7550	1,4003
	-10	5,6282	4,7892	4,3512	3,9020	2,9726	1,9805	1,5929	1,2504
	-15	5,3117	4,5093	4,0895	3,6586	2,7656	1,8108	1,4370	1,1062
	-20	5,0074	4,2401	3,8379	3,4245	2,5666	1,6476	1,2871	0,9675
	-25	4,7147	3,9812	3,5959	3,1994	2,3752	1,4906	1,1430	0,8342
	-30	4,4332	3,7323	3,3631	2,9829	2,1911	1,3397	1,0043	0,7059
	30	12,3180	10,7041	9,8787	9,0424	7,3392	5,5560	4,8740	4,2831
	25	11,2738	9,7805	9,0154	8,2393	6,6564	4,9961	4,3597	3,8073
	20	10,3025	8,9214	8,2123	7,4922	6,0212	4,4752	3,8814	3,3648
	15	9,3989	8,1222	7,4653	6,7972	5,4303	3,9906	3,4363	2,9531
	10	8,5584	7,3787	6,7703	6,1507	4,8806	3,5399	3,0224	2,5702
	5	7,7764	6,6871	6,1238	5,5493	4,3693	3,1205	2,6373	2,2139
-10	0	7,0490	6,0438	5,5224	4,9899	3,8936	2,7304	2,2790	1,8825
	-5	6,6769	5,7146	5,2147	4,7036	3,6502	2,5309	2,0957	1,7130
	-10	6,3190	5,3981	4,9188	4,4284	3,4162	2,3390	1,9195	1,5499
	-15	5,9749	5,0937	4,6343	4,1637	3,1911	2,1544	1,7500	1,3931
	-20	5,6439	4,8010	4,3607	3,9092	2,9747	1,9770	1,5870	1,2424
	-25	5,3257	4,5195	4,0975	3,6644	2,7665	1,8063	1,4302	1,0973
	-30	5,0196	4,2487	3,8445	3,4289	2,5664	1,6421	1,2795	0,9579
	30	13,7032	11,9255	11,0179	10,0993	8,2311	6,2783	5,5329	4,8882
	25	12,5588	10,9133	10,0718	9,2191	7,4827	5,6646	4,9693	4,3668
	20	11,4942	9,9717	9,1916	8,4003	6,7865	5,0937	4,4450	3,8818
	15	10,5039	9,0958	8,3729	7,6387	6,1389	4,5627	3,9572	3,4306
	10	9,5827	8,2810	7,6112	6,9301	5,5365	4,0686	3,5035	3,0109
	5	8,7257	7,5230	6,9026	6,2710	4,9760	3,6091	3,0814	2,6204
-15	0	7,9285	6,8179	6,2435	5,6578	4,4547	3,1815	2,6888	2,2572
	-5	7,5206	6,4571	5,9063	5,3441	4,1880	2,9628	2,4879	2,0714
	-10	7,1284	6,1102	5,5820	5,0425	3,9315	2,7525	2,2948	1,8927
	-15	6,7512	5,7766	5,2702	4,7524	3,6848	2,5502	2,1090	1,7209
	-20	6,3885	5,4558	4,9703	4,4734	3,4476	2,3557	1,9304	1,5556
	-25	6,0397	5,1472	4,6819	4,2051	3,2195	2,1686	1,7586	1,3967
	-30	5,7042	4,8505	4,4045	3,9471	3,0001	1,9887	1,5934	1,2438
	30	15,3502	13,3769	12,3710	11,3538	9,2878	7,1317	6,3101	5,6007
	25	14,0857	12,2584	11,3255	10,3812	8,4609	6,4535	5,6873	5,0246
	20	12,9094	11,2180	10,3530	9,4765	7,6916	5,8227	5,1080	4,4887
	15	11,8151	10,2501	9,4482	8,6349	6,9760	5,2359	4,5690	3,9901
	10	10,7972	9,3497	8,6066	7,8519	6,3103	4,6900	4,0677	3,5264
	5	9,8502	8,5122	7,8237	7,1236	5,6910	4,1822	3,6013	3,0949
-20	0	8,9693	7,7330	7,0953	6,4460	5,1149	3,7098	3,1675	2,6936
	-5	8,5186	7,3344	6,7227	6,0994	4,8202	3,4681	2,9455	2,4883
	-10	8,0852	6,9511	6,3644	5,7661	4,5368	3,2357	2,7321	2,2908
	-15	7,6684	6,5824	6,0198	5,4455	4,2642	3,0122	2,5268	2,1009
	-20	7,2676	6,2279	5,6885	5,1373	4,0021	2,7973	2,3294	1,9183
	-25	6,8822	5,8870	5,3698	4,8408	3,7501	2,5906	2,1396	1,7427
	-30	6,5115	5,5592	5,0633	4,5557	3,5077	2,3918	1,9570	1,5738
	30	17,3250	15,1162	13,9920	12,8560	10,5516	8,1502	7,2366	6,4491
	25	15,9156	13,8696	12,8267	11,7720	9,6299	7,3944	6,5425	5,8070
	20	14,6046	12,7100	11,7427	10,7636	8,7725	6,6913	5,8968	5,2097
	15	13,3849	11,6312	10,7343	9,8256	7,9749	6,0372	5,2961	4,6540
	10	12,2503	10,6277	9,7963	8,9529	7,2330	5,4288	4,7374	4,1371
	5	11,1949	9,6942	8,9236	8,1412	6,5427	4,8628	4,2175	3,6563
-25	0	10,2130	8,8257	8,1119	7,3860	5,9007	4,3363	3,7340	3,2089
	-5	9,7107	8,3815	7,6966	6,9997	5,5722	4,0669	3,4866	2,9801
	-10	9,2277	7,9542	7,2972	6,6281	5,2563	3,8079	3,2487	2,7600
	-15	8,7632	7,5433	6,9131	6,2709	4,9525	3,5588	3,0199	2,5484
	-20	8,3164	7,1482	6,5438	5,9273	4,6604	3,3192	2,7999	2,3448
	-25	7,8868	6,7682	6,1886	5,5968	4,3794	3,0888	2,5883	2,1491
	-30	7,4737	6,4028	5,8470	5,2791	4,1092	2,8673	2,3848	1,9609
	30	19,7164	17,2217	15,9537	14,6735	12,0793	9,3795	8,3541	7,4715
	25	18,1309	15,8193	14,6428	13,4540	11,0424	8,5292	7,5733	6,7491
	20	16,6559	14,5147	13,4233	12,3196	10,0779	7,7383	6,8468	6,0771
	15	15,2839	13,3012	12,2889	11,2643	9,1806	7,0025	6,1711	5,4520
	10	14,0075	12,1722	11,2336	10,2826	8,3459	6,3180	5,5425	4,8705
	5	12,8201	11,1220	10,2519	9,3694	7,5694	5,6813	4,9577	4,3296
-30	0	11,7156	10,1451	9,3387	8,5198	6,8471	5,0890	4,4137	3,8263
	-5	11,1505	9,6453	8,8715	8,0852	6,4775	4,7860	4,1354	3,5689
	-10	10,6071	9,1646	8,4223	7,6673	6,1222	4,4946	3,8678	3,3213
	-15	10,0845	8,7024	7,9902	7,2653	5,7804	4,2143	3,6104	3,0832
	-20	9,5820	8,2579	7,5747	6,8788	5,4518	3,9448	3,3629	2,8542
	-25	9,0987	7,8305	7,1751	6,5071	5,1357	3,6856	3,1249	2,6341
	-30	8,6339	7,4194	6,7908	6,1496	4,8318	3,4364	2,8960	2,4223

12.7.7 Erdwiderstandsbeiwerte nach E DIN 4085-2002-12

$\varphi > 0$

$\varphi = 25$		K_{pc}							
α	β	$-\varphi$	$-2/3\,\varphi$	$-1/2\,\varphi$	$-1/3\,\varphi$	0	$1/3\,\varphi$	$1/2\,\varphi$	$2/3\,\varphi$
	30	7,4266	6,1987	5,5675	4,9273	3,6250	2,3182	1,8348	1,4173
	25	6,6326	5,5121	4,9340	4,3465	3,1481	1,9414	1,4932	1,1045
	20	5,9006	4,8793	4,3501	3,8112	2,7085	1,5940	1,1782	0,8161
	15	5,2258	4,2958	3,8119	3,3177	2,3033	1,2738	0,8879	0,5503
	10	4,6038	3,7580	3,3157	2,8627	1,9297	0,9786	0,6202	0,3052
	5	4,0304	3,2623	2,8583	2,4434	1,5853	0,7065	0,3735	0,0793
30	0	3,5018	2,8052	2,4366	2,0568	1,2679	0,4557	0,1461	-0,1289
	-5	3,2097	2,5527	2,2036	1,8431	1,0924	0,3171	0,0204	-0,2440
	-10	2,9313	2,3119	1,9815	1,6395	0,9252	0,1849	-0,0994	-0,3537
	-15	2,6659	2,0825	1,7698	1,4454	0,7658	0,0590	-0,2136	-0,4582
	-20	2,4129	1,8638	1,5680	1,2604	0,6139	-0,0611	-0,3225	-0,5579
	-25	2,1718	1,6553	1,3756	1,0840	0,4691	-0,1755	-0,4262	-0,6529
	-30	1,9420	1,4566	1,1923	0,9159	0,3310	-0,2845	-0,5251	-0,7434
	30	7,9196	6,6348	5,9766	5,3103	3,9582	2,6057	2,1074	1,6785
	25	7,0965	5,9232	5,3200	4,7083	3,4639	2,2152	1,7533	1,3543
	20	6,3378	5,2671	4,7147	4,1533	3,0082	1,8551	1,4268	1,0554
	15	5,6384	4,6624	4,1568	3,6418	2,5881	1,5232	1,1258	0,7798
	10	4,9936	4,1049	3,6425	3,1702	2,2009	1,2172	0,8484	0,5258
	5	4,3992	3,5910	3,1683	2,7355	1,8439	0,9351	0,5927	0,2917
25	0	3,8513	3,1173	2,7312	2,3348	1,5149	0,6751	0,3569	0,0758
	-5	3,5485	2,8555	2,4897	2,1133	1,3330	0,5314	0,2266	-0,0435
	-10	3,2599	2,6059	2,2595	1,9022	1,1597	0,3945	0,1024	-0,1572
	-15	2,9848	2,3681	2,0400	1,7010	0,9944	0,2639	-0,0160	-0,2656
	-20	2,7225	2,1413	1,8308	1,5092	0,8369	0,1395	-0,1288	-0,3689
	-25	2,4726	1,9252	1,6314	1,3264	0,6868	0,0209	-0,2363	-0,4673
	-30	2,2344	1,7193	1,4414	1,1522	0,5438	-0,0922	-0,3388	-0,5612
	30	8,4994	7,1437	6,4512	5,7514	4,3348	2,9218	2,4031	1,9582
	25	7,6383	6,3991	5,7643	5,1216	3,8176	2,5132	2,0326	1,6189
	20	6,8444	5,7127	5,1310	4,5410	3,3408	2,1365	1,6910	1,3062
	15	6,1126	5,0800	4,5472	4,0058	2,9013	1,7892	1,3761	1,0179
	10	5,4380	4,4967	4,0091	3,5124	2,4962	1,4691	1,0858	0,7521
	5	4,8162	3,9591	3,5130	3,0576	2,1227	1,1740	0,8183	0,5071
20	0	4,2429	3,4634	3,0557	2,6383	1,7784	0,9019	0,5716	0,2813
	-5	3,9261	3,1895	2,8030	2,4066	1,5882	0,7516	0,4353	0,1565
	-10	3,6241	2,9284	2,5622	2,1858	1,4068	0,6083	0,3054	0,0375
	-15	3,3363	2,6796	2,3326	1,9753	1,2339	0,4717	0,1815	-0,0759
	-20	3,0620	2,4424	2,1137	1,7746	1,0692	0,3415	0,0635	-0,1839
	-25	2,8005	2,2163	1,9051	1,5834	0,9121	0,2174	-0,0491	-0,2870
	-30	2,5512	2,0008	1,7063	1,4011	0,7624	0,0991	-0,1563	-0,3852
	30	9,1774	7,7354	7,0010	6,2599	4,7629	3,2737	2,7289	2,2630
	25	8,2686	6,9497	6,2760	5,5952	4,2171	2,8425	2,3378	1,9050
	20	7,4308	6,2253	5,6077	4,9825	3,7139	2,4449	1,9774	1,5749
	15	6,6585	5,5576	4,9917	4,4177	3,2501	2,0784	1,6451	1,2707
	10	5,9466	4,9420	4,4237	3,8970	2,8225	1,7406	1,3387	0,9902
	5	5,2903	4,3746	3,9002	3,4170	2,4284	1,4292	1,0564	0,7317
15	0	4,6854	3,8516	3,4176	2,9745	2,0651	1,1421	0,7960	0,4934
	-5	4,3510	3,5625	3,1509	2,7300	1,8643	0,9834	0,6522	0,3617
	-10	4,0324	3,2870	2,8967	2,4970	1,6729	0,8322	0,5151	0,2361
	-15	3,7286	3,0243	2,6544	2,2748	1,4904	0,6880	0,3844	0,1164
	-20	3,4391	2,7740	2,4235	2,0630	1,3166	0,5507	0,2598	0,0024
	-25	3,1631	2,5354	2,2033	1,8612	1,1508	0,4197	0,1410	-0,1063
	-30	2,9001	2,3080	1,9935	1,6688	0,9928	0,2949	0,0279	-0,2100
	30	9,9684	8,4231	7,6381	6,8471	5,2523	3,6698	3,0926	2,6005
	25	9,0014	7,5871	6,8667	6,1399	4,6716	3,2110	2,6766	2,2196
	20	8,1100	6,8164	6,1557	5,4879	4,1362	2,7880	2,2930	1,8685
	15	7,2883	6,1060	5,5002	4,8870	3,6427	2,3980	1,9395	1,5447
	10	6,5309	5,4510	4,8959	4,3330	3,1878	2,0386	1,6135	1,2463
	5	5,8326	4,8473	4,3389	3,8223	2,7684	1,7072	1,3131	0,9712
10	0	5,1889	4,2907	3,8255	3,3515	2,3818	1,4018	1,0361	0,7177
	-5	4,8332	3,9832	3,5417	3,0913	2,1682	1,2330	0,8830	0,5775
	-10	4,4941	3,6900	3,2712	2,8433	1,9646	1,0721	0,7371	0,4440
	-15	4,1709	3,4106	3,0134	2,6070	1,7705	0,9187	0,5981	0,3166
	-20	3,8629	3,1442	2,7677	2,3817	1,5854	0,7725	0,4655	0,1953
	-25	3,5693	2,8904	2,5334	2,1669	1,4091	0,6332	0,3392	0,0796
	-30	3,2894	2,6484	2,3102	1,9622	1,2410	0,5003	0,2188	-0,0307
	30	10,8914	9,2234	8,3780	7,5272	5,8151	4,1200	3,5035	2,9793
	25	9,8544	8,3269	7,5508	6,7688	5,1923	3,6279	3,0573	2,5708
	20	8,8985	7,5004	6,7882	6,0697	4,6182	3,1743	2,6460	2,1942
	15	8,0173	6,7385	6,0853	5,4252	4,0890	2,7561	2,2668	1,8471
	10	7,2050	6,0362	5,4373	4,8311	3,6011	2,3706	1,9173	1,5271
	5	6,4562	5,3887	4,8400	4,2834	3,1514	2,0153	1,5951	1,2321
5	0	5,7659	4,7919	4,2893	3,7786	2,7368	1,6877	1,2981	0,9601
	-5	5,3845	4,4621	3,9850	3,4996	2,5077	1,5067	1,1339	0,8099
	-10	5,0209	4,1477	3,6950	3,2337	2,2893	1,3341	0,9775	0,6666
	-15	4,6743	3,8480	3,4185	2,9802	2,0811	1,1697	0,8283	0,5301
	-20	4,3439	3,5624	3,1550	2,7386	1,8827	1,0129	0,6862	0,3999
	-25	4,0290	3,2901	2,9038	2,5083	1,6936	0,8635	0,5507	0,2759
	-30	3,7289	3,0306	2,6644	2,2887	1,5134	0,7210	0,4216	0,1576

φ = 25		K_{pc}							
α	β	−φ	−2/3 φ	−1/2 φ	−1/3 φ	0	1/3 φ	1/2 φ	2/3 φ
	30	11,9705	10,1572	9,2400	8,3181	6,4659	4,6361	3,9723	3,4095
	25	10,8499	9,1883	8,3461	7,4986	5,7929	4,1043	3,4901	2,9880
	20	9,8169	8,2952	7,5220	6,7431	5,1725	3,6141	3,0456	2,5610
	15	8,8647	7,4718	6,7624	6,0466	4,6006	3,1622	2,6359	2,1859
	10	7,9868	6,7128	6,0622	5,4046	4,0734	2,7456	2,2582	1,8401
	5	7,1776	6,0132	5,4166	4,8127	3,5874	2,3616	1,9100	1,5213
0	0	6,4317	5,3682	4,8216	4,2671	3,1394	2,0076	1,5890	1,2274
	-5	6,0194	5,0118	4,4927	3,9656	2,8918	1,8120	1,4116	1,0650
	-10	5,6265	4,6720	4,1793	3,6783	2,6558	1,6255	1,2426	0,9102
	-15	5,2519	4,3482	3,8805	3,4043	2,4308	1,4478	1,0814	0,7626
	-20	4,8949	4,0395	3,5957	3,1432	2,2164	1,2784	0,9278	0,6220
	-25	4,5546	3,7453	3,3243	2,8943	2,0121	1,1169	0,7814	0,4879
	-30	4,2303	3,4649	3,0655	2,6571	1,8173	0,9630	0,6418	0,3602
	30	13,2365	11,2510	10,2487	9,2424	7,2235	5,2328	4,5125	3,9032
	25	12,0162	10,1960	9,2753	8,3499	6,4906	4,6538	3,9875	3,4225
	20	10,8914	9,2234	8,3780	7,5272	5,8151	4,1200	3,5035	2,9793
	15	9,8544	8,3269	7,5508	6,7688	5,1923	3,6279	3,0573	2,5708
	10	8,8985	7,5004	6,7882	6,0697	4,6182	3,1743	2,6460	2,1942
	5	8,0173	6,7385	6,0853	5,4252	4,0890	2,7561	2,2668	1,8471
-5	0	7,2050	6,0362	5,4373	4,8311	3,6011	2,3706	1,9173	1,5271
	-5	6,7561	5,6480	5,0792	4,5028	3,3315	2,1576	1,7241	1,3502
	-10	6,3283	5,2781	4,7379	4,1899	3,0745	1,9546	1,5400	1,1817
	-15	5,9204	4,9254	4,4126	3,8916	2,8296	1,7610	1,3645	1,0210
	-20	5,5317	4,5893	4,1024	3,6072	2,5961	1,5765	1,1973	0,8679
	-25	5,1611	4,2689	3,8069	3,3362	2,3735	1,4007	1,0378	0,7219
	-30	4,8079	3,9636	3,5251	3,0779	2,1614	1,2331	0,8858	0,5827
	30	14,7286	12,5389	11,4353	10,3286	8,1112	5,9288	5,1409	4,4758
	25	13,3895	11,3811	10,3672	9,3492	7,3070	5,2934	4,5647	3,9483
	20	12,1552	10,3139	9,3825	8,4465	6,5657	4,7076	4,0336	3,4621
	15	11,0173	9,3301	8,4748	7,6142	5,8823	4,1676	3,5440	3,0138
	10	9,9684	8,4231	7,6381	6,8471	5,2523	3,6698	3,0926	2,6005
	5	9,0014	7,5871	6,8667	6,1399	4,6716	3,2110	2,6766	2,2196
-10	0	8,1100	6,8164	6,1557	5,4879	4,1362	2,7880	2,2930	1,8685
	-5	7,6175	6,3905	5,7627	5,1277	3,8404	2,5542	2,0811	1,6744
	-10	7,1479	5,9845	5,3882	4,7843	3,5584	2,3314	1,8790	1,4894
	-15	6,7004	5,5976	5,0312	4,4569	3,2896	2,1190	1,6865	1,3131
	-20	6,2738	5,2287	4,6909	4,1449	3,0334	1,9166	1,5029	1,1451
	-25	5,8672	4,8772	4,3665	3,8476	2,7892	1,7236	1,3279	0,9849
	-30	5,4796	4,5421	4,0573	3,5641	2,5564	1,5397	1,1612	0,8322
	30	16,4974	14,0644	12,8402	11,6136	9,1592	6,7475	5,8786	5,1468
	25	15,0165	12,7840	11,6589	10,5305	8,2698	6,0447	5,2414	4,5633
	20	13,6513	11,6036	10,5698	9,5320	7,4499	5,3968	4,6539	4,0255
	15	12,3928	10,5155	9,5659	8,6116	6,6940	4,7996	4,1124	3,5297
	10	11,2327	9,5125	8,6405	7,7631	5,9973	4,2491	3,6133	3,0727
	5	10,1632	8,5878	7,7874	6,9809	5,3550	3,7416	3,1531	2,6514
-15	0	9,1774	7,7354	7,0010	6,2599	4,7629	3,2737	2,7289	2,2630
	-5	8,6326	7,2644	6,5664	5,8614	4,4357	3,0152	2,4945	2,0484
	-10	8,1133	6,8154	6,1521	5,4816	4,1238	2,7688	2,2710	1,8438
	-15	7,6183	6,3874	5,7573	5,1196	3,8265	2,5339	2,0580	1,6488
	-20	7,1465	5,9795	5,3809	4,7745	3,5432	2,3100	1,8550	1,4629
	-25	6,6968	5,5906	5,0221	4,4456	3,2731	2,0966	1,6615	1,2858
	-30	6,2681	5,2200	4,6802	4,1321	3,0156	1,8932	1,4771	1,1169
	30	18,6093	15,8849	14,5160	13,1456	10,4067	7,7195	6,7533	5,9410
	25	16,9580	14,4571	13,1987	11,9378	9,4149	6,9358	6,0427	5,2904
	20	15,4357	13,1409	11,9843	10,8244	8,5007	6,2134	5,3877	4,6907
	15	14,0324	11,9276	10,8649	9,7981	7,6578	5,5475	4,7839	4,1379
	10	12,7388	10,8091	9,8330	8,8520	6,8809	4,9336	4,2272	3,6283
	5	11,5463	9,7780	8,8817	7,9798	6,1647	4,3677	3,7141	3,1585
-20	0	10,4470	8,8275	8,0048	7,1758	5,5045	3,8460	3,2411	2,7254
	-5	9,8395	8,3023	7,5202	6,7315	5,1396	3,5577	2,9797	2,4861
	-10	9,2604	7,8016	7,0583	6,3080	4,7919	3,2830	2,7306	2,2580
	-15	8,7085	7,3244	6,6180	5,9043	4,4604	3,0210	2,4931	2,0405
	-20	8,1824	6,8695	6,1983	5,5195	4,1444	2,7714	2,2667	1,8333
	-25	7,6809	6,4360	5,7983	5,1528	3,8432	2,5334	2,0509	1,6357
	-30	7,2029	6,0227	5,4170	4,8032	3,5562	2,3066	1,8452	1,4474
	30	21,1522	18,0759	16,5324	14,9882	11,9056	8,8852	7,8012	6,8916
	25	19,2948	16,4700	15,0507	13,6298	10,7900	8,0038	7,0020	6,1598
	20	17,5826	14,9896	13,6849	12,3775	9,7617	7,1913	6,2653	5,4853
	15	16,0043	13,6249	12,4258	11,2232	8,8138	6,4423	5,5861	4,8635
	10	14,5493	12,3669	11,2651	10,1590	7,9399	5,7518	4,9601	4,2903
	5	13,2080	11,2072	10,1952	9,1780	7,1344	5,1153	4,3830	3,7619
-25	0	11,9716	10,1382	9,2089	8,2737	6,3918	4,5286	3,8509	3,2748
	-5	11,2883	9,5474	8,6638	7,7740	5,9814	4,2043	3,5569	3,0056
	-10	10,6370	8,9843	8,1443	7,2977	5,5903	3,8953	3,2767	2,7491
	-15	10,0162	8,4475	7,6490	6,8436	5,2174	3,6007	3,0096	2,5045
	-20	9,4245	7,9359	7,1770	6,4109	4,8620	3,3199	2,7550	2,2714
	-25	8,8604	7,4483	6,7271	5,9983	4,5233	3,0522	2,5123	2,0492
	-30	8,3228	6,9834	6,2982	5,6052	4,2004	2,7971	2,2809	1,8374
	30	24,2447	20,7398	18,9834	17,2276	13,7257	10,2992	9,0714	8,0428
	25	22,1361	18,9167	17,3013	15,6854	12,4593	9,2985	8,1641	7,2121
	20	20,1923	17,2361	15,7508	14,2638	11,2919	8,3761	7,3277	6,4464
	15	18,4005	15,6868	14,3214	12,9533	10,2158	7,5258	6,5567	5,7405
	10	16,7487	14,2587	13,0038	11,7452	9,2237	6,7420	5,8460	5,0897
	5	15,2260	12,9422	11,7891	10,6316	8,3092	6,0194	5,1908	4,4899
-30	0	13,8224	11,7285	10,6694	9,6050	7,4662	5,3533	4,5868	3,9369
	-5	13,0467	11,0579	10,0506	9,0376	7,0004	4,9852	4,2531	3,6313
	-10	12,3073	10,4186	9,4608	8,4969	6,5563	4,6343	3,9349	3,3400
	-15	11,6025	9,8092	8,8986	7,9814	6,1330	4,2999	3,6317	3,0624
	-20	10,9308	9,2284	8,3628	7,4901	5,7296	3,9811	3,3426	2,7977
	-25	10,2905	8,6748	7,8520	7,0218	5,3450	3,6772	3,0671	2,5455
	-30	9,6801	8,1471	7,3651	6,5754	4,9785	3,3876	2,8045	2,3051

12.7.8 Erdwiderstandsbeiwerte nach E DIN 4085-2002-12

φ > 0

φ = 27,5		K_{pc}							
α	β	−φ	−2/3 φ	−1/2 φ	−1/3 φ	0	1/3 φ	1/2 φ	2/3 φ
	30	8,4875	6,9393	6,1566	5,3720	3,8058	2,3348	1,8207	1,3858
	25	7,5331	6,1337	5,4235	4,7103	3,2826	1,9369	1,4642	1,0624
	20	6,6617	5,3980	4,7542	4,1060	2,8048	1,5735	1,1387	0,7672
	15	5,8659	4,7262	4,1429	3,5543	2,3686	1,2417	0,8415	0,4976
	10	5,1393	4,1128	3,5848	3,0505	1,9702	0,9387	0,5701	0,2515
	5	4,4757	3,5527	3,0751	2,5904	1,6065	0,6621	0,3222	0,0267
30	0	3,8698	3,0411	2,6097	2,1703	1,2743	0,4094	0,0959	-0,1786
	-5	3,5109	2,7381	2,3340	1,9214	1,0775	0,2598	-0,0382	-0,3002
	-10	3,1721	2,4521	2,0738	1,6865	0,8918	0,1185	-0,1647	-0,4150
	-15	2,8524	2,1823	1,8282	1,4648	0,7165	-0,0148	-0,2841	-0,5233
	-20	2,5507	1,9276	1,5965	1,2556	0,5511	-0,1406	-0,3968	-0,6255
	-25	2,2660	1,6873	1,3778	1,0582	0,3951	-0,2593	-0,5031	-0,7219
	-30	1,9974	1,4605	1,1714	0,8720	0,2478	-0,3713	-0,6035	-0,8129
	30	9,1089	7,4739	6,6500	5,8256	4,1841	2,6475	2,1128	1,6625
	25	8,1102	6,6309	5,8829	5,1332	3,6366	2,2311	1,7397	1,3242
	20	7,1983	5,8610	5,1825	4,5009	3,1367	1,8508	1,3991	1,0152
	15	6,3656	5,1581	4,5429	3,9235	2,6802	1,5036	1,0881	0,7331
	10	5,6052	4,5162	3,9588	3,3963	2,2633	1,1865	0,8041	0,4755
	5	4,9108	3,9300	3,4254	2,9149	1,8827	0,8970	0,5447	0,2403
25	0	4,2768	3,3947	2,9384	2,4752	1,5351	0,6326	0,3079	0,0255
	-5	3,9012	3,0776	2,6499	2,2148	1,3291	0,4760	0,1676	-0,1018
	-10	3,5467	2,7784	2,3776	1,9690	1,1348	0,3282	0,0352	-0,2219
	-15	3,2121	2,4960	2,1206	1,7370	0,9514	0,1887	-0,0898	-0,3352
	-20	2,8965	2,2295	1,8782	1,5182	0,7783	0,0571	-0,2077	-0,4421
	-25	2,5985	1,9780	1,6493	1,3116	0,6150	-0,0671	-0,3190	-0,5431
	-30	2,3174	1,7407	1,4334	1,1167	0,4609	-0,1843	-0,4240	-0,6383
	30	9,8400	8,0988	7,2239	6,3500	4,6137	2,9932	2,4317	1,9607
	25	8,7853	7,2084	6,4138	5,6187	4,0355	2,5534	2,0377	1,6034
	20	7,8221	6,3953	5,6739	4,9508	3,5074	2,1518	1,6779	1,2771
	15	6,9426	5,6528	4,9984	4,3410	3,0253	1,7851	1,3494	0,9792
	10	6,1394	4,9748	4,3815	3,7842	2,5850	1,4502	1,0494	0,7071
	5	5,4061	4,3557	3,8181	3,2757	2,1829	1,1444	0,7755	0,4586
20	0	4,7364	3,7904	3,3037	2,8113	1,8158	0,8652	0,5254	0,2318
	-5	4,3396	3,4554	2,9990	2,5362	1,5983	0,6997	0,3772	0,0973
	-10	3,9652	3,1394	2,7114	2,2766	1,3930	0,5436	0,2373	-0,0295
	-15	3,6119	2,8411	2,4400	2,0316	1,1993	0,3963	0,1053	-0,1492
	-20	3,2784	2,5596	2,1839	1,8004	1,0165	0,2573	-0,0192	-0,2622
	-25	2,9638	2,2940	1,9422	1,5823	0,8440	0,1260	-0,1367	-0,3688
	-30	2,6669	2,0433	1,7141	1,3764	0,6812	0,0022	-0,2476	-0,4693
	30	10,6965	8,8275	7,8909	6,9567	5,1044	3,3805	2,7854	2,2882
	25	9,5728	7,8789	7,0278	6,1776	4,4884	2,9119	2,3656	1,9075
	20	8,5467	7,0126	6,2396	5,4661	3,9259	2,4840	1,9823	1,5599
	15	7,6097	6,2216	5,5198	4,8164	3,4122	2,0933	1,6324	1,2424
	10	6,7540	5,4993	4,8626	4,2231	2,9431	1,7366	1,3128	0,9526
	5	5,9727	4,8397	4,2625	3,6814	2,5148	1,4108	1,0209	0,6879
15	0	5,2592	4,2374	3,7144	3,1867	2,1236	1,1133	0,7544	0,4462
	-5	4,8366	3,8806	3,3898	2,8936	1,8919	0,9371	0,5966	0,3030
	-10	4,4377	3,5439	3,0834	2,6170	1,6732	0,7707	0,4476	0,1678
	-15	4,0612	3,2261	2,7942	2,3560	1,4669	0,6138	0,3070	0,0403
	-20	3,7060	2,9262	2,5214	2,1097	1,2721	0,4657	0,1743	-0,0800
	-25	3,3708	2,6432	2,2639	1,8773	1,0883	0,3259	0,0491	-0,1936
	-30	3,0544	2,3762	2,0209	1,6579	0,9149	0,1940	-0,0691	-0,3008
	30	11,6985	9,6772	8,6667	7,6602	5,6683	3,8189	3,1828	2,6532
	25	10,4914	8,6583	7,7396	6,8233	5,0066	3,3157	2,7320	2,2443
	20	9,3893	7,7278	6,8930	6,0591	4,4023	2,8561	2,3203	1,8709
	15	8,3828	6,8782	6,1199	5,3613	3,8506	2,4364	1,9443	1,5300
	10	7,4638	6,1023	5,4140	4,7240	3,3467	2,0532	1,6011	1,2186
	5	6,6245	5,3939	4,7694	4,1421	2,8867	1,7033	1,2876	0,9343
10	0	5,8582	4,7469	4,1807	3,6108	2,4665	1,3837	1,0014	0,6747
	-5	5,4042	4,3636	3,8320	3,2960	2,2176	1,1944	0,8318	0,5209
	-10	4,9757	4,0020	3,5029	2,9989	1,9828	1,0158	0,6717	0,3757
	-15	4,5714	3,6606	3,1923	2,7186	1,7611	0,8472	0,5207	0,2388
	-20	4,1898	3,3385	2,8993	2,4540	1,5519	0,6881	0,3782	0,1095
	-25	3,8298	3,0346	2,6227	2,2044	1,3545	0,5380	0,2437	-0,0125
	-30	3,4900	2,7477	2,3617	1,9688	1,1682	0,3963	0,1168	-0,1276
	30	12,8714	10,6697	9,5714	8,4787	6,3199	4,3201	3,6345	3,0656
	25	11,5647	9,5666	8,5677	7,5727	5,6035	3,7753	3,1464	2,6229
	20	10,3715	8,5593	7,6511	6,7453	4,9494	3,2778	2,7007	2,2187
	15	9,2819	7,6395	6,8142	5,9899	4,3520	2,8234	2,2937	1,8495
	10	8,2870	6,7995	6,0500	5,3000	3,8066	2,4086	1,9221	1,5125
	5	7,3784	6,0326	5,3521	4,6700	3,3085	2,0297	1,5828	1,2047
5	0	6,5488	5,3322	4,7149	4,0948	2,8537	1,6838	1,2729	0,9236
	-5	6,0573	4,9173	4,3373	3,7540	2,5842	1,4789	1,0893	0,7571
	-10	5,5934	4,5257	3,9810	3,4324	2,3299	1,2855	0,9160	0,6000
	-15	5,1557	4,1562	3,6448	3,1289	2,0900	1,1030	0,7525	0,4517
	-20	4,7427	3,8075	3,3275	2,8425	1,8635	0,9307	0,5983	0,3117
	-25	4,3528	3,4784	3,0281	2,5722	1,6498	0,7682	0,4527	0,1797
	-30	3,9850	3,1679	2,7456	2,3171	1,4481	0,6148	0,3153	0,0551

φ = 27,5		K_{pc}							
α	β	−φ	−2/3 φ	−1/2 φ	−1/3 φ	0	1/3 φ	1/2 φ	2/3 φ
	30	14,2480	11,8325	10,6299	9,4349	7,0773	4,8981	4,1531	3,5368
	25	12,8225	10,6291	9,5349	8,4464	6,2958	4,3037	3,6207	3,0539
	20	11,5207	9,5302	8,5351	7,5439	5,5822	3,7609	3,1344	2,6129
	15	10,3321	8,5267	7,6220	6,7197	4,9305	3,2653	2,6904	2,2102
	10	9,2466	7,6104	6,7883	5,9671	4,3355	2,8127	2,2850	1,8425
	5	8,2554	6,7737	6,0270	5,2798	3,7921	2,3994	1,9148	1,5067
0	0	7,3504	6,0096	5,3317	4,6523	3,2959	2,0220	1,5767	1,2001
	-5	6,8141	5,5569	4,9199	4,2805	3,0019	1,7984	1,3765	1,0184
	-10	6,3081	5,1298	4,5312	3,9296	2,7245	1,5874	1,1874	0,8470
	-15	5,8306	4,7266	4,1644	3,5985	2,4627	1,3883	1,0091	0,6852
	-20	5,3800	4,3462	3,8182	3,2861	2,2157	1,2004	0,8408	0,5326
	-25	4,9547	3,9872	3,4916	2,9912	1,9825	1,0231	0,6819	0,3885
	-30	4,5534	3,6484	3,1833	2,7129	1,7625	0,8558	0,5320	0,2525
	30	15,8695	13,2006	11,8742	10,5575	7,9635	5,5702	4,7543	4,0812
	25	14,3024	11,8777	10,6705	9,4709	7,1044	4,9168	4,1690	3,5504
	20	12,8714	10,6697	9,5714	8,4787	6,3199	4,3201	3,6345	3,0656
	15	11,5647	9,5666	8,5677	7,5727	5,6035	3,7753	3,1464	2,6229
	10	10,3715	8,5593	7,6511	6,7453	4,9494	3,2778	2,7007	2,2187
	5	9,2819	7,6395	6,8142	5,9899	4,3520	2,8234	2,2937	1,8495
-5	0	8,2870	6,7995	6,0500	5,3000	3,8066	2,4086	1,9221	1,5125
	-5	7,6975	6,3019	5,5972	4,8913	3,4834	2,1628	1,7019	1,3128
	-10	7,1412	5,8323	5,1699	4,5056	3,1785	1,9308	1,4942	1,1243
	-15	6,6163	5,3892	4,7667	4,1416	2,8907	1,7120	1,2981	0,9465
	-20	6,1209	4,9710	4,3862	3,7981	2,6191	1,5054	1,1131	0,7787
	-25	5,6534	4,5763	4,0271	3,4740	2,3628	1,3105	0,9384	0,6203
	-30	5,2123	4,2039	3,6883	3,1681	2,1210	1,1265	0,7737	0,4708
	30	17,7890	14,8187	13,3450	11,8832	9,0072	6,3585	5,4577	4,7165
	25	16,0530	13,3533	12,0115	10,6795	8,0555	5,6346	4,8093	4,1284
	20	14,4678	12,0150	10,7939	9,5804	7,1865	4,9737	4,2172	3,5914
	15	13,0203	10,7931	9,6820	8,5767	6,3929	4,3701	3,6765	3,1010
	10	11,6985	9,6772	8,6667	7,6602	5,6683	3,8189	3,1828	2,6532
	5	10,4914	8,6583	7,7396	6,8233	5,0066	3,3157	2,7320	2,2443
-10	0	9,3893	7,7278	6,8930	6,0591	4,4023	2,8561	2,3203	1,8709
	-5	8,7363	7,1766	6,3914	5,6064	4,0444	2,5838	2,0764	1,6497
	-10	8,1200	6,6564	5,9181	5,1791	3,7065	2,3269	1,8462	1,4409
	-15	7,5385	6,1654	5,4714	4,7759	3,3877	2,0844	1,6290	1,2439
	-20	6,9898	5,7022	5,0499	4,3954	3,0869	1,8556	1,4240	1,0580
	-25	6,4719	5,2650	4,6521	4,0363	2,8030	1,6396	1,2306	0,8826
	-30	5,9832	4,8524	4,2767	3,6975	2,5351	1,4359	1,0480	0,7170
	30	20,0750	16,7447	15,0946	13,4594	10,2459	7,2910	6,2884	5,4654
	25	18,1367	15,1084	13,6058	12,1155	9,1833	6,4828	5,5644	4,8087
	20	16,3668	13,6143	12,2463	10,8883	8,2130	5,7448	4,9033	4,2091
	15	14,7506	12,2499	11,0049	9,7677	7,3270	5,0709	4,2996	3,6616
	10	13,2748	11,0040	9,8713	8,7444	6,5179	4,4555	3,7484	3,1616
	5	11,9271	9,8664	8,8362	7,8100	5,7791	3,8936	3,2450	2,7051
-15	0	10,6965	8,8275	7,8909	6,9567	5,1044	3,3805	2,7854	2,2882
	-5	9,9675	8,2120	7,3309	6,4512	4,7048	3,0765	2,5130	2,0412
	-10	9,2794	7,6312	6,8024	5,9742	4,3276	2,7896	2,2561	1,8081
	-15	8,6302	7,0831	6,3037	5,5240	3,9716	2,5189	2,0135	1,5882
	-20	8,0174	6,5659	5,8331	5,0991	3,6357	2,2634	1,7847	1,3806
	-25	7,4392	6,0777	5,3889	4,6982	3,3187	2,0223	1,5687	1,1847
	-30	6,8936	5,6171	4,9698	4,3199	3,0196	1,7948	1,3649	0,9998
	30	22,8173	19,0540	17,1920	15,3480	11,7281	8,4043	7,2789	6,3571
	25	20,6354	17,2121	15,5160	13,8352	10,5319	7,4945	6,4639	5,6180
	20	18,6431	15,5302	13,9857	12,4537	9,4397	6,6637	5,7197	4,9430
	15	16,8237	13,9944	12,5882	11,1923	8,4423	5,9052	5,0402	4,3266
	10	15,1624	12,5919	11,3121	10,0404	7,5315	5,2124	4,4197	3,7638
	5	13,6454	11,3112	10,1469	8,9885	6,6999	4,5799	3,8530	3,2499
-20	0	12,2601	10,1418	9,0828	8,0280	5,9404	4,0023	3,3356	2,7806
	-5	11,4394	9,4490	8,4524	7,4590	5,4905	3,6601	3,0291	2,5026
	-10	10,6649	8,7952	7,8575	6,9220	5,0659	3,3371	2,7398	2,2402
	-15	9,9340	8,1782	7,2961	6,4152	4,6652	3,0324	2,4668	1,9926
	-20	9,2443	7,5959	6,7663	5,9370	4,2871	2,7448	2,2091	1,7589
	-25	8,5934	7,0464	6,2664	5,4857	3,9303	2,4734	1,9660	1,5384
	-30	7,9792	6,5279	5,7946	5,0598	3,5935	2,2173	1,7366	1,3303
	30	26,1352	21,8473	19,7282	17,6311	13,5183	9,7468	8,4724	7,4306
	25	23,6578	19,7559	17,8252	15,9134	12,1601	8,7138	7,5470	6,5913
	20	21,3956	17,8462	16,0876	14,3448	10,9199	7,7706	6,7020	5,8249
	15	19,3298	16,1023	14,5008	12,9125	9,7874	6,9092	5,9304	5,1251
	10	17,4434	14,5098	13,0519	11,6046	8,7533	6,1227	5,2259	4,4860
	5	15,7209	13,0557	11,7288	10,4102	7,8090	5,4044	4,5825	3,9025
-25	0	14,1480	11,7279	10,5206	9,3196	6,9467	4,7486	3,9950	3,3696
	-5	13,2161	10,9412	9,8049	8,6735	6,4358	4,3600	3,6469	3,0539
	-10	12,3367	10,1988	9,1294	8,0637	5,9537	3,9934	3,3184	2,7560
	-15	11,5069	9,4983	8,4919	7,4883	5,4987	3,6473	3,0084	2,4749
	-20	10,7237	8,8371	7,8904	6,9453	5,0694	3,3208	2,7159	2,2095
	-25	9,9847	8,2133	7,3227	6,4329	4,6642	3,0126	2,4399	1,9592
	-30	9,2872	7,6245	6,7870	5,9493	4,2819	2,7218	2,1794	1,7229
	30	30,1901	25,2603	22,8266	20,4198	15,7036	11,3840	9,9269	8,7381
	25	27,3508	22,8635	20,6458	18,4512	14,1470	10,2002	8,8664	7,7762
	20	24,7582	20,6748	18,6544	16,6536	12,7257	9,1192	7,8981	6,8979
	15	22,3907	18,6763	16,8359	15,0120	11,4278	8,1320	7,0138	6,0958
	10	20,2289	16,8513	15,1753	13,5131	10,2427	7,2306	6,2063	5,3635
	5	18,2548	15,1848	13,6590	12,1443	9,1604	6,4075	5,4689	4,6947
-30	0	16,4522	13,6630	12,2744	10,8944	8,1722	5,6558	4,7956	4,0840
	-5	15,3842	12,7614	11,4541	10,1539	7,5867	5,2105	4,3967	3,7222
	-10	14,3764	11,9106	10,6799	9,4551	7,0342	4,7903	4,0203	3,3808
	-15	13,4253	11,1077	9,9494	8,7957	6,5128	4,3937	3,6650	3,0586
	-20	12,5278	10,3501	9,2600	8,1734	6,0207	4,0195	3,3298	2,7545
	-25	11,6808	9,6350	8,6094	7,5861	5,5564	3,6663	3,0134	2,4676
	-30	10,8815	8,9603	7,9955	7,0319	5,1182	3,3331	2,7149	2,1968

12.7.9 Erdwiderstandsbeiwerte nach E DIN 4085-2002-12

$\varphi > 0$

$\varphi = 30$		K_{pc}							
α	β	−φ	−2/3 φ	−1/2 φ	−1/3 φ	0	1/3 φ	1/2 φ	2/3 φ
	30	9,7503	7,8010	6,8326	5,8741	4,0000	2,3595	1,8183	1,3694
	25	8,5943	6,8492	5,9792	5,1164	3,4249	1,9387	1,4455	1,0341
	20	7,5491	5,9886	5,2076	4,4313	2,9049	1,5582	1,1085	0,7310
	15	6,6041	5,2106	4,5099	3,8119	2,4347	1,2141	0,8038	0,4569
	10	5,7497	4,5071	3,8791	3,2518	2,0096	0,9031	0,5282	0,2091
	5	4,9772	3,8711	3,3088	2,7454	1,6253	0,6218	0,2791	-0,0150
30	0	4,2787	3,2960	2,7932	2,2876	1,2778	0,3676	0,0539	-0,2176
	-5	3,8381	2,9331	2,4679	1,9987	1,0585	0,2071	-0,0882	-0,3454
	-10	3,4268	2,5946	2,1643	1,7292	0,8539	0,0574	-0,2208	-0,4646
	-15	3,0431	2,2786	1,8810	1,4776	0,6630	-0,0823	-0,3445	-0,5759
	-20	2,6850	1,9838	1,6166	1,2429	0,4848	-0,2126	-0,4600	-0,6798
	-25	2,3509	1,7087	1,3699	1,0239	0,3186	-0,3343	-0,5678	-0,7767
	-30	2,0391	1,4520	1,1397	0,8195	0,1635	-0,4478	-0,6683	-0,8671
	30	10,5387	8,4602	7,4309	6,4139	4,4301	2,6994	2,1315	1,6629
	25	9,3169	7,4543	6,5289	5,6131	3,8222	2,2546	1,7375	1,3085
	20	8,2123	6,5448	5,7134	4,8890	3,2726	1,8525	1,3813	0,9882
	15	7,2136	5,7225	4,9761	4,2343	2,7757	1,4889	1,0592	0,6985
	10	6,3106	4,9790	4,3095	3,6424	2,3265	1,1602	0,7680	0,4366
	5	5,4942	4,3068	3,7067	3,1073	1,9203	0,8629	0,5048	0,1998
25	0	4,7560	3,6990	3,1618	2,6234	1,5530	0,5942	0,2667	-0,0143
	-5	4,2902	3,3155	2,8179	2,3181	1,3213	0,4246	0,1165	-0,1494
	-10	3,8556	2,9577	2,4971	2,0332	1,1051	0,2664	-0,0236	-0,2754
	-15	3,4501	2,6238	2,1977	1,7674	0,9033	0,1188	-0,1544	-0,3931
	-20	3,0716	2,3122	1,9183	1,5193	0,7150	-0,0190	-0,2764	-0,5028
	-25	2,7185	2,0214	1,6576	1,2879	0,5393	-0,1475	-0,3903	-0,6053
	-30	2,3890	1,7501	1,4143	1,0719	0,3754	-0,2675	-0,4966	-0,7008
	30	11,4675	9,2326	8,1290	7,0403	4,9211	3,0779	2,4760	1,9818
	25	10,1643	8,1596	7,1669	6,1860	4,2727	2,6035	2,0557	1,6038
	20	8,9859	7,1894	6,2970	5,4136	3,6864	2,1745	1,6758	1,2621
	15	7,9206	6,3123	5,5105	4,7153	3,1564	1,7867	1,3322	0,9531
	10	6,9573	5,5192	4,7993	4,0839	2,6771	1,4360	1,0216	0,6737
	5	6,0864	4,8021	4,1564	3,5130	2,2438	1,1189	0,7408	0,4211
20	0	5,2990	4,1538	3,5750	2,9969	1,8521	0,8323	0,4868	0,1927
	-5	4,8022	3,7447	3,2083	2,6712	1,6049	0,6514	0,3266	0,0486
	-10	4,3386	3,3630	2,8660	2,3673	1,3742	0,4826	0,1771	-0,0859
	-15	3,9059	3,0068	2,5466	2,0838	1,1590	0,3251	0,0376	-0,2113
	-20	3,5022	2,6744	2,2486	1,8191	0,9582	0,1782	-0,0925	-0,3284
	-25	3,1255	2,3643	1,9705	1,5722	0,7707	0,0410	-0,2140	-0,4377
	-30	2,7740	2,0749	1,7110	1,3418	0,5958	-0,0869	-0,3274	-0,5396
	30	12,5583	10,1364	8,9435	7,7682	5,4851	3,5048	2,8609	2,3347
	25	11,1561	8,9819	7,9082	6,8491	4,7874	2,9943	2,4087	1,9280
	20	9,8882	7,9380	6,9722	6,0180	4,1566	2,5328	1,9999	1,5602
	15	8,7419	6,9942	6,1260	5,2666	3,5863	2,1155	1,6302	1,2278
	10	7,7055	6,1408	5,3608	4,5872	3,0706	1,7381	1,2960	0,9272
	5	6,7684	5,3693	4,6690	3,9730	2,6044	1,3970	0,9939	0,6554
15	0	5,9211	4,6717	4,0435	3,4176	2,1829	1,0886	0,7206	0,4096
	-5	5,3865	4,2315	3,6488	3,0672	1,9169	0,8939	0,5483	0,2546
	-10	4,8877	3,8208	3,2806	2,7402	1,6688	0,7123	0,3874	0,1099
	-15	4,4222	3,4376	2,9369	2,4351	1,4372	0,5429	0,2373	-0,0251
	-20	3,9879	3,0800	2,6163	2,1504	1,2211	0,3848	0,0972	-0,1511
	-25	3,5825	2,7462	2,3170	1,8847	1,0194	0,2372	-0,0335	-0,2686
	-30	3,2043	2,4348	2,0378	1,6368	0,8312	0,0995	-0,1554	-0,3783
	30	13,8387	11,1945	9,8950	8,6164	6,1367	3,9914	3,2966	2,7311
	25	12,3175	9,9421	8,7720	7,6193	5,3799	3,4376	2,8061	2,2899
	20	10,9422	8,8097	7,7566	6,7177	4,6956	2,9369	2,3626	1,8910
	15	9,6986	7,7858	6,8386	5,9026	4,0769	2,4842	1,9616	1,5303
	10	8,5743	6,8601	6,0085	5,1656	3,5175	2,0749	1,5990	1,2042
	5	7,5577	6,0231	5,2580	4,4993	3,0118	1,7048	1,2712	0,9094
10	0	6,6386	5,2663	4,5795	3,8968	2,5545	1,3702	0,9748	0,6428
	-5	6,0587	4,7889	4,1514	3,5167	2,2660	1,1591	0,7878	0,4746
	-10	5,5176	4,3433	3,7519	3,1620	1,9967	0,9621	0,6133	0,3177
	-15	5,0126	3,9276	3,3791	2,8310	1,7455	0,7783	0,4505	0,1712
	-20	4,5414	3,5396	3,0312	2,5221	1,5111	0,6067	0,2985	0,0345
	-25	4,1017	3,1776	2,7066	2,2339	1,2923	0,4467	0,1567	-0,0930
	-30	3,6914	2,8397	2,4037	1,9650	1,0882	0,2973	0,0244	-0,2120
	30	15,3438	12,4360	11,0098	9,6082	6,8941	4,5513	3,7953	3,1823
	25	13,6806	11,0666	9,7819	8,5179	6,0666	3,9458	3,2589	2,6999
	20	12,1768	9,8284	8,6717	7,5322	5,3184	3,3983	2,7740	2,2637
	15	10,8171	8,7090	7,6679	6,6410	4,6419	2,9034	2,3355	1,8694
	10	9,5878	7,6968	6,7604	5,8352	4,0303	2,4558	1,9391	1,5128
	5	8,4763	6,7817	5,9398	5,1066	3,4773	2,0512	1,5807	1,1905
5	0	7,4713	5,9542	5,1979	4,4479	2,9773	1,6853	1,2567	0,8990
	-5	6,8373	5,4322	4,7298	4,0322	2,6619	1,4545	1,0522	0,7151
	-10	6,2456	4,9450	4,2930	3,6444	2,3675	1,2391	0,8614	0,5435
	-15	5,6935	4,4905	3,8854	3,2825	2,0928	1,0381	0,6834	0,3834
	-20	5,1783	4,0663	3,5051	2,9448	1,8365	0,8506	0,5172	0,2339
	-25	4,6975	3,6704	3,1501	2,6297	1,5973	0,6755	0,3622	0,0945
	-30	4,2489	3,3011	2,8189	2,3356	1,3741	0,5122	0,2175	-0,0356

$\varphi = 30$		K_{pc}							
α	β	$-\varphi$	$-2/3\,\varphi$	$-1/2\,\varphi$	$-1/3\,\varphi$	0	$1/3\,\varphi$	$1/2\,\varphi$	$2/3\,\varphi$
	30	17,1180	13,8975	12,3208	10,7728	7,7796	5,2011	4,3718	3,7017
	25	15,2854	12,3887	10,9679	9,5716	6,8679	4,5340	3,7808	3,1702
	20	13,6285	11,0245	9,7447	8,4855	6,0435	3,9308	3,2465	2,6896
	15	12,1304	9,7910	8,6387	7,5035	5,2982	3,3854	2,7634	2,2551
	10	10,7759	8,6758	7,6388	6,6157	4,6243	2,8923	2,3267	1,8623
	5	9,5513	7,6675	6,7347	5,8129	4,0150	2,4465	1,9318	1,5071
0	0	8,4440	6,7558	5,9172	5,0872	3,4641	2,0434	1,5747	1,1859
	-5	7,7454	6,1807	5,4015	4,6292	3,1165	1,7891	1,3494	0,9833
	-10	7,0935	5,6439	4,9202	4,2019	2,7922	1,5517	1,1392	0,7942
	-15	6,4852	5,1431	4,4711	3,8032	2,4895	1,3303	0,9430	0,6178
	-20	5,9175	4,6757	4,0520	3,4311	2,2071	1,1236	0,7600	0,4532
	-25	5,3878	4,2395	3,6610	3,0839	1,9436	0,9308	0,5892	0,2995
	-30	4,8935	3,8326	3,2961	2,7599	1,6977	0,7508	0,4298	0,1562
	30	19,2180	15,6258	13,8700	12,1476	8,8216	5,9617	5,0446	4,3060
	25	17,1834	13,9506	12,3679	10,8140	7,8093	5,2210	4,3885	3,7158
	20	15,3438	12,4360	11,0098	9,6082	6,8941	4,5513	3,7953	3,1823
	15	13,6806	11,0666	9,7819	8,5179	6,0666	3,9458	3,2589	2,6999
	10	12,1768	9,8284	8,6717	7,5322	5,3184	3,3983	2,7740	2,2637
	5	10,8171	8,7090	7,6679	6,6410	4,6419	2,9034	2,3355	1,8694
-5	0	9,5878	7,6968	6,7604	5,8352	4,0303	2,4558	1,9391	1,5128
	-5	8,8122	7,0582	6,1878	5,3267	3,6444	2,1735	1,6890	1,2879
	-10	8,0884	6,4623	5,6535	4,8523	3,2843	1,9100	1,4556	1,0780
	-15	7,4130	5,9062	5,1548	4,4096	2,9483	1,6641	1,2378	0,8821
	-20	6,7828	5,3873	4,6896	3,9965	2,6348	1,4347	1,0346	0,6993
	-25	6,1947	4,9031	4,2554	3,6110	2,3422	1,2206	0,8450	0,5287
	-30	5,6459	4,4512	3,8503	3,2513	2,0691	1,0208	0,6680	0,3695
	30	21,7165	17,6807	15,7108	13,7802	10,0561	6,8593	5,8369	5,0160
	25	19,4402	15,8065	14,0303	12,2881	8,9236	6,0306	5,1029	4,3557
	20	17,3821	14,1119	12,5109	10,9390	7,8996	5,2814	4,4392	3,7588
	15	15,5212	12,5798	11,1371	9,7193	6,9738	4,6039	3,8391	3,2191
	10	13,8387	11,1945	9,8950	8,6164	6,1367	3,9914	3,2966	2,7311
	5	12,3175	9,9421	8,7720	7,6193	5,3799	3,4376	2,8061	2,2899
-10	0	10,9422	8,8097	7,7566	6,7177	4,6956	2,9369	2,3626	1,8910
	-5	10,0744	8,0952	7,1160	6,1489	4,2639	2,6210	2,0827	1,6393
	-10	9,2646	7,4285	6,5182	5,6182	3,8610	2,3262	1,8216	1,4045
	-15	8,5090	6,8063	5,9603	5,1229	3,4851	2,0511	1,5779	1,1853
	-20	7,8039	6,2258	5,4398	4,6607	3,1343	1,7944	1,3506	0,9808
	-25	7,1459	5,6840	4,9540	4,2294	2,8069	1,5549	1,1384	0,7900
	-30	6,5319	5,1785	4,5007	3,8269	2,5014	1,3314	0,9404	0,6119
	30	24,7079	20,1397	17,9130	15,7321	11,5298	7,9279	6,7788	5,8585
	25	22,1410	18,0263	16,0180	14,0496	10,2527	6,9934	5,9510	5,1140
	20	19,8202	16,1155	14,3046	12,5283	9,0980	6,1485	5,2026	4,4409
	15	17,7218	14,3878	12,7555	11,1529	8,0540	5,3846	4,5260	3,8323
	10	15,8246	12,8257	11,3548	9,9092	7,1101	4,6939	3,9142	3,2820
	5	14,1093	11,4134	10,0885	8,7849	6,2567	4,0695	3,3610	2,7845
-15	0	12,5583	10,1364	8,9435	7,7682	5,4851	3,5048	2,8609	2,3347
	-5	11,5798	9,3308	8,2211	7,1268	4,9982	3,1486	2,5454	2,0509
	-10	10,6667	8,5789	7,5470	6,5283	4,5439	2,8162	2,2509	1,7860
	-15	9,8146	7,8774	6,9179	5,9698	4,1200	2,5060	1,9762	1,5389
	-20	9,0195	7,2227	6,3309	5,4486	3,7244	2,2165	1,7198	1,3083
	-25	8,2775	6,6118	5,7831	4,9622	3,3553	1,9464	1,4805	1,0931
	-30	7,5852	6,0418	5,2720	4,5084	3,0108	1,6944	1,2572	0,8923
	30	28,3159	23,1047	20,5675	18,0842	13,3036	9,2116	7,9090	6,8685
	25	25,3977	20,7020	18,4130	16,1713	11,8516	8,1492	6,9680	6,0221
	20	22,7591	18,5295	16,4651	14,4418	10,5389	7,1887	6,1172	5,2568
	15	20,3735	16,5654	14,7039	12,8781	9,3520	6,3202	5,3479	4,5649
	10	18,2166	14,7894	13,1116	11,4642	8,2789	5,5349	4,6523	3,9393
	5	16,2664	13,1838	11,6718	10,1859	7,3086	4,8250	4,0235	3,3736
-20	0	14,5032	11,7320	10,3701	9,0301	6,4314	4,1831	3,4549	2,8622
	-5	13,3907	10,8160	9,5488	8,3009	5,8779	3,7781	3,0961	2,5396
	-10	12,3526	9,9613	8,7824	7,6204	5,3614	3,4001	2,7614	2,2385
	-15	11,3838	9,1637	8,0672	6,9854	4,8794	3,0475	2,4490	1,9575
	-20	10,4799	8,4194	7,3999	6,3929	4,4297	2,7184	2,1575	1,6953
	-25	9,6363	7,7249	6,7771	5,8400	4,0100	2,4113	1,8855	1,4507
	-30	8,8492	7,0768	6,1960	5,3240	3,6184	2,1247	1,6317	1,2224
	30	32,7055	26,7112	23,7957	20,9440	15,4586	10,7692	9,2795	8,0921
	25	29,3590	23,9558	21,3251	18,7504	13,7936	9,5509	8,2004	7,1215
	20	26,3332	21,4646	19,0913	16,7670	12,2882	8,4494	7,2247	6,2439
	15	23,5975	19,2121	17,0716	14,9738	10,9271	7,4535	6,3425	5,4504
	10	21,1240	17,1756	15,2456	13,3524	9,6965	6,5530	5,5449	4,7330
	5	18,8876	15,3342	13,5945	11,8865	8,5838	5,7388	4,8237	4,0844
-25	0	16,8656	13,6694	12,1018	10,5611	7,5778	5,0027	4,1717	3,4979
	-5	15,5898	12,6190	11,1599	9,7249	6,9431	4,5383	3,7603	3,1279
	-10	14,3994	11,6389	10,2811	8,9445	6,3508	4,1049	3,3764	2,7826
	-15	13,2885	10,7242	9,4609	8,2163	5,7981	3,7005	3,0182	2,4604
	-20	12,2519	9,8707	8,6956	7,5368	5,2824	3,3231	2,6839	2,1598
	-25	11,2845	9,0743	7,9815	6,9028	4,8011	2,9709	2,3720	1,8792
	-30	10,3819	8,3311	7,3151	6,3111	4,3520	2,6423	2,0809	1,6174
	30	38,1003	31,1429	27,7622	24,4572	18,1048	12,6803	10,9602	9,5919
	25	34,2268	27,9536	24,9026	21,9182	16,1776	11,2702	9,7112	8,4685
	20	30,7246	25,0701	22,3170	19,6225	14,4352	9,9952	8,5818	7,4527
	15	27,5581	22,4630	19,9793	17,5469	12,8598	8,8424	7,5607	6,5343
	10	24,6951	20,1057	17,8657	15,6703	11,4354	7,8001	6,6375	5,7039
	5	22,1066	17,9745	15,9547	13,9735	10,1475	6,8578	5,8028	4,9532
-30	0	19,7662	16,0475	14,2269	12,4394	8,9831	6,0058	5,0481	4,2744
	-5	18,2895	14,8317	13,1367	11,4715	8,2485	5,4682	4,5719	3,8461
	-10	16,9116	13,6972	12,1195	10,5683	7,5629	4,9666	4,1276	3,4464
	-15	15,6258	12,6385	11,1702	9,7254	6,9232	4,4985	3,7129	3,0735
	-20	14,4259	11,6506	10,2844	8,9389	6,3262	4,0616	3,3260	2,7255
	-25	13,3063	10,7288	9,4578	8,2050	5,7692	3,6540	2,9650	2,4008
	-30	12,2615	9,8685	8,6865	7,5202	5,2494	3,2737	2,6281	2,0977

12.7.10 Erdwiderstandsbeiwerte nach E DIN 4085-2002-12

$\varphi > 0$

φ = 32,5		K_{pc}							
α	β	$-\varphi$	$-2/3\ \varphi$	$-1/2\ \varphi$	$-1/3\ \varphi$	0	$1/3\ \varphi$	$1/2\ \varphi$	$2/3\ \varphi$
	30	11,2622	8,8086	7,6121	6,4436	4,2095	2,3933	1,8284	1,3681
	25	9,8509	7,6764	6,6124	5,5713	3,5758	1,9473	1,4373	1,0189
	20	8,5881	6,6634	5,7179	4,7909	3,0088	1,5482	1,0874	0,7065
	15	7,4582	5,7570	4,9175	4,0925	2,5014	1,1911	0,7743	0,4269
	10	6,4472	4,9459	4,2014	3,4677	2,0475	0,8715	0,4942	0,1767
	5	5,5426	4,2202	3,5606	2,9086	1,6413	0,5856	0,2435	-0,0471
30	0	4,7332	3,5709	2,9872	2,4083	1,2778	0,3298	0,0192	-0,2474
	-5	4,1926	3,1372	2,6043	2,0742	1,0351	0,1589	-0,1306	-0,3812
	-10	3,6944	2,7375	2,2514	1,7663	0,8114	0,0015	-0,2687	-0,5044
	-15	3,2354	2,3693	1,9262	1,4825	0,6052	-0,1436	-0,3959	-0,6180
	-20	2,8124	2,0299	1,6266	1,2211	0,4153	-0,2773	-0,5131	-0,7227
	-25	2,4226	1,7172	1,3504	0,9801	0,2403	-0,4005	-0,6211	-0,8191
	-30	2,0633	1,4290	1,0960	0,7581	0,0790	-0,5140	-0,7207	-0,9080
	30	12,2688	9,6262	8,3413	7,0887	4,6991	2,7633	2,1648	1,6802
	25	10,7616	8,4171	7,2737	6,1572	4,0224	2,2869	1,7471	1,3073
	20	9,4131	7,3352	6,3185	5,3237	3,4168	1,8607	1,3734	0,9736
	15	8,2064	6,3672	5,4637	4,5779	2,8750	1,4794	1,0391	0,6751
	10	7,1267	5,5011	4,6989	3,9106	2,3902	1,1381	0,7399	0,4079
	5	6,1607	4,7261	4,0146	3,3135	1,9565	0,8328	0,4722	0,1689
25	0	5,2963	4,0326	3,4023	2,7793	1,5683	0,5596	0,2327	-0,0450
	-5	4,7190	3,5695	2,9934	2,4225	1,3091	0,3771	0,0727	-0,1879
	-10	4,1869	3,1427	2,6165	2,0936	1,0702	0,2090	-0,0747	-0,3195
	-15	3,6967	2,7494	2,2692	1,7906	0,8501	0,0540	-0,2106	-0,4408
	-20	3,2449	2,3870	1,9492	1,5114	0,6472	-0,0888	-0,3358	-0,5526
	-25	2,8286	2,0530	1,6543	1,2541	0,4603	-0,2203	-0,4511	-0,6556
	-30	2,4450	1,7453	1,3826	1,0170	0,2880	-0,3416	-0,5574	-0,7505
	30	13,4574	10,5874	9,1958	7,8409	5,2617	3,1786	2,5380	2,0225
	25	11,8329	9,2842	8,0450	6,8369	4,5322	2,6651	2,0879	1,6205
	20	10,3793	8,1180	7,0153	5,9384	3,8795	2,2057	1,6851	1,2609
	15	9,0786	7,0746	6,0940	5,1346	3,2955	1,7946	1,3246	0,9390
	10	7,9149	6,1410	5,2696	4,4153	2,7729	1,4268	1,0022	0,6511
	5	6,8735	5,3056	4,5320	3,7717	2,3053	1,0977	0,7136	0,3934
20	0	5,9418	4,5582	3,8720	3,1958	1,8869	0,8032	0,4554	0,1629
	-5	5,3195	4,0589	3,4312	2,8112	1,6075	0,6065	0,2830	0,0089
	-10	4,7460	3,5989	3,0250	2,4568	1,3500	0,4253	0,1241	-0,1330
	-15	4,2176	3,1750	2,6506	2,1301	1,1127	0,2582	-0,0224	-0,2638
	-20	3,7306	2,7843	2,3057	1,8292	0,8941	0,1043	-0,1573	-0,3843
	-25	3,2819	2,4243	1,9878	1,5518	0,6926	-0,0375	-0,2817	-0,4953
	-30	2,8684	2,0926	1,6949	1,2963	0,5069	-0,1682	-0,3962	-0,5976
	30	14,8583	11,7169	10,1972	8,7197	5,9119	3,6505	2,9586	2,4046
	25	13,0920	10,2999	8,9460	7,6280	5,1188	3,0922	2,4691	1,9676
	20	11,5115	9,0320	7,8265	6,6512	4,4091	2,5927	2,0312	1,5765
	15	10,0974	7,8976	6,8248	5,7772	3,7741	2,1458	1,6393	1,2266
	10	8,8321	6,8825	5,9285	4,9951	3,2060	1,7459	1,2887	0,9135
	5	7,6999	5,9742	5,1265	4,2954	2,6976	1,3880	0,9749	0,6334
15	0	6,6869	5,1616	4,4089	3,6693	2,2427	1,0679	0,6942	0,3827
	-5	6,0103	4,6188	3,9296	3,2511	1,9389	0,8540	0,5067	0,2153
	-10	5,3868	4,1186	3,4880	2,8657	1,6589	0,6570	0,3340	0,0610
	-15	4,8122	3,6576	3,0810	2,5106	1,4009	0,4754	0,1747	-0,0811
	-20	4,2828	3,2329	2,7059	2,1834	1,1632	0,3080	0,0280	-0,2121
	-25	3,7949	2,8415	2,3603	1,8818	0,9441	0,1538	-0,1072	-0,3329
	-30	3,3453	2,4809	2,0419	1,6040	0,7423	0,0118	-0,2317	-0,4441
	30	16,5096	13,0455	11,3732	9,7492	6,6679	4,1925	3,4384	2,8376
	25	14,5734	11,4922	10,0017	8,5525	5,7985	3,5805	2,9018	2,3585
	20	12,8409	10,1024	8,7745	7,4817	5,0206	3,0330	2,4218	1,9298
	15	11,2908	8,8589	7,6764	6,5237	4,3246	2,5430	1,9922	1,5463
	10	9,9038	7,7461	6,6939	5,6664	3,7018	2,1046	1,6079	1,2031
	5	8,6627	6,7505	5,8148	4,8993	3,1445	1,7124	1,2640	0,8960
10	0	7,5523	5,8597	5,0282	4,2130	2,6459	1,3614	0,9562	0,6212
	-5	6,8106	5,2647	4,5028	3,7546	2,3128	1,1270	0,7507	0,4377
	-10	6,1271	4,7164	4,0187	3,3322	2,0059	0,9110	0,5613	0,2686
	-15	5,4973	4,2111	3,5726	2,9429	1,7231	0,7119	0,3868	0,1128
	-20	4,9169	3,7455	3,1614	2,5842	1,4625	0,5285	0,2260	-0,0308
	-25	4,3821	3,3165	2,7826	2,2537	1,2224	0,3595	0,0778	-0,1632
	-30	3,8893	2,9212	2,4335	1,9491	1,0011	0,2037	-0,0588	-0,2851
	30	18,4600	14,6125	12,7585	10,9599	7,5523	4,8206	3,9918	3,3345
	25	16,3209	12,8964	11,2432	9,6378	6,5917	4,1445	3,3991	2,8052
	20	14,4068	11,3609	9,8874	8,4547	5,7322	3,5396	2,8687	2,3316
	15	12,6942	9,9869	8,6742	7,3962	4,9632	2,9983	2,3941	1,9078
	10	11,1617	8,7576	7,5887	6,4491	4,2751	2,5140	1,9694	1,5286
	5	9,7906	7,6576	6,6174	5,6016	3,6594	2,0806	1,5895	1,1893
5	0	8,5637	6,6734	5,7484	4,8433	3,1085	1,6928	1,2495	0,8858
	-5	7,7443	6,0160	5,1679	4,3369	2,7406	1,4338	1,0224	0,6830
	-10	6,9892	5,4102	4,6330	3,8702	2,4015	1,1952	0,8132	0,4962
	-15	6,2933	4,8520	4,1401	3,4401	2,0891	0,9753	0,6204	0,3240
	-20	5,6521	4,3376	3,6859	3,0438	1,8012	0,7726	0,4427	0,1653
	-25	5,0613	3,8636	3,2673	2,6786	1,5359	0,5859	0,2790	0,0191
	-30	4,5168	3,4268	2,8817	2,3421	1,2914	0,4138	0,1281	-0,1156

φ = 32,5		K_{pc}							
α	β	−φ	−2/3 φ	−1/2 φ	−1/3 φ	0	1/3 φ	1/2 φ	2/3 φ
	30	20,7714	16,4675	14,3970	12,3902	8,5929	5,5550	4,6366	3,9111
	25	18,3898	14,5569	12,7100	10,9182	7,5235	4,8023	3,9767	3,3218
	20	16,2588	12,8473	11,2004	9,6011	6,5666	4,1288	3,3861	2,7945
	15	14,3520	11,3176	9,8498	8,4226	5,7104	3,5261	2,8578	2,3227
	10	12,6459	9,9489	8,6412	7,3681	4,9443	2,9869	2,3850	1,9005
	5	11,1193	8,7243	7,5598	6,4246	4,2589	2,5044	1,9619	1,5228
0	0	9,7533	7,6285	6,5922	5,5803	3,6455	2,0727	1,5834	1,1848
	-5	8,8410	6,8966	5,9460	5,0164	3,2359	1,7843	1,3306	0,9591
	-10	8,0003	6,2221	5,3505	4,4968	2,8584	1,5186	1,0977	0,7510
	-15	7,2256	5,6006	4,8017	4,0180	2,5105	1,2738	0,8830	0,5594
	-20	6,5117	5,0279	4,2960	3,5768	2,1899	1,0481	0,6852	0,3827
	-25	5,8538	4,5002	3,8300	3,1702	1,8946	0,8402	0,5029	0,2199
	-30	5,2477	4,0139	3,4006	2,7955	1,6224	0,6486	0,3349	0,0700
	30	23,5227	18,6739	16,3447	14,0889	9,8255	6,4207	5,3947	4,5871
	25	20,8508	16,5304	14,4520	12,4375	8,6258	5,5762	4,6543	3,9260
	20	18,4600	14,6125	12,7585	10,9599	7,5523	4,8206	3,9918	3,3345
	15	16,3209	12,8964	11,2432	9,6378	6,5917	4,1445	3,3991	2,8052
	10	14,4068	11,3609	9,8874	8,4547	5,7322	3,5396	2,8687	2,3316
	5	12,6942	9,9869	8,6742	7,3962	4,9632	2,9983	2,3941	1,9078
-5	0	11,1617	8,7576	7,5887	6,4491	4,2751	2,5140	1,9694	1,5286
	-5	10,1382	7,9365	6,8637	5,8165	3,8155	2,1905	1,6858	1,2754
	-10	9,1950	7,1799	6,1956	5,2336	3,3920	1,8924	1,4245	1,0420
	-15	8,3259	6,4826	5,5799	4,6964	3,0018	1,6177	1,1836	0,8269
	-20	7,5250	5,8401	5,0126	4,2014	2,6422	1,3645	0,9617	0,6288
	-25	6,7870	5,2481	4,4898	3,7452	2,3108	1,1313	0,7572	0,4462
	-30	6,1070	4,7025	4,0081	3,3249	2,0054	0,9164	0,5687	0,2779
	30	26,8154	21,3131	18,6734	16,1188	11,2955	7,4497	6,2942	5,3876
	25	23,7947	18,8898	16,5337	14,2518	9,9391	6,4950	5,4571	4,6402
	20	21,0919	16,7216	14,6191	12,5813	8,7255	5,6407	4,7081	3,9714
	15	18,6735	14,7815	12,9060	11,0866	7,6396	4,8764	4,0380	3,3730
	10	16,5096	13,0455	11,3732	9,7492	6,6679	4,1925	3,4384	2,8376
	5	14,5734	11,4922	10,0017	8,5525	5,7985	3,5805	2,9018	2,3585
-10	0	12,8409	10,1024	8,7745	7,4817	5,0206	3,0330	2,4218	1,9298
	-5	11,6838	9,1741	7,9548	6,7666	4,5010	2,6672	2,1011	1,6435
	-10	10,6175	8,3187	7,1995	6,1075	4,0222	2,3302	1,8056	1,3797
	-15	9,6350	7,5305	6,5035	5,5002	3,5810	2,0197	1,5334	1,1366
	-20	8,7295	6,8041	5,8621	4,9406	3,1745	1,7335	1,2825	0,9125
	-25	7,8952	6,1348	5,2711	4,4250	2,7998	1,4698	1,0513	0,7061
	-30	7,1263	5,5180	4,7265	3,9498	2,4546	1,2268	0,8382	0,5159
	30	30,7815	24,4910	21,4766	18,5612	13,0618	8,6831	7,3710	6,3446
	25	27,3396	21,7298	19,0385	16,4339	11,5163	7,5953	6,4172	5,4929
	20	24,2598	19,2591	16,8569	14,5304	10,1334	6,6219	5,5638	4,7309
	15	21,5042	17,0484	14,9049	12,8273	8,8961	5,7510	4,8002	4,0491
	10	19,0385	15,0704	13,1583	11,3033	7,7889	4,9717	4,1169	3,4390
	5	16,8323	13,3005	11,5955	9,9398	6,7983	4,2744	3,5056	2,8931
-15	0	14,8583	11,7169	10,1972	8,7197	5,9119	3,6505	2,9586	2,4046
	-5	13,5398	10,6592	9,2632	7,9048	5,3198	3,2338	2,5932	2,0784
	-10	12,3248	9,6845	8,4026	7,1538	4,7743	2,8498	2,2565	1,7777
	-15	11,2052	8,7863	7,6095	6,4619	4,2716	2,4959	1,9463	1,5007
	-20	10,1735	7,9586	6,8787	5,8242	3,8083	2,1698	1,6604	1,2454
	-25	9,2228	7,1960	6,2053	5,2366	3,3814	1,8694	1,3969	1,0102
	-30	8,3468	6,4932	5,5847	4,6952	2,9880	1,5925	1,1542	0,7934
	30	35,5949	28,3468	24,8771	21,5233	15,2020	10,1753	8,6725	7,5001
	25	31,6408	25,1747	22,0762	19,0794	13,4265	8,9255	7,5768	6,5217
	20	28,1028	22,3364	19,5700	16,8927	11,8378	7,8073	6,5963	5,6463
	15	24,9371	19,7968	17,3275	14,9361	10,4163	6,8068	5,7191	4,8630
	10	22,1045	17,5244	15,3210	13,1854	9,1444	5,9115	4,9342	4,1621
	5	19,5700	15,4911	13,5257	11,6189	8,0064	5,1105	4,2319	3,5350
-20	0	17,3022	13,6718	11,9193	10,2173	6,9881	4,3937	3,6034	2,9738
	-5	15,7875	12,4567	10,8463	9,2811	6,3079	3,9150	3,1837	2,5990
	-10	14,3917	11,3370	9,8576	8,4184	5,6812	3,4739	2,7969	2,2537
	-15	13,1055	10,3051	8,9465	7,6234	5,1036	3,0673	2,4405	1,9354
	-20	11,9203	9,3543	8,1069	6,8909	4,5714	2,6927	2,1121	1,6422
	-25	10,8282	8,4781	7,3333	6,2159	4,0810	2,3476	1,8094	1,3719
	-30	9,8217	7,6708	6,6204	5,5939	3,6291	2,0295	1,5306	1,1229
	30	41,4880	33,0667	29,0391	25,1480	17,8193	11,9982	10,2616	8,9101
	25	36,9061	29,3910	25,7935	22,3161	15,7619	10,5501	8,9919	7,7764
	20	32,8063	26,1020	22,8894	19,7822	13,9210	9,2543	7,8559	6,7619
	15	29,1380	23,1592	20,2908	17,5150	12,2739	8,0949	6,8393	5,8543
	10	25,8557	20,5260	17,9658	15,4863	10,8000	7,0575	5,9298	5,0421
	5	22,9188	18,1699	15,8854	13,6711	9,4813	6,1293	5,1159	4,3154
-25	0	20,2909	16,0618	14,0239	12,0469	8,3013	5,2987	4,3877	3,6652
	-5	18,5357	14,6537	12,7806	10,9621	7,5132	4,7440	3,9014	3,2309
	-10	16,9183	13,3562	11,6349	9,9624	6,7869	4,2328	3,4532	2,8307
	-15	15,4279	12,1605	10,5791	9,0413	6,1177	3,7618	3,0402	2,4619
	-20	14,0545	11,0587	9,6063	8,1924	5,5010	3,3277	2,6596	2,1221
	-25	12,7889	10,0434	8,7098	7,4102	4,9327	2,9277	2,3089	1,8089
	-30	11,6227	9,1079	7,8837	6,6894	4,4090	2,5591	1,9857	1,5204
	30	48,7768	38,9039	34,1859	29,6300	21,0545	14,2501	12,2239	10,6505
	25	43,4178	34,6048	30,3899	26,3178	18,6482	12,5563	10,7389	9,3245
	20	38,6228	30,7581	26,9932	23,3541	16,4951	11,0408	9,4102	8,1381
	15	34,3323	27,3161	23,9540	20,7024	14,5686	9,6848	8,2213	7,0765
	10	30,4933	24,2364	21,2347	18,3296	12,8448	8,4715	7,1575	6,1266
	5	27,0583	21,4807	18,8014	16,2066	11,3024	7,3858	6,2056	5,2766
-30	0	23,9848	19,0151	16,6243	14,3070	9,9223	6,4144	5,3539	4,5161
	-5	21,9320	17,3682	15,1701	13,0382	9,0005	5,7656	4,7851	4,0082
	-10	20,0403	15,8506	13,8301	11,8690	8,1511	5,1677	4,2609	3,5401
	-15	18,2971	14,4522	12,5953	10,7916	7,3683	4,6167	3,7778	3,1088
	-20	16,6907	13,1636	11,4575	9,7988	6,6471	4,1091	3,3327	2,7113
	-25	15,2105	11,9761	10,4089	8,8839	5,9824	3,6412	2,9225	2,3451
	-30	13,8466	10,8819	9,4427	8,0409	5,3699	3,2101	2,5445	2,0076

12.7.11 Erdwiderstandsbeiwerte nach E DIN 4085-2002-12

$\varphi > 0$

φ = 35		K_{pc}							
α	β	−φ	−2/3 φ	−1/2 φ	−1/3 φ	0	1/3 φ	1/2 φ	2/3 φ
	30	13,0826	9,9931	8,5151	7,0922	4,4363	2,4374	1,8515	1,3817
	25	11,3461	8,6369	7,3367	6,0827	3,7363	1,9633	1,4396	1,0162
	20	9,8093	7,4367	6,2938	5,1892	3,1168	1,5438	1,0751	0,6927
	15	8,4492	6,3746	5,3708	4,3986	2,5685	1,1725	0,7525	0,4064
	10	7,2457	5,4347	4,5541	3,6989	2,0833	0,8439	0,4670	0,1531
	5	6,1806	4,6029	3,8313	3,0796	1,6540	0,5531	0,2144	-0,0712
30	0	5,2380	3,8668	3,1916	2,5317	1,2740	0,2958	-0,0092	-0,2696
	-5	4,5751	3,3491	2,7418	2,1463	1,0068	0,1148	-0,1664	-0,4091
	-10	3,9728	2,8788	2,3331	1,7961	0,7640	-0,0496	-0,3093	-0,5359
	-15	3,4255	2,4514	1,9617	1,4780	0,5434	-0,1990	-0,4391	-0,6511
	-20	2,9283	2,0630	1,6242	1,1889	0,3429	-0,3348	-0,5570	-0,7558
	-25	2,4765	1,7102	1,3176	0,9262	0,1608	-0,4582	-0,6642	-0,8509
	-30	2,0659	1,3896	1,0390	0,6875	-0,0047	-0,5702	-0,7616	-0,9373
	30	14,3762	11,0132	9,4091	7,8671	4,9950	2,8410	2,2140	1,7150
	25	12,5011	9,5489	8,1367	6,7770	4,2391	2,3291	1,7692	1,3203
	20	10,8418	8,2530	7,0106	5,8123	3,5702	1,8761	1,3756	0,9710
	15	9,3733	7,1062	6,0140	4,9586	2,9782	1,4752	1,0273	0,6619
	10	8,0737	6,0913	5,1321	4,2031	2,4543	1,1204	0,7191	0,3883
	5	6,9236	5,1931	4,3517	3,5345	1,9907	0,8064	0,4463	0,1462
25	0	5,9059	4,3983	3,6610	2,9428	1,5805	0,5285	0,2049	-0,0680
	-5	5,1901	3,8394	3,1753	2,5267	1,2919	0,3331	0,0351	-0,2187
	-10	4,5398	3,3315	2,7340	2,1486	1,0298	0,1556	-0,1192	-0,3556
	-15	3,9489	2,8700	2,3329	1,8050	0,7915	-0,0058	-0,2593	-0,4800
	-20	3,4119	2,4507	1,9686	1,4929	0,5751	-0,1524	-0,3867	-0,5930
	-25	2,9240	2,0697	1,6375	1,2093	0,3784	-0,2855	-0,5024	-0,6957
	-30	2,4808	1,7235	1,3367	0,9515	0,1997	-0,4066	-0,6075	-0,7890
	30	15,9090	12,2179	10,4616	8,7757	5,6414	3,2980	2,6201	2,0843
	25	13,8655	10,6220	9,0749	7,5876	4,8176	2,7401	2,1353	1,6541
	20	12,0570	9,2096	7,8476	6,5362	4,0885	2,2464	1,7064	1,2734
	15	10,4566	7,9598	6,7615	5,6058	3,4434	1,8094	1,3268	0,9365
	10	9,0403	6,8537	5,8004	4,7824	2,8724	1,4228	0,9908	0,6384
	5	7,7869	5,8749	4,9498	4,0537	2,3672	1,0806	0,6935	0,3745
20	0	6,6777	5,0087	4,1971	3,4089	1,9200	0,7777	0,4304	0,1411
	-5	5,8976	4,3995	3,6677	2,9554	1,6056	0,5648	0,2454	-0,0232
	-10	5,1888	3,8460	3,1867	2,5433	1,3198	0,3713	0,0773	-0,1724
	-15	4,5448	3,3430	2,7497	2,1689	1,0602	0,1954	-0,0755	-0,3079
	-20	3,9596	2,8860	2,3526	1,8287	0,8243	0,0357	-0,2143	-0,4311
	-25	3,4279	2,4708	1,9918	1,5196	0,6100	-0,1095	-0,3404	-0,5430
	-30	2,9448	2,0935	1,6639	1,2388	0,4152	-0,2414	-0,4550	-0,6447
	30	17,7235	13,6405	11,7020	9,8434	6,3938	3,8218	3,0818	2,5006
	25	15,4770	11,8861	10,1775	8,5373	5,4881	3,2084	2,5489	2,0277
	20	13,4889	10,3335	8,8284	7,3816	4,6867	2,6657	2,0773	1,6092
	15	11,7296	8,9595	7,6345	6,3587	3,9775	2,1854	1,6600	1,2388
	10	10,1726	7,7436	6,5779	5,4536	3,3499	1,7603	1,2907	0,9111
	5	8,7947	6,6676	5,6428	4,6525	2,7944	1,3841	0,9639	0,6210
15	0	7,5754	5,7153	4,8154	3,9436	2,3029	1,0512	0,6747	0,3644
	-5	6,7179	5,0457	4,2335	3,4451	1,9572	0,8171	0,4713	0,1839
	-10	5,9387	4,4372	3,7047	2,9922	1,6431	0,6044	0,2865	0,0198
	-15	5,2307	3,8843	3,2243	2,5806	1,3577	0,4111	0,1186	-0,1292
	-20	4,5875	3,3819	2,7877	2,2066	1,0984	0,2355	-0,0340	-0,2646
	-25	4,0030	2,9255	2,3911	1,8668	0,8628	0,0759	-0,1727	-0,3876
	-30	3,4719	2,5107	2,0307	1,5580	0,6487	-0,0691	-0,2986	-0,4994
	30	19,8735	15,3234	13,1673	11,1021	7,2749	4,4282	3,6132	2,9768
	25	17,3836	13,3789	11,4777	9,6546	6,2712	3,7485	3,0227	2,4526
	20	15,1802	11,6582	9,9824	8,3736	5,3829	3,1469	2,5000	1,9888
	15	13,2303	10,1354	8,6591	7,2400	4,5969	2,6146	2,0375	1,5783
	10	11,5047	8,7877	7,4881	6,2368	3,9012	2,1435	1,6282	1,2151
	5	9,9776	7,5951	6,4518	5,3490	3,2856	1,7265	1,2660	0,8936
10	0	8,6261	6,5397	5,5347	4,5633	2,7408	1,3576	0,9454	0,6091
	-5	7,6757	5,7975	4,8897	4,0108	2,3577	1,0981	0,7200	0,4091
	-10	6,8122	5,1231	4,3037	3,5088	2,0096	0,8623	0,5152	0,2273
	-15	6,0275	4,5104	3,7712	3,0526	1,6933	0,6481	0,3291	0,0621
	-20	5,3145	3,9536	3,2874	2,6381	1,4059	0,4535	0,1599	-0,0880
	-25	4,6667	3,4477	2,8477	2,2615	1,1447	0,2766	0,0063	-0,2243
	-30	4,0781	2,9880	2,4483	1,9193	0,9074	0,1159	-0,1333	-0,3482
	30	22,4277	17,3203	14,9043	12,5922	8,3129	5,1370	4,2317	3,5282
	25	19,6463	15,1482	13,0168	10,9752	7,1917	4,3776	3,5719	2,9427
	20	17,1849	13,2260	11,3465	9,5443	6,1995	3,7056	2,9881	2,4246
	15	15,0067	11,5249	9,8683	8,2779	5,3214	3,1110	2,4715	1,9661
	10	13,0791	10,0195	8,5601	7,1573	4,5443	2,5847	2,0142	1,5603
	5	11,3732	8,6873	7,4025	6,1655	3,8566	2,1190	1,6096	1,2012
5	0	9,8635	7,5083	6,3780	5,2879	3,2481	1,7068	1,2515	0,8834
	-5	8,8018	6,6792	5,6576	4,6707	2,8201	1,4170	0,9997	0,6599
	-10	7,8372	5,9259	5,0029	4,1098	2,4312	1,1536	0,7709	0,4569
	-15	6,9607	5,2414	4,4081	3,6003	2,0779	0,9143	0,5630	0,2724
	-20	6,1642	4,6194	3,8676	3,1372	1,7568	0,6969	0,3741	0,1047
	-25	5,4406	4,0542	3,3765	2,7165	1,4651	0,4993	0,2024	-0,0476
	-30	4,7830	3,5408	2,9303	2,3343	1,2000	0,3198	0,0465	-0,1860

φ = 35		K_{pc}							
α	β	−φ	−2/3 φ	−1/2 φ	−1/3 φ	0	1/3 φ	1/2 φ	2/3 φ
	30	25,4732	19,6995	16,9722	14,3645	9,5434	5,9722	4,9582	4,1738
	25	22,3423	17,2544	14,8475	12,5443	8,2813	5,1174	4,2156	3,5148
	20	19,5716	15,0906	12,9673	10,9335	7,1643	4,3610	3,5584	2,9315
	15	17,1195	13,1757	11,3033	9,5079	6,1759	3,6915	2,9767	2,4154
	10	14,9496	11,4811	9,8307	8,2464	5,3011	3,0991	2,4621	1,9586
	5	13,0293	9,9814	8,5276	7,1300	4,5270	2,5748	2,0066	1,5544
0	0	11,3299	8,6542	7,3743	6,1421	3,8420	2,1109	1,6035	1,1966
	-5	10,1348	7,7209	6,5633	5,4473	3,3602	1,7846	1,3200	0,9451
	-10	9,0489	6,8729	5,8264	4,8160	2,9224	1,4881	1,0624	0,7165
	-15	8,0622	6,1023	5,1568	4,2423	2,5247	1,2188	0,8284	0,5088
	-20	7,1656	5,4022	4,5484	3,7211	2,1633	0,9740	0,6157	0,3200
	-25	6,3510	4,7660	3,9956	3,2475	1,8349	0,7516	0,4225	0,1486
	-30	5,6108	4,1880	3,4933	2,8172	1,5365	0,5495	0,2469	-0,0072
	30	29,1220	22,5482	19,4471	16,4840	11,0115	6,9646	5,8195	4,9374
	25	25,5705	19,7747	17,0371	14,4193	9,5799	5,9950	4,9771	4,1898
	20	22,4277	17,3203	14,9043	12,5922	8,3129	5,1370	4,2317	3,5282
	15	19,6463	15,1482	13,0168	10,9752	7,1917	4,3776	3,5719	2,9427
	10	17,1849	13,2260	11,3465	9,5443	6,1995	3,7056	2,9881	2,4246
	5	15,0067	11,5249	9,8683	8,2779	5,3214	3,1110	2,4715	1,9661
-5	0	13,0791	10,0195	8,5601	7,1573	4,5443	2,5847	2,0142	1,5603
	-5	11,7235	8,9609	7,6402	6,3692	3,9978	2,2146	1,6927	1,2749
	-10	10,4917	7,9989	6,8043	5,6531	3,5013	1,8783	1,4005	1,0156
	-15	9,3725	7,1249	6,0448	5,0024	3,0501	1,5727	1,1350	0,7800
	-20	8,3555	6,3307	5,3547	4,4112	2,6402	1,2951	0,8938	0,5660
	-25	7,4315	5,6091	4,7276	3,8740	2,2677	1,0428	0,6747	0,3715
	-30	6,5919	4,9534	4,1579	3,3859	1,9292	0,8136	0,4755	0,1947
	30	33,5182	25,9791	22,4268	19,0346	12,7753	8,1534	6,8497	5,8490
	25	29,4587	22,8089	19,6720	16,6746	11,1388	7,0451	5,8868	4,9945
	20	25,8662	20,0034	17,2341	14,5861	9,6906	6,0643	5,0347	4,2382
	15	22,6870	17,5205	15,0766	12,7378	8,4090	5,1964	4,2806	3,5690
	10	19,8735	15,3234	13,1673	11,1021	7,2749	4,4282	3,6132	2,9768
	5	17,3836	13,3789	11,4777	9,6546	6,2712	3,7485	3,0227	2,4526
-10	0	15,1802	11,6582	9,9824	8,3736	5,3829	3,1469	2,5000	1,9888
	-5	13,6307	10,4481	8,9308	7,4728	4,7583	2,7239	2,1325	1,6626
	-10	12,2227	9,3485	7,9754	6,6543	4,1907	2,3395	1,7985	1,3662
	-15	10,9434	8,3494	7,1072	5,9105	3,6750	1,9902	1,4951	1,0969
	-20	9,7810	7,4416	6,3184	5,2347	3,2064	1,6729	1,2194	0,8522
	-25	8,7248	6,6168	5,6016	4,6207	2,7806	1,3845	0,9688	0,6299
	-30	7,7651	5,8673	4,9503	4,0627	2,3937	1,1225	0,7412	0,4279
	30	38,8502	30,1394	26,0390	22,1256	14,9104	9,5896	8,0929	6,9478
	25	34,1734	26,4870	22,8652	19,4067	13,0250	8,3128	6,9836	5,9633
	20	30,0345	23,2548	20,0565	17,0005	11,3566	7,1828	6,0019	5,0921
	15	26,3718	20,3944	17,5710	14,8712	9,8801	6,1829	5,1331	4,3211
	10	23,1305	17,8630	15,3713	12,9868	8,5734	5,2979	4,3643	3,6388
	5	20,2620	15,6229	13,4247	11,3191	7,4171	4,5148	3,6839	3,0349
-15	0	17,7235	13,6405	11,7020	9,8434	6,3938	3,8218	3,0818	2,5006
	-5	15,9383	12,2463	10,4906	8,8055	5,6741	3,3344	2,6583	2,1248
	-10	14,3162	10,9795	9,3898	7,8625	5,0202	2,8915	2,2736	1,7833
	-15	12,8423	9,8285	8,3896	7,0056	4,4261	2,4891	1,9240	1,4731
	-20	11,5031	8,7827	7,4808	6,2271	3,8862	2,1235	1,6063	1,1912
	-25	10,2862	7,8324	6,6550	5,5196	3,3957	1,7913	1,3177	0,9350
	-30	9,1806	6,9689	5,9047	4,8769	2,9500	1,4895	1,0554	0,7023
	30	45,3671	35,2231	30,4524	25,9015	17,5165	11,3404	9,6074	8,2853
	25	39,9348	30,9807	26,7659	22,7433	15,3266	9,8573	8,3188	7,1418
	20	35,1274	27,2264	23,5035	19,9485	13,3886	8,5448	7,1786	6,1298
	15	30,8730	23,9040	20,6165	17,4751	11,6736	7,3833	6,1694	5,2343
	10	27,1080	20,9637	18,0615	15,2863	10,1559	6,3555	5,2764	4,4417
	5	23,7762	18,3617	15,8004	13,3493	8,8128	5,4458	4,4861	3,7403
-20	0	20,8276	16,0590	13,7995	11,6351	7,6241	4,6408	3,7867	3,1197
	-5	18,7541	14,4397	12,3923	10,4296	6,7882	4,0747	3,2949	2,6832
	-10	16,8699	12,9683	11,1137	9,3343	6,0287	3,5603	2,8480	2,2866
	-15	15,1580	11,6313	9,9520	8,3390	5,3386	3,0930	2,4419	1,9262
	-20	13,6024	10,4165	8,8963	7,4347	4,7115	2,6683	2,0729	1,5987
	-25	12,1890	9,3127	7,9372	6,6130	4,1417	2,2824	1,7377	1,3012
	-30	10,9048	8,3098	7,0657	5,8664	3,6240	1,9318	1,4331	1,0309
	30	53,4029	41,4910	35,8933	30,5557	20,7274	13,4957	11,4709	9,9303
	25	47,0383	36,5206	31,5741	26,8556	18,1617	11,7581	9,9613	8,5905
	20	41,4058	32,1220	27,7519	23,5811	15,8912	10,2204	8,6253	7,4049
	15	36,4213	28,2293	24,3693	20,6833	13,8818	8,8596	7,4430	6,3556
	10	32,0103	24,7845	21,3759	18,1189	12,1036	7,6553	6,3967	5,4271
	5	28,1066	21,7359	18,7268	15,8494	10,5300	6,5896	5,4708	4,6053
-25	0	24,6520	19,0381	16,3825	13,8411	9,1374	5,6464	4,6514	3,8781
	-5	22,2226	17,1408	14,7338	12,4287	8,1580	4,9832	4,0751	3,3667
	-10	20,0151	15,4169	13,2358	11,1454	7,2682	4,3805	3,5515	2,9020
	-15	18,0094	13,8505	11,8746	9,9793	6,4596	3,8329	3,0758	2,4798
	-20	16,1869	12,4272	10,6379	8,9197	5,7249	3,3354	2,6435	2,0962
	-25	14,5309	11,1340	9,5141	7,9570	5,0574	2,8833	2,2507	1,7476
	-30	13,0263	9,9590	8,4930	7,0823	4,4508	2,4725	1,8938	1,4309
	30	63,4133	49,2987	42,6704	36,3526	24,7256	16,1783	13,7897	11,9765
	25	55,8868	43,4209	37,5628	31,9770	21,6915	14,1235	12,0045	10,3922
	20	49,2262	38,2193	33,0428	28,1047	19,0065	12,3051	10,4246	8,9901
	15	43,3318	33,6161	29,0427	24,6779	16,6303	10,6958	9,0265	7,7493
	10	38,1154	29,5424	25,5028	21,6454	14,5275	9,2717	7,7892	6,6512
	5	33,4992	25,9373	22,3702	18,9616	12,6666	8,0114	6,6942	5,6795
-30	0	29,4140	22,7470	19,5979	16,5867	11,0198	6,8961	5,7252	4,8195
	-5	26,5410	20,5034	17,6482	14,9164	9,8617	6,1117	5,0438	4,2148
	-10	23,9306	18,4648	15,8768	13,3988	8,8093	5,3991	4,4246	3,6653
	-15	21,5587	16,6124	14,2671	12,0199	7,8532	4,7515	3,8620	3,1660
	-20	19,4035	14,9293	12,8046	10,7669	6,9844	4,1631	3,3508	2,7123
	-25	17,4452	13,4000	11,4757	9,6285	6,1950	3,6285	2,8863	2,3001
	-30	15,6659	12,0105	10,2682	8,5941	5,4777	3,1427	2,4643	1,9255

12.7.12 Erdwiderstandsbeiwerte nach E DIN 4085-2002-12

$\varphi > 0$

φ = 37,5		K_{pc}							
α	β	$-\varphi$	$-2/3\,\varphi$	$-1/2\,\varphi$	$-1/3\,\varphi$	0	$1/3\,\varphi$	$1/2\,\varphi$	$2/3\,\varphi$
	30	15,2878	11,3930	9,5668	7,8346	4,6830	2,4931	1,8884	1,4104
	25	13,1338	9,7569	8,1685	6,6594	3,9074	1,9874	1,4525	1,0255
	20	11,2498	8,3258	6,9454	5,6315	3,2290	1,5451	1,0712	0,6888
	15	9,6020	7,0741	5,8757	4,7324	2,6357	1,1582	0,7378	0,3943
	10	8,1607	5,9793	4,9400	3,9460	2,1167	0,8199	0,4461	0,1368
	5	6,9001	5,0217	4,1216	3,2582	1,6627	0,5239	0,1910	-0,0885
30	0	5,7974	4,1841	3,4058	2,6566	1,2657	0,2650	-0,0321	-0,2855
	-5	4,9851	3,5671	2,8785	2,2134	0,9732	0,0743	-0,1965	-0,4307
	-10	4,2585	3,0151	2,4067	1,8170	0,7116	-0,0963	-0,3436	-0,5605
	-15	3,6085	2,5214	1,9848	1,4623	0,4775	-0,2489	-0,4751	-0,6766
	-20	3,0272	2,0798	1,6074	1,1452	0,2682	-0,3854	-0,5927	-0,7805
	-25	2,5072	1,6849	1,2698	0,8614	0,0809	-0,5074	-0,6980	-0,8734
	-30	2,0420	1,3316	0,9679	0,6077	-0,0865	-0,6166	-0,7921	-0,9566
	30	16,9615	12,6741	10,6693	8,7703	5,3222	2,9348	2,2806	1,7682
	25	14,6083	10,8867	9,1416	7,4864	4,4749	2,3823	1,8044	1,3477
	20	12,5501	9,3232	7,8054	6,3634	3,7337	1,8991	1,3879	0,9799
	15	10,7498	7,9557	6,6367	5,3812	3,0855	1,4764	1,0236	0,6582
	10	9,1752	6,7597	5,6145	4,5221	2,5185	1,1068	0,7050	0,3768
	5	7,7980	5,7135	4,7205	3,7707	2,0226	0,7834	0,4263	0,1307
25	0	6,5934	4,7985	3,9384	3,1134	1,5888	0,5006	0,1825	-0,0845
	-5	5,7059	4,1244	3,3623	2,6292	1,2693	0,2922	0,0029	-0,2431
	-10	4,9121	3,5214	2,8469	2,1961	0,9834	0,1059	-0,1577	-0,3850
	-15	4,2020	2,9820	2,3860	1,8087	0,7278	-0,0608	-0,3014	-0,5119
	-20	3,5669	2,4996	1,9737	1,4621	0,4991	-0,2099	-0,4300	-0,6254
	-25	2,9988	2,0681	1,6049	1,1522	0,2945	-0,3433	-0,5449	-0,7269
	-30	2,4907	1,6821	1,2750	0,8750	0,1115	-0,4626	-0,6477	-0,8177
	30	18,9537	14,1949	11,9748	9,8745	6,0675	3,4397	2,7247	2,1690
	25	16,3589	12,2239	10,2902	8,4587	5,1331	2,8305	2,1996	1,7053
	20	14,0893	10,4999	8,8168	7,2204	4,3159	2,2977	1,7403	1,2998
	15	12,1042	8,9920	7,5281	6,1373	3,6011	1,8316	1,3386	0,9451
	10	10,3679	7,6731	6,4010	5,1900	2,9759	1,4240	0,9872	0,6348
	5	8,8492	6,5195	5,4151	4,3614	2,4290	1,0674	0,6799	0,3634
20	0	7,5209	5,5105	4,5527	3,6367	1,9507	0,7556	0,4111	0,1261
	-5	6,5423	4,7672	3,9174	3,1028	1,5984	0,5258	0,2131	-0,0488
	-10	5,6670	4,1023	3,3492	2,6252	1,2832	0,3203	0,0359	-0,2052
	-15	4,8840	3,5075	2,8409	2,1980	1,0012	0,1365	-0,1225	-0,3451
	-20	4,1837	2,9755	2,3862	1,8159	0,7490	-0,0279	-0,2642	-0,4703
	-25	3,5572	2,4997	1,9796	1,4741	0,5235	-0,1750	-0,3910	-0,5822
	-30	2,9969	2,0741	1,6158	1,1684	0,3217	-0,3065	-0,5044	-0,6823
	30	21,3251	16,0017	13,5232	11,1810	6,9419	4,0239	3,2347	2,6258
	25	18,4390	13,8094	11,6495	9,6063	5,9027	3,3463	2,6507	2,1101
	20	15,9146	11,8919	10,0108	8,2290	4,9937	2,7536	2,1399	1,6590
	15	13,7067	10,2147	8,5774	7,0243	4,1987	2,2353	1,6930	1,2645
	10	11,7755	8,7478	7,3237	5,9707	3,5033	1,7819	1,3022	0,9194
	5	10,0863	7,4647	6,2271	5,0491	2,8951	1,3853	0,9604	0,6176
15	0	8,6089	6,3425	5,2680	4,2430	2,3631	1,0384	0,6615	0,3536
	-5	7,5204	5,5157	4,5614	3,6491	1,9711	0,7829	0,4412	0,1591
	-10	6,5468	4,7761	3,9293	3,1179	1,6205	0,5543	0,2442	-0,0149
	-15	5,6760	4,1146	3,3640	2,6427	1,3070	0,3499	0,0679	-0,1705
	-20	4,8970	3,5229	2,8583	2,2177	1,0265	0,1670	-0,0897	-0,3097
	-25	4,2003	2,9936	2,4060	1,8376	0,7756	0,0034	-0,2307	-0,4342
	-30	3,5771	2,5203	2,0014	1,4976	0,5512	-0,1429	-0,3568	-0,5456
	30	24,1527	18,1533	15,3650	12,7324	7,9742	4,7065	3,8277	3,1538
	25	20,9162	15,6949	13,2639	10,9666	6,8088	3,9467	3,1727	2,5755
	20	18,0854	13,5446	11,4262	9,4221	5,7895	3,2821	2,5999	2,0697
	15	15,6095	11,6639	9,8188	8,0712	4,8980	2,7008	2,0988	1,6272
	10	13,4439	10,0189	8,4129	6,8896	4,1182	2,1924	1,6606	1,2402
	5	11,5497	8,5801	7,1833	5,8562	3,4361	1,7477	1,2773	0,9018
10	0	9,8929	7,3216	6,1077	4,9522	2,8395	1,3587	0,9420	0,6057
	-5	8,6723	6,3944	5,3153	4,2863	2,4000	1,0722	0,6950	0,3876
	-10	7,5806	5,5651	4,6066	3,6906	2,0069	0,8159	0,4741	0,1925
	-15	6,6040	4,8233	3,9726	3,1578	1,6553	0,5866	0,2764	0,0180
	-20	5,7305	4,1598	3,4055	2,6812	1,3407	0,3815	0,0997	-0,1381
	-25	4,9491	3,5663	2,8983	2,2549	1,0594	0,1981	-0,0584	-0,2777
	-30	4,2503	3,0354	2,4446	1,8736	0,8077	0,0340	-0,1998	-0,4026
	30	27,5346	20,7244	17,5640	14,5827	9,2002	5,5115	4,5241	3,7714
	25	23,8766	17,9458	15,1893	12,5869	7,8831	4,6527	3,7839	3,1178
	20	20,6771	15,5155	13,1123	10,8412	6,7310	3,9016	3,1365	2,5461
	15	17,8787	13,3898	11,2956	9,3144	5,7233	3,2446	2,5702	2,0460
	10	15,4311	11,5306	9,7066	7,9790	4,8420	2,6700	2,0748	1,6086
	5	13,2902	9,9043	8,3168	6,8109	4,0711	2,1673	1,6416	1,2261
5	0	11,4177	8,4820	7,1012	5,7892	3,3968	1,7277	1,2627	0,8915
	-5	10,0381	7,4341	6,2056	5,0365	2,9001	1,4038	0,9835	0,6449
	-10	8,8041	6,4967	5,4045	4,3633	2,4557	1,1141	0,7338	0,4244
	-15	7,7004	5,6583	4,6879	3,7611	2,0583	0,8550	0,5104	0,2272
	-20	6,7131	4,9084	4,0470	3,2224	1,7028	0,6232	0,3106	0,0508
	-25	5,8300	4,2376	3,4737	2,7406	1,3848	0,4159	0,1319	-0,1070
	-30	5,0401	3,6376	2,9610	2,3096	1,1004	0,2305	-0,0279	-0,2482

φ = 37,5		K_{pc}							
α	β	−φ	−2/3 φ	−1/2 φ	−1/3 φ	0	1/3 φ	1/2 φ	2/3 φ
	30	31,5960	23,8102	20,2019	16,8003	10,6654	6,4687	5,3500	4,5015
	25	27,4298	20,6455	17,4972	14,5272	9,1652	5,4906	4,5069	3,7571
	20	23,7857	17,8775	15,1315	12,5390	7,8531	4,6350	3,7695	3,1059
	15	20,5985	15,4564	13,0624	10,8000	6,7054	3,8867	3,1245	2,5364
	10	17,8107	13,3388	11,2526	9,2790	5,7016	3,2323	2,5604	2,0382
	5	15,3723	11,4867	9,6697	7,9486	4,8235	2,6598	2,0669	1,6025
0	0	13,2396	9,8667	8,2851	6,7850	4,0556	2,1591	1,6354	1,2214
	-5	11,6684	8,6731	7,2651	5,9277	3,4898	1,7902	1,3174	0,9406
	-10	10,2629	7,6056	6,3527	5,1609	2,9837	1,4602	1,0330	0,6895
	-15	9,0058	6,6506	5,5366	4,4750	2,5311	1,1651	0,7786	0,4648
	-20	7,8813	5,7965	4,8066	3,8615	2,1262	0,9011	0,5510	0,2639
	-25	6,8755	5,0325	4,1536	3,3127	1,7640	0,6650	0,3475	0,0842
	-30	5,9759	4,3491	3,5696	2,8219	1,4401	0,4538	0,1655	-0,0766
	30	36,4982	27,5332	23,3831	19,4733	12,4278	7,6160	6,3380	5,3732
	25	31,7167	23,9012	20,2790	16,8645	10,7061	6,4934	5,3705	4,5187
	20	27,5346	20,7244	17,5640	14,5827	9,2002	5,5115	4,5241	3,7714
	15	23,8766	17,9458	15,1893	12,5869	7,8831	4,6527	3,7839	3,1178
	10	20,6771	15,5155	13,1123	10,8412	6,7310	3,9016	3,1365	2,5461
	5	17,8787	13,3898	11,2956	9,3144	5,7233	3,2446	2,5702	2,0460
-5	0	15,4311	11,5306	9,7066	7,9790	4,8420	2,6700	2,0748	1,6086
	-5	13,6278	10,1608	8,5359	6,9951	4,1926	2,2466	1,7099	1,2864
	-10	12,0148	8,9355	7,4888	6,1150	3,6118	1,8679	1,3835	0,9982
	-15	10,5720	7,8396	6,5522	5,3278	3,0923	1,5292	1,0915	0,7403
	-20	9,2815	6,8593	5,7144	4,6237	2,6276	1,2262	0,8304	0,5097
	-25	8,1272	5,9825	4,9650	3,9939	2,2120	0,9552	0,5968	0,3035
	-30	7,0947	5,1982	4,2947	3,4306	1,8402	0,7128	0,3879	0,1190
	30	42,4502	32,0521	27,2434	22,7156	14,5628	9,0023	7,5304	6,4234
	25	36,9202	27,8516	23,6535	19,6985	12,5715	7,7040	6,4113	5,4353
	20	32,0835	24,1775	20,5135	17,0595	10,8299	6,5685	5,4325	4,5710
	15	27,8529	20,9640	17,7671	14,7513	9,3066	5,5753	4,5764	3,8150
	10	24,1527	18,1533	15,3650	12,7324	7,9742	4,7065	3,8277	3,1538
	5	20,9162	15,6949	13,2639	10,9666	6,8088	3,9467	3,1727	2,5755
-10	0	18,0854	13,5446	11,4262	9,4221	5,7895	3,2821	2,5999	2,0697
	-5	15,9999	11,9604	10,0723	8,2842	5,0385	2,7925	2,1778	1,6970
	-10	14,1344	10,5434	8,8612	7,2664	4,3668	2,3545	1,8003	1,3636
	-15	12,4658	9,2759	7,7780	6,3560	3,7660	1,9628	1,4627	1,0655
	-20	10,9733	8,1422	6,8091	5,5417	3,2286	1,6124	1,1606	0,7988
	-25	9,6383	7,1282	5,9424	4,8133	2,7479	1,2990	0,8905	0,5602
	-30	8,4442	6,2211	5,1672	4,1618	2,3179	1,0186	0,6488	0,3468
	30	49,7259	37,5750	31,9606	26,6766	17,1685	10,6916	8,9820	7,7009
	25	43,2800	32,6786	27,7760	23,1596	14,8474	9,1783	7,6776	6,5490
	20	37,6420	28,3960	24,1159	20,0835	12,8173	7,8546	6,5367	5,5415
	15	32,7106	24,6502	20,9145	17,3930	11,0416	6,6969	5,5387	4,6603
	10	28,3974	21,3738	18,1144	15,0397	9,4885	5,6842	4,6659	3,8896
	5	24,6248	18,5082	15,6653	12,9813	8,1301	4,7985	3,9025	3,2155
-15	0	21,3251	16,0017	13,5232	11,1810	6,9419	4,0239	3,2347	2,6258
	-5	18,8941	14,1551	11,9450	9,8546	6,0666	3,4531	2,7428	2,1914
	-10	16,7196	12,5033	10,5333	8,6682	5,2836	2,9426	2,3027	1,8029
	-15	14,7745	11,0259	9,2706	7,6070	4,5832	2,4860	1,9091	1,4553
	-20	13,0348	9,7044	8,1412	6,6577	3,9567	2,0775	1,5571	1,1444
	-25	11,4786	8,5223	7,1310	5,8087	3,3964	1,7122	1,2422	0,8664
	-30	10,0868	7,4650	6,2274	5,0493	2,8952	1,3854	0,9605	0,6176
	30	58,6896	44,3783	37,7708	31,5545	20,3756	12,7686	10,7658	9,2695
	25	51,1141	38,6240	32,8529	27,4213	17,6478	10,9901	9,2328	7,9158
	20	44,4882	33,5909	28,5514	23,8062	15,2619	9,4345	7,8919	6,7318
	15	38,6928	29,1887	24,7891	20,6442	13,1751	8,0739	6,7191	5,6962
	10	33,6238	25,3383	21,4984	17,8785	11,3499	6,8838	5,6934	4,7904
	5	29,1902	21,9705	18,6201	15,4595	9,7534	5,8429	4,7962	3,9982
-20	0	25,3123	19,0249	16,1026	13,3437	8,3570	4,9325	4,0114	3,3052
	-5	22,4553	16,8547	14,2479	11,7849	7,3283	4,2618	3,4333	2,7947
	-10	19,8997	14,9135	12,5889	10,3906	6,4081	3,6618	2,9161	2,3381
	-15	17,6139	13,1772	11,1050	9,1435	5,5850	3,1251	2,4536	1,9296
	-20	15,5693	11,6241	9,7776	8,0279	4,8488	2,6451	2,0398	1,5642
	-25	13,7405	10,2349	8,5904	7,0301	4,1903	2,2158	1,6697	1,2375
	-30	12,1047	8,9924	7,5285	6,1376	3,6013	1,8317	1,3387	0,9452
	30	69,8316	52,8343	44,9918	37,6164	24,3597	15,3472	12,9796	11,2156
	25	60,8515	46,0130	39,1621	32,7169	21,1261	13,2389	11,1623	9,6110
	20	52,9970	40,0467	34,0630	28,4314	18,2979	11,3949	9,5729	8,2074
	15	46,1270	34,8283	29,6031	24,6831	15,8241	9,7820	8,1826	6,9798
	10	40,1181	30,2639	25,7022	21,4046	13,6604	8,3713	6,9666	5,9061
	5	34,8624	26,2717	22,2903	18,5371	11,7680	7,1374	5,9031	4,9669
-25	0	30,2654	22,7798	19,3060	16,0290	10,1127	6,0582	4,9728	4,1455
	-5	26,8787	20,2072	17,1074	14,1812	8,8932	5,2630	4,2875	3,5403
	-10	23,8493	17,9061	15,1408	12,5283	7,8024	4,5518	3,6745	2,9990
	-15	21,1396	15,8479	13,3817	11,0499	6,8267	3,9157	3,1261	2,5148
	-20	18,7159	14,0068	11,8082	9,7275	5,9539	3,3466	2,6356	2,0817
	-25	16,5480	12,3600	10,4008	8,5447	5,1733	2,8377	2,1969	1,6943
	-30	14,6089	10,8871	9,1420	7,4867	4,4751	2,3824	1,8045	1,3478
	30	83,8243	63,4535	54,0598	45,2284	29,3617	18,5836	15,7576	13,6573
	25	73,0798	55,2919	47,0846	39,3661	25,4928	16,0611	13,5833	11,7373
	20	63,6819	48,1533	40,9837	34,2387	22,1088	13,8547	11,6815	10,0580
	15	55,4621	41,9095	35,6474	29,7539	19,1490	11,9249	10,0181	8,5892
	10	48,2725	36,4483	30,9801	25,8312	16,5602	10,2370	8,5632	7,3045
	5	41,9841	31,6716	26,8977	22,4003	14,2958	8,7607	7,2907	6,1808
-30	0	36,4840	27,4937	23,3271	19,3993	12,3153	7,4694	6,1777	5,1979
	-5	32,4318	24,4156	20,6965	17,1884	10,8562	6,5180	5,3577	4,4738
	-10	28,8072	21,6624	18,3434	15,2108	9,5511	5,6671	4,6242	3,8262
	-15	25,5651	19,1997	16,2387	13,4419	8,3837	4,9059	3,9681	3,2468
	-20	22,6651	16,9969	14,3561	11,8597	7,3394	4,2251	3,3812	2,7286
	-25	20,0713	15,0266	12,6722	10,4445	6,4054	3,6161	2,8563	2,2651
	-30	17,7512	13,2642	11,1660	9,1786	5,5700	3,0714	2,3868	1,8505

12.7.13 Erdwiderstandsbeiwerte nach E DIN 4085-2002-12

$\varphi > 0$

$\varphi = 40$		K_{pc}							
α	β	$-\varphi$	$-2/3\,\varphi$	$-1/2\,\varphi$	$-1/3\,\varphi$	0	$1/3\,\varphi$	$1/2\,\varphi$	$2/3\,\varphi$
	30	17,9756	13,0573	10,7983	8,6886	4,9525	2,5616	1,9396	1,4542
	25	15,2820	11,0687	9,1277	7,3122	4,0904	2,0200	1,4759	1,0463
	20	12,9554	9,3510	7,6847	6,1234	3,3457	1,5521	1,0753	0,6939
	15	10,9458	7,8673	6,4383	5,0965	2,7024	1,1480	0,7293	0,3896
	10	9,2099	6,5857	5,3617	4,2096	2,1468	0,7990	0,4305	0,1268
	5	7,7105	5,4788	4,4318	3,4434	1,6669	0,4975	0,1723	-0,1003
30	0	6,4153	4,5226	3,6285	2,7817	1,2523	0,2370	-0,0507	-0,2964
	-5	5,4204	3,7881	3,0115	2,2733	0,9339	0,0370	-0,2219	-0,4471
	-10	4,5460	3,1425	2,4692	1,8265	0,6540	-0,1389	-0,3725	-0,5795
	-15	3,7775	2,5752	1,9925	1,4338	0,4080	-0,2934	-0,5048	-0,6959
	-20	3,1021	2,0765	1,5736	1,0887	0,1918	-0,4292	-0,6211	-0,7981
	-25	2,5084	1,6382	1,2054	0,7854	0,0018	-0,5486	-0,7233	-0,8880
	-30	1,9867	1,2530	0,8819	0,5188	-0,1652	-0,6535	-0,8131	-0,9670
	30	20,1564	14,6768	12,1664	9,8249	5,6862	3,0470	2,3664	1,8407
	25	17,1767	12,4769	10,3183	8,3024	4,7324	2,4478	1,8534	1,3895
	20	14,6028	10,5767	8,7220	6,9872	3,9086	1,9302	1,4103	0,9998
	15	12,3796	8,9354	7,3432	5,8513	3,1970	1,4832	1,0275	0,6631
	10	10,4593	7,5176	6,1522	4,8700	2,5823	1,0970	0,6969	0,3723
	5	8,8005	6,2930	5,1234	4,0225	2,0514	0,7635	0,4113	0,1211
25	0	7,3678	5,2353	4,2348	3,2904	1,5928	0,4753	0,1647	-0,0958
	-5	6,2672	4,4227	3,5522	2,7280	1,2405	0,2540	-0,0248	-0,2625
	-10	5,2998	3,7085	2,9522	2,2337	0,9309	0,0595	-0,1914	-0,4090
	-15	4,4496	3,0809	2,4250	1,7993	0,6587	-0,1114	-0,3377	-0,5377
	-20	3,7024	2,5292	1,9615	1,4175	0,4196	-0,2617	-0,4664	-0,6509
	-25	3,0457	2,0444	1,5542	1,0820	0,2094	-0,3938	-0,5794	-0,7503
	-30	2,4685	1,6183	1,1963	0,7870	0,0246	-0,5098	-0,6788	-0,8377
	30	22,7675	16,6118	13,7977	11,1760	6,5491	3,6078	2,8552	2,2792
	25	19,4403	14,1554	11,7342	9,4759	5,4842	2,9387	2,2824	1,7754
	20	16,5664	12,0336	9,9517	8,0074	4,5643	2,3608	1,7876	1,3402
	15	14,0840	10,2009	8,4121	6,7390	3,7697	1,8616	1,3602	0,9642
	10	11,9398	8,6179	7,0823	5,6434	3,0834	1,4305	0,9910	0,6395
	5	10,0877	7,2505	5,9336	4,6970	2,4905	1,0580	0,6722	0,3591
20	0	8,4879	6,0695	4,9414	3,8796	1,9785	0,7363	0,3967	0,1168
	-5	7,2589	5,1622	4,1792	3,2516	1,5851	0,4892	0,1851	-0,0693
	-10	6,1788	4,3647	3,5093	2,6997	1,2394	0,2720	-0,0008	-0,2328
	-15	5,2295	3,6639	2,9205	2,2147	0,9355	0,0811	-0,1643	-0,3766
	-20	4,3952	3,0479	2,4031	1,7883	0,6685	-0,0866	-0,3079	-0,5029
	-25	3,6619	2,5066	1,9483	1,4137	0,4338	-0,2341	-0,4341	-0,6140
	-30	3,0174	2,0308	1,5486	1,0844	0,2275	-0,3637	-0,5451	-0,7116
	30	25,8965	18,9272	15,7471	12,7872	7,5707	4,2633	3,4228	2,7847
	25	22,1492	16,1606	13,4230	10,8724	6,3713	3,5098	2,7777	2,2173
	20	18,9124	13,7710	11,4155	9,2185	5,3352	2,8589	2,2204	1,7271
	15	16,1165	11,7068	9,6815	7,7899	4,4403	2,2967	1,7390	1,3038
	10	13,7015	9,9239	8,1837	6,5560	3,6673	1,8111	1,3232	0,9381
	5	11,6155	8,3839	6,8899	5,4901	2,9996	1,3916	0,9641	0,6222
15	0	9,8137	7,0536	5,7724	4,5694	2,4229	1,0293	0,6539	0,3493
	-5	8,4296	6,0318	4,9140	3,8622	1,9799	0,7510	0,4156	0,1397
	-10	7,2131	5,1337	4,1595	3,2406	1,5905	0,5063	0,2062	-0,0445
	-15	6,1439	4,3443	3,4964	2,6943	1,2483	0,2914	0,0221	-0,2064
	-20	5,2042	3,6506	2,9136	2,2142	0,9475	0,1024	-0,1397	-0,3487
	-25	4,3783	3,0408	2,4014	1,7922	0,6832	-0,0637	-0,2819	-0,4737
	-30	3,6525	2,5050	1,9512	1,4213	0,4508	-0,2096	-0,4069	-0,5837
	30	29,6552	21,7058	18,0843	14,7163	8,7876	5,0372	4,0898	3,3757
	25	25,4000	18,5643	15,4452	12,5420	7,4256	4,1816	3,3572	2,7314
	20	21,7245	15,8508	13,1656	10,6640	6,2491	3,4425	2,7244	2,1748
	15	18,5498	13,5069	11,1966	9,0418	5,2329	2,8041	2,1778	1,6940
	10	15,8075	11,4824	9,4958	7,6406	4,3552	2,2527	1,7057	1,2788
	5	13,4388	9,7336	8,0268	6,4303	3,5970	1,7764	1,2979	0,9201
10	0	11,3928	8,2231	6,7578	5,3848	2,9421	1,3649	0,9456	0,6102
	-5	9,8211	7,0628	5,7831	4,5818	2,4391	1,0489	0,6750	0,3722
	-10	8,4397	6,0430	4,9263	3,8759	1,9969	0,7711	0,4372	0,1631
	-15	7,2257	5,1466	4,1734	3,2556	1,6083	0,5270	0,2282	-0,0208
	-20	6,1586	4,3589	3,5116	2,7104	1,2668	0,3124	0,0445	-0,1824
	-25	5,2208	3,6665	2,9299	2,2312	0,9666	0,1238	-0,1170	-0,3244
	-30	4,3966	3,0580	2,4188	1,8100	0,7028	-0,0419	-0,2589	-0,4492
	30	34,1862	25,0531	20,8979	17,0365	10,2459	5,9590	4,8815	4,0746
	25	29,3162	21,4577	17,8776	14,5481	8,6871	4,9797	4,0430	3,3371
	20	25,1097	18,3521	15,2686	12,3987	7,3407	4,1338	3,3188	2,7001
	15	21,4762	15,6696	13,0151	10,5421	6,1777	3,4032	2,6933	2,1499
	10	18,3377	13,3525	11,0686	8,9384	5,1731	2,7720	2,1529	1,6747
	5	15,6268	11,3511	9,3873	7,5533	4,3054	2,2269	1,6862	1,2641
5	0	13,2852	9,6224	7,9350	6,3568	3,5559	1,7561	1,2830	0,9096
	-5	11,4864	8,2944	6,8194	5,4377	2,9801	1,3943	0,9734	0,6372
	-10	9,9055	7,1272	5,8389	4,6299	2,4741	1,0764	0,7012	0,3978
	-15	8,5160	6,1014	4,9771	3,9199	2,0294	0,7970	0,4619	0,1874
	-20	7,2948	5,1998	4,2197	3,2959	1,6385	0,5515	0,2517	0,0024
	-25	6,2215	4,4074	3,5541	2,7475	1,2949	0,3356	0,0669	-0,1601
	-30	5,2782	3,7110	2,9690	2,2655	0,9930	0,1460	-0,0955	-0,3029

φ = 40		K_{pc}							
α	β	−φ	−2/3 φ	−1/2 φ	−1/3 φ	0	1/3 φ	1/2 φ	2/3 φ
	30	39,6727	29,1044	24,3019	19,8415	12,0047	7,0657	5,8299	4,9096
	25	34,0561	24,9578	20,8184	16,9716	10,2069	5,9363	4,8629	4,0591
	20	29,2047	21,3760	17,8095	14,4927	8,6541	4,9607	4,0277	3,3244
	15	25,0141	18,2823	15,2105	12,3515	7,3128	4,1181	3,3062	2,6899
	10	21,3945	15,6100	12,9656	10,5020	6,1542	3,3902	2,6830	2,1417
	5	18,2679	13,3017	11,0265	8,9044	5,1534	2,7615	2,1447	1,6683
0	0	15,5673	11,3079	9,3516	7,5245	4,2890	2,2184	1,6798	1,2593
	-5	13,4928	9,7763	8,0649	6,4645	3,6250	1,8013	1,3226	0,9452
	-10	11,6695	8,4302	6,9341	5,5328	3,0414	1,4346	1,0087	0,6691
	-15	10,0669	7,2471	5,9402	4,7140	2,5284	1,1124	0,7328	0,4264
	-20	8,6585	6,2073	5,0667	3,9943	2,0776	0,8292	0,4903	0,2131
	-25	7,4207	5,2934	4,2990	3,3618	1,6814	0,5803	0,2772	0,0257
	-30	6,3327	4,4903	3,6242	2,8060	1,3332	0,3615	0,0899	-0,1391
	30	46,3516	34,0345	28,4430	23,2525	14,1398	8,4052	6,9760	5,9168
	25	39,8243	29,2155	24,3947	19,9173	12,0506	7,0927	5,8522	4,9284
	20	34,1862	25,0531	20,8979	17,0365	10,2459	5,9590	4,8815	4,0746
	15	29,3162	21,4577	17,8776	14,5481	8,6871	4,9797	4,0430	3,3371
	10	25,1097	18,3521	15,2686	12,3987	7,3407	4,1338	3,3188	2,7001
	5	21,4762	15,6696	13,0151	10,5421	6,1777	3,4032	2,6933	2,1499
-5	0	18,3377	13,3525	11,0686	8,9384	5,1731	2,7720	2,1529	1,6747
	-5	15,9268	11,5726	9,5734	7,7065	4,4014	2,2872	1,7378	1,3096
	-10	13,8078	10,0082	8,2592	6,6238	3,7232	1,8611	1,3730	0,9887
	-15	11,9455	8,6333	7,1041	5,6722	3,1271	1,4867	1,0524	0,7067
	-20	10,3087	7,4249	6,0890	4,8359	2,6032	1,1575	0,7706	0,4588
	-25	8,8701	6,3628	5,1968	4,1008	2,1427	0,8682	0,5229	0,2410
	-30	7,6058	5,4294	4,4127	3,4548	1,7380	0,6140	0,3053	0,0495
	30	54,5317	40,0715	33,5128	27,4273	16,7501	10,0396	8,3727	7,1427
	25	46,8875	34,4280	28,7718	23,5214	14,3033	8,5024	7,0566	5,9852
	20	40,2848	29,5533	24,6768	20,1476	12,1899	7,1747	5,9198	4,9853
	15	34,5815	25,3428	21,1396	17,2334	10,3644	6,0279	4,9379	4,1217
	10	29,6552	21,7058	18,0843	14,7163	8,7876	5,0372	4,0898	3,3757
	5	25,4000	18,5643	15,4452	12,5420	7,4256	4,1816	3,3572	2,7314
-10	0	21,7245	15,8508	13,1656	10,6640	6,2491	3,4425	2,7244	2,1748
	-5	18,9011	13,7663	11,4145	9,2213	5,3454	2,8747	2,2383	1,7472
	-10	16,4196	11,9343	9,8755	7,9533	4,5511	2,3757	1,8111	1,3714
	-15	14,2386	10,3241	8,5228	6,8389	3,8530	1,9372	1,4356	1,0412
	-20	12,3217	8,9089	7,3339	5,8595	3,2394	1,5517	1,1056	0,7509
	-25	10,6370	7,6651	6,2891	4,9987	2,7002	1,2130	0,8155	0,4958
	-30	9,1564	6,5720	5,3708	4,2421	2,2263	0,9152	0,5606	0,2716
	30	64,6204	47,5161	39,7639	32,5737	19,9655	12,0502	10,0898	8,6487
	25	55,5977	40,8548	34,1679	27,9634	17,0775	10,2358	8,5363	7,2824
	20	47,8041	35,1010	29,3343	23,9812	14,5829	8,6686	7,1946	6,1022
	15	41,0723	30,1311	25,1592	20,5415	12,4282	7,3150	6,0356	5,0828
	10	35,2575	25,8382	21,5528	17,5703	10,5670	6,1457	5,0345	4,2023
	5	30,2349	22,1301	18,4378	15,0040	8,9594	5,1357	4,1697	3,4417
-15	0	25,8965	18,9272	15,7471	12,7872	7,5707	4,2633	3,4228	2,7847
	-5	22,5639	16,4668	13,6802	11,0843	6,5040	3,5932	2,8491	2,2801
	-10	19,6348	14,3043	11,8636	9,5877	5,5665	3,0042	2,3448	1,8365
	-15	17,0605	12,4038	10,2669	8,2723	4,7425	2,4865	1,9016	1,4467
	-20	14,7979	10,7334	8,8637	7,1162	4,0183	2,0316	1,5120	1,1041
	-25	12,8094	9,2653	7,6304	6,1001	3,3818	1,6317	1,1697	0,8030
	-30	11,0617	7,9750	6,5465	5,2071	2,8224	1,2803	0,8688	0,5383
	30	77,1618	56,7698	47,5333	38,9695	23,9597	14,5457	12,2200	10,5161
	25	66,4244	48,8426	40,8739	33,4831	20,5229	12,3866	10,3714	8,8901
	20	57,1498	41,9953	35,1218	28,7441	17,5542	10,5216	8,7747	7,4857
	15	49,1386	36,0809	30,1532	24,6507	14,9900	8,9106	7,3954	6,2726
	10	42,2189	30,9722	25,8615	21,1149	12,7751	7,5192	6,2041	5,2247
	5	36,2418	26,5595	22,1545	18,0608	10,8620	6,3173	5,1750	4,3196
-20	0	31,0790	22,7479	18,9525	15,4228	9,2095	5,2791	4,2861	3,5378
	-5	27,1130	19,8199	16,4928	13,3964	7,9400	4,4816	3,6033	2,9372
	-10	23,6273	17,2465	14,3309	11,6153	6,8243	3,7807	3,0032	2,4094
	-15	20,5637	14,9848	12,4309	10,0499	5,8437	3,1646	2,4758	1,9455
	-20	17,8712	12,9969	10,7610	8,6741	4,9819	2,6232	2,0122	1,5377
	-25	15,5048	11,2499	9,2933	7,4650	4,2245	2,1473	1,6048	1,1794
	-30	13,4250	9,7144	8,0034	6,4023	3,5588	1,7291	1,2467	0,8645
	30	92,8930	68,3764	57,2780	46,9907	28,9678	17,6733	14,8892	12,8552
	25	80,0042	58,8609	49,2843	40,4050	24,8423	15,0815	12,6702	10,9035
	20	68,8712	50,6418	42,3796	34,7165	21,2789	12,8428	10,7535	9,2176
	15	59,2549	43,5423	36,4155	29,8029	18,2009	10,9091	9,0979	7,7614
	10	50,9487	37,4100	31,2639	25,5587	15,5422	9,2389	7,6678	6,5036
	5	43,7740	32,1131	26,8142	21,8927	13,2457	7,7961	6,4326	5,4172
-25	0	37,5768	27,5378	22,9706	18,7261	11,2621	6,5500	5,3656	4,4787
	-5	32,8162	24,0232	20,0180	16,2936	9,7383	5,5927	4,5460	3,7578
	-10	28,6321	20,9342	17,4230	14,1557	8,3991	4,7513	3,8257	3,1242
	-15	24,9547	18,2192	15,1423	12,2767	7,2220	4,0118	3,1925	2,5673
	-20	21,7227	15,8331	13,1378	10,6252	6,1875	3,3619	2,6361	2,0779
	-25	18,8821	13,7360	11,3760	9,1738	5,2783	2,7907	2,1470	1,6478
	-30	16,3856	11,8929	9,8277	7,8982	4,4792	2,2887	1,7172	1,2697
	30	112,8294	83,0855	69,6271	57,1555	35,3134	21,6354	18,2702	15,8178
	25	97,2138	71,5569	59,9422	49,1765	30,3152	18,4953	15,5818	13,4532
	20	83,7255	61,5988	51,5767	42,2844	25,9978	15,7830	13,2595	11,4106
	15	72,0747	52,9973	44,3508	36,3313	22,2686	13,4402	11,2537	9,6464
	10	62,0111	45,5676	38,1093	31,1892	19,0475	11,4166	9,5211	8,1224
	5	53,3185	39,1501	32,7181	26,7475	16,2651	9,6686	8,0245	6,8061
-30	0	45,8101	33,6068	28,0614	22,9110	13,8618	8,1588	6,7318	5,6691
	-5	40,0424	29,3486	24,4842	19,9639	12,0157	6,9990	5,7388	4,7957
	-10	34,9730	25,6061	21,3402	17,3736	10,3931	5,9796	4,8660	4,0281
	-15	30,5176	22,3167	18,5769	15,0971	8,9670	5,0837	4,0989	3,3534
	-20	26,6018	19,4258	16,1483	13,0962	7,7136	4,2962	3,4248	2,7604
	-25	23,1603	16,8850	14,0138	11,3377	6,6120	3,6042	2,8323	2,2393
	-30	20,1356	14,6519	12,1379	9,7922	5,6439	2,9960	2,3115	1,7812

12.7.14 Erdwiderstandsbeiwerte nach E DIN 4085-2002-12

$\varphi > 0$

φ = 42,5		K_{pc}							
α	β	−φ	−2/3 φ	−1/2 φ	−1/3 φ	0	1/3 φ	1/2 φ	2/3 φ
	30	21,2730	15,0476	12,2485	9,6762	5,2485	2,6446	2,0064	1,5137
	25	17,8763	12,6121	10,2384	8,0540	4,2866	2,0616	1,5100	1,0784
	20	14,9817	10,5364	8,5253	6,6715	3,4668	1,5649	1,0870	0,7074
	15	12,5148	8,7676	7,0655	5,4934	2,7682	1,1415	0,7265	0,3913
	10	10,4126	7,2602	5,8214	4,4894	2,1728	0,7807	0,4193	0,1218
	5	8,6210	5,9756	4,7612	3,6338	1,6654	0,4732	0,1575	-0,1078
30	0	7,0942	4,8808	3,8577	2,9047	1,2330	0,2112	-0,0656	-0,3034
	-5	5,8769	4,0079	3,1373	2,3233	0,8883	0,0023	-0,2435	-0,4594
	-10	4,8279	3,2557	2,5165	1,8223	0,5912	-0,1778	-0,3968	-0,5939
	-15	3,9238	2,6075	1,9814	1,3905	0,3351	-0,3329	-0,5289	-0,7097
	-20	3,1447	2,0488	1,5204	1,0185	0,1145	-0,4666	-0,6428	-0,8096
	-25	2,4733	1,5674	1,1231	0,6978	-0,0756	-0,5819	-0,7409	-0,8956
	-30	1,8948	1,1525	0,7807	0,4215	-0,2395	-0,6811	-0,8254	-0,9698
	30	24,1361	17,1098	13,9580	11,0650	6,0938	3,1807	2,4737	1,9345
	25	20,3275	14,3788	11,7041	9,2461	5,0152	2,5270	1,9172	1,4464
	20	17,0818	12,0515	9,7833	7,6960	4,0960	1,9700	1,4429	1,0304
	15	14,3158	10,0681	8,1464	6,3750	3,3127	1,4953	1,0387	0,6760
	10	11,9586	8,3779	6,7515	5,2493	2,6451	1,0908	0,6942	0,3739
	5	9,9498	6,9375	5,5627	4,2899	2,0762	0,7460	0,4007	0,1164
25	0	8,2378	5,7100	4,5496	3,4723	1,5914	0,4522	0,1505	-0,1030
	-5	6,8729	4,7312	3,7418	2,8204	1,2048	0,2179	-0,0490	-0,2779
	-10	5,6966	3,8878	3,0457	2,2587	0,8717	0,0161	-0,2209	-0,4287
	-15	4,6829	3,1609	2,4458	1,7745	0,5846	-0,1579	-0,3690	-0,5586
	-20	3,8093	2,5345	1,9288	1,3573	0,3372	-0,3078	-0,4966	-0,6705
	-25	3,0565	1,9947	1,4833	0,9978	0,1240	-0,4370	-0,6067	-0,7670
	-30	2,4078	1,5296	1,0994	0,6880	-0,0597	-0,5484	-0,7015	-0,8501
	30	27,5890	19,5926	16,0129	12,7304	7,0981	3,8074	3,0157	2,4182
	25	23,2786	16,5019	13,4621	10,6719	5,8774	3,0677	2,3859	1,8658
	20	19,6053	13,8680	11,2883	8,9176	4,8371	2,4373	1,8491	1,3950
	15	16,4749	11,6233	9,4357	7,4226	3,9505	1,9000	1,3916	0,9938
	10	13,8072	9,7104	7,8570	6,1485	3,1950	1,4422	1,0018	0,6519
	5	11,5337	8,0803	6,5116	5,0628	2,5511	1,0520	0,6696	0,3606
20	0	9,5963	6,6910	5,3650	4,1375	2,0025	0,7195	0,3864	0,1123
	-5	8,0515	5,5834	4,4509	3,3997	1,5650	0,4544	0,1607	-0,0857
	-10	6,7202	4,6288	3,6630	2,7640	1,1880	0,2259	-0,0338	-0,2563
	-15	5,5730	3,8062	2,9841	2,2161	0,8630	0,0290	-0,2015	-0,4033
	-20	4,5843	3,0973	2,3991	1,7439	0,5831	-0,1407	-0,3460	-0,5300
	-25	3,7324	2,4863	1,8949	1,3370	0,3418	-0,2869	-0,4705	-0,6392
	-30	2,9982	1,9599	1,4604	0,9864	0,1338	-0,4129	-0,5778	-0,7333
	30	31,7603	22,5888	18,4899	14,7346	8,2988	4,5485	3,6529	2,9831
	25	26,8397	19,0605	15,5780	12,3847	6,9053	3,7040	2,9338	2,3525
	20	22,6464	16,0537	13,0965	10,3821	5,7177	2,9844	2,3211	1,8151
	15	19,0729	13,4913	10,9817	8,6754	4,7057	2,3711	1,7989	1,3571
	10	16,0275	11,3077	9,1795	7,2210	3,8432	1,8484	1,3538	0,9668
	5	13,4322	9,4467	7,6436	5,9815	3,1082	1,4030	0,9746	0,6342
15	0	11,2205	7,8608	6,3347	4,9253	2,4819	1,0234	0,6514	0,3508
	-5	9,4570	6,5963	5,2912	4,0831	1,9824	0,7208	0,3937	0,1248
	-10	7,9373	5,5066	4,3918	3,3573	1,5521	0,4600	0,1716	-0,0700
	-15	6,6277	4,5676	3,6168	2,7318	1,1812	0,2352	-0,0198	-0,2378
	-20	5,4991	3,7583	2,9489	2,1928	0,8615	0,0415	-0,1847	-0,3824
	-25	4,5265	3,0609	2,3733	1,7284	0,5861	-0,1254	-0,3268	-0,5071
	-30	3,6884	2,4600	1,8773	1,3281	0,3487	-0,2692	-0,4493	-0,6145
	30	36,8145	26,2164	21,4868	17,1568	9,7435	5,4332	4,4104	3,6517
	25	31,1513	22,1557	18,1354	14,4521	8,1397	4,4613	3,5828	2,9259
	20	26,3251	18,6951	15,2793	12,1472	6,7729	3,6330	2,8776	2,3074
	15	22,2122	15,7459	12,8454	10,1830	5,6081	2,9272	2,2766	1,7803
	10	18,7072	13,2327	10,7711	8,5091	4,6155	2,3256	1,7644	1,3311
	5	15,7202	11,0909	9,0035	7,0825	3,7695	1,8130	1,3279	0,9483
10	0	13,1747	9,2656	7,4971	5,8669	3,0486	1,3761	0,9559	0,6221
	-5	11,1451	7,8103	6,2960	4,8976	2,4738	1,0278	0,6593	0,3620
	-10	9,3960	6,5561	5,2609	4,0622	1,9785	0,7276	0,4037	0,1378
	-15	7,8887	5,4753	4,3689	3,3424	1,5516	0,4689	0,1834	-0,0554
	-20	6,5897	4,5439	3,6002	2,7220	1,1838	0,2460	-0,0064	-0,2218
	-25	5,4703	3,7412	2,9377	2,1874	0,8667	0,0539	-0,1700	-0,3653
	-30	4,5057	3,0496	2,3669	1,7267	0,5936	-0,1117	-0,3109	-0,4889
	30	42,9631	30,6273	25,1289	20,0981	11,4926	6,4986	5,3200	4,4518
	25	36,3937	25,9168	21,2412	16,9606	9,6322	5,3711	4,3600	3,6099
	20	30,7952	21,9024	17,9281	14,2869	8,0467	4,4103	3,5419	2,8924
	15	26,0242	18,4814	15,1047	12,0084	6,6955	3,5915	2,8447	2,2810
	10	21,9583	15,5659	12,6985	10,0666	5,5440	2,8937	2,2505	1,7599
	5	18,4933	13,0814	10,6480	8,4118	4,5627	2,2990	1,7442	1,3159
5	0	15,5405	10,9641	8,9005	7,0016	3,7264	1,7923	1,3127	0,9375
	-5	13,1861	9,2759	7,5073	5,8772	3,0597	1,3882	0,9686	0,6357
	-10	11,1572	7,8210	6,3066	4,9082	2,4851	1,0400	0,6722	0,3757
	-15	9,4087	6,5673	5,2718	4,0732	1,9899	0,7399	0,4166	0,1516
	-20	7,9019	5,4868	4,3801	3,3535	1,5632	0,4813	0,1964	-0,0415
	-25	6,6034	4,5558	3,6117	2,7334	1,1954	0,2584	0,0067	-0,2079
	-30	5,4844	3,7534	2,9495	2,1990	0,8785	0,0664	-0,1568	-0,3513

φ = 42,5		K_{pc}							
α	β	−φ	−2/3 φ	−1/2 φ	−1/3 φ	0	1/3 φ	1/2 φ	2/3 φ
	30	50,4790	36,0172	29,5778	23,6891	13,6237	7,7918	6,4220	5,4191
	25	42,7996	30,5108	25,0332	20,0216	11,4489	6,4738	5,2998	4,4349
	20	36,2552	25,8181	21,1603	16,8961	9,5955	5,3507	4,3434	3,5962
	15	30,6780	21,8191	17,8599	14,2326	8,0160	4,3935	3,5284	2,8814
	10	25,9252	18,4110	15,0472	11,9627	6,6700	3,5778	2,8339	2,2723
	5	21,8748	15,5067	12,6502	10,0283	5,5229	2,8827	2,2420	1,7532
0	0	18,4230	13,0316	10,6075	8,3798	4,5453	2,2903	1,7376	1,3109
	-5	15,6708	11,0582	8,9788	7,0654	3,7659	1,8179	1,3354	0,9582
	-10	13,2990	9,3575	7,5752	5,9327	3,0942	1,4109	0,9888	0,6542
	-15	11,2551	7,8919	6,3656	4,9566	2,5154	1,0601	0,6901	0,3923
	-20	9,4937	6,6289	5,3233	4,1154	2,0165	0,7578	0,4327	0,1665
	-25	7,9758	5,5405	4,4250	3,3904	1,5867	0,4973	0,2109	-0,0280
	-30	6,6678	4,6026	3,6509	2,7658	1,2162	0,2728	0,0198	-0,1956
	30	59,7175	42,6410	35,0438	28,0996	16,2375	9,3740	7,7684	6,5990
	25	50,6718	36,1548	29,6908	23,7796	13,6758	7,8216	6,4465	5,4398
	20	42,9631	30,6273	25,1289	20,0981	11,4926	6,4986	5,3200	4,4518
	15	36,3937	25,9168	21,2412	16,9606	9,6322	5,3711	4,3600	3,6099
	10	30,7952	21,9024	17,9281	14,2869	8,0467	4,4103	3,5419	2,8924
	5	26,0242	18,4814	15,1047	12,0084	6,6955	3,5915	2,8447	2,2810
-5	0	21,9583	15,5659	12,6985	10,0666	5,5440	2,8937	2,2505	1,7599
	-5	18,7165	13,2414	10,7801	8,5184	4,6259	2,3373	1,7768	1,3445
	-10	15,9228	11,2382	9,1268	7,1842	3,8347	1,8579	1,3686	0,9864
	-15	13,5152	9,5118	7,7020	6,0343	3,1529	1,4447	1,0167	0,6779
	-20	11,4404	8,0241	6,4742	5,0435	2,5653	1,0886	0,7135	0,4120
	-25	9,6525	6,7421	5,4161	4,1896	2,0589	0,7817	0,4523	0,1829
	-30	8,1117	5,6373	4,5043	3,4538	1,6226	0,5173	0,2271	-0,0146
	30	71,1451	50,8330	41,8031	33,5523	19,4661	11,3251	9,4272	8,0513
	25	60,4079	43,1340	35,4490	28,4245	16,4253	9,4824	7,8582	6,6753
	20	51,2577	36,5729	30,0341	24,0545	13,8339	7,9120	6,5210	5,5027
	15	43,4599	30,9815	25,4194	20,3304	11,6255	6,5737	5,3815	4,5033
	10	36,8145	26,2164	21,4868	17,1568	9,7435	5,4332	4,4104	3,6517
	5	31,1513	22,1557	18,1354	14,4521	8,1397	4,4613	3,5828	2,9259
-10	0	26,3251	18,6951	15,2793	12,1472	6,7729	3,6330	2,8776	2,3074
	-5	22,4771	15,9359	13,0021	10,3095	5,6831	2,9726	2,3153	1,8142
	-10	19,1609	13,5580	11,0397	8,7258	4,7440	2,4035	1,8307	1,3893
	-15	16,3031	11,5089	9,3485	7,3610	3,9346	1,9130	1,4131	1,0230
	-20	13,8404	9,7430	7,8910	6,1848	3,2372	1,4904	1,0532	0,7074
	-25	11,7181	8,2212	6,6351	5,1712	2,6361	1,1261	0,7430	0,4354
	-30	9,8892	6,9098	5,5528	4,2978	2,1182	0,8123	0,4758	0,2010
	30	85,3814	61,0375	50,2221	40,3430	23,4845	13,7511	11,4886	9,8550
	25	72,5358	51,8267	42,6203	34,2082	19,8466	11,5465	9,6115	8,2087
	20	61,5888	43,9772	36,1420	28,9801	16,7464	9,6677	8,0118	6,8058
	15	52,2597	37,2878	30,6212	24,5247	14,1043	8,0667	6,6485	5,6102
	10	44,3094	31,5871	25,9163	20,7279	11,8528	6,7022	5,4867	4,5913
	5	37,5342	26,7289	21,9068	17,4921	9,9340	5,5394	4,4966	3,7230
-15	0	31,7603	22,5888	18,4899	14,7346	8,2988	4,5485	3,6529	2,9831
	-5	27,1566	19,2878	15,7655	12,5360	6,9950	3,7584	2,9802	2,3931
	-10	23,1893	16,4430	13,4177	10,6413	5,8715	3,0775	2,4004	1,8847
	-15	19,7703	13,9914	11,3944	9,0085	4,9032	2,4908	1,9008	1,4465
	-20	16,8240	11,8788	9,6508	7,6014	4,0688	1,9851	1,4702	1,0689
	-25	14,2849	10,0582	8,1482	6,3888	3,3497	1,5494	1,0992	0,7435
	-30	12,0969	8,4893	6,8534	5,3438	2,7301	1,1738	0,7795	0,4631
	30	103,2591	73,8515	60,7934	48,8689	28,5281	16,7941	14,0736	12,1158
	25	87,7650	62,7415	51,6242	41,4692	24,1401	14,1350	11,8094	10,1301
	20	74,5608	53,2735	43,8101	35,1632	20,4007	11,8688	9,8798	8,4379
	15	63,3082	45,2049	37,1510	29,7892	17,2139	9,9376	8,2354	6,9958
	10	53,7186	38,3288	31,4760	25,2094	14,4981	8,2919	6,8341	5,7668
	5	45,5464	32,4689	26,6398	21,3065	12,1837	6,8893	5,6399	4,7195
-20	0	38,5820	27,4751	22,5184	17,9805	10,2113	5,6941	4,6222	3,8270
	-5	33,0291	23,4935	19,2323	15,3285	8,6387	4,7411	3,8107	3,1154
	-10	28,2438	20,0621	16,4004	13,0431	7,2835	3,9198	3,1114	2,5021
	-15	24,1199	17,1051	13,9599	11,0736	6,1156	3,2121	2,5088	1,9736
	-20	20,5660	14,5568	11,8568	9,3764	5,1091	2,6021	1,9895	1,5181
	-25	17,5035	12,3609	10,0444	7,9138	4,2418	2,0765	1,5419	1,1256
	-30	14,8643	10,4685	8,4826	6,6534	3,4944	1,6236	1,1563	0,7874
	30	125,9137	90,0889	74,1885	59,6719	34,9177	20,6480	17,3467	14,9779
	25	107,0628	76,5719	63,0328	50,6690	29,5790	17,4127	14,5920	12,5621
	20	90,9979	65,0527	53,5258	42,9968	25,0294	14,6556	12,2444	10,5032
	15	77,3073	55,2359	45,4239	36,4585	21,1521	12,3060	10,2437	8,7487
	10	65,6402	46,8701	38,5195	30,8865	17,8480	10,3037	8,5388	7,2535
	5	55,6974	39,7406	32,6355	26,1380	15,0321	8,5973	7,0859	5,9793
-25	0	47,2241	33,6649	27,6211	22,0914	12,6325	7,1431	5,8476	4,8934
	-5	40,4683	28,8206	23,6231	18,8649	10,7192	5,9836	4,8604	4,0276
	-10	34,6461	24,6459	20,1776	16,0844	9,0703	4,9844	4,0096	3,2814
	-15	29,6288	21,0482	17,2084	13,6882	7,6494	4,1233	3,2764	2,6384
	-20	25,3050	17,9479	14,6497	11,6232	6,4249	3,3813	2,6446	2,0843
	-25	21,5789	15,2761	12,4446	9,8437	5,3696	2,7418	2,1001	1,6068
	-30	18,3680	12,9738	10,5445	8,3103	4,4603	2,1908	1,6308	1,1953
	30	154,9197	110,8784	91,3387	73,5030	43,0978	25,5813	21,5364	18,6413
	25	131,7705	94,2793	77,6393	62,4475	36,5418	21,6084	18,1536	15,6746
	20	112,0427	80,1336	65,9647	53,0259	30,9548	18,2227	15,2707	13,1464
	15	95,2306	68,0785	56,0155	44,9967	26,1936	15,3373	12,8139	10,9918
	10	80,9032	57,8052	47,5368	38,1543	22,1360	12,8784	10,7202	9,1557
	5	68,6934	49,0502	40,3112	32,3231	18,6781	10,7830	8,9360	7,5909
-30	0	58,2881	41,5891	34,1535	27,3538	15,7313	8,9972	7,4154	6,2574
	-5	49,9918	35,6403	29,2439	23,3917	13,3818	7,5734	6,2031	5,1942
	-10	42,8422	30,5137	25,0128	19,9772	11,3570	6,3463	5,1583	4,2779
	-15	36,6808	26,0957	21,3666	17,0346	9,6121	5,2889	4,2579	3,4883
	-20	31,3712	22,2885	18,2244	14,4988	8,1083	4,3777	3,4820	2,8078
	-25	26,7955	19,0075	15,5166	12,3136	6,8125	3,5924	2,8134	2,2214
	-30	22,8525	16,1802	13,1832	10,4305	5,6958	2,9157	2,2372	1,7161

12.7.15 Erdwiderstandsbeiwerte nach E DIN 4085-2002-12

$\varphi > 0$

$\varphi = 45$		K_{pc}							
α	β	$-\varphi$	$-2/3\ \varphi$	$-1/2\ \varphi$	$-1/3\ \varphi$	0	$1/3\ \varphi$	$1/2\ \varphi$	$2/3\ \varphi$
	30	25,3460	17,4433	13,9668	10,8250	5,5754	2,7438	2,0898	1,5898
	25	21,0253	14,4362	11,5299	8,8999	4,4976	2,1129	1,5550	1,1216
	20	17,3965	11,9107	9,4832	7,2831	3,5923	1,5831	1,1058	0,7285
	15	14,3489	9,7897	7,7643	5,9253	2,8321	1,1381	0,7285	0,3983
	10	11,7894	8,0083	6,3207	4,7849	2,1936	0,7644	0,4117	0,1210
	5	9,6398	6,5123	5,1082	3,8272	1,6574	0,4505	0,1456	-0,1119
30	0	7,8345	5,2558	4,0900	3,0228	1,2070	0,1869	-0,0779	-0,3076
	-5	6,3471	4,2206	3,2511	2,3601	0,8360	-0,0303	-0,2620	-0,4687
	-10	5,0933	3,3480	2,5439	1,8015	0,5232	-0,2133	-0,4172	-0,6046
	-15	4,0364	2,6124	1,9478	1,3306	0,2596	-0,3676	-0,5480	-0,7191
	-20	3,1455	1,9924	1,4453	0,9336	0,0373	-0,4977	-0,6583	-0,8156
	-25	2,3946	1,4697	1,0218	0,5990	-0,1500	-0,6074	-0,7513	-0,8970
	-30	1,7616	1,0292	0,6648	0,3170	-0,3079	-0,6998	-0,8296	-0,9655
	30	29,1354	20,0894	16,1188	12,5342	6,5539	3,3396	2,6055	2,0518
	25	24,2194	16,6680	13,3461	10,3439	5,3276	2,6218	1,9969	1,5191
	20	20,0908	13,7946	11,0174	8,5044	4,2977	2,0190	1,4859	1,0718
	15	16,6233	11,3813	9,0617	6,9594	3,4327	1,5127	1,0566	0,6961
	10	13,7112	9,3546	7,4192	5,6619	2,7062	1,0875	0,6961	0,3806
	5	11,2654	7,6524	6,0397	4,5722	2,0961	0,7304	0,3934	0,1156
25	0	9,2114	6,2228	4,8812	3,6570	1,5837	0,4305	0,1391	-0,1070
	-5	7,5191	5,0450	3,9267	2,9031	1,1616	0,1834	-0,0704	-0,2903
	-10	6,0925	4,0522	3,1221	2,2675	0,8057	-0,0249	-0,2469	-0,4449
	-15	4,8900	3,2153	2,4439	1,7317	0,5057	-0,2005	-0,3958	-0,5752
	-20	3,8764	2,5098	1,8722	1,2801	0,2529	-0,3485	-0,5213	-0,6850
	-25	3,0220	1,9152	1,3903	0,8994	0,0397	-0,4732	-0,6270	-0,7776
	-30	2,3018	1,4139	0,9841	0,5785	-0,1399	-0,5784	-0,7162	-0,8556
	30	33,7457	23,3048	18,7302	14,6042	7,7293	4,0453	3,2117	2,5905
	25	28,1003	19,3757	15,5461	12,0889	6,3211	3,2210	2,5129	1,9789
	20	23,3590	16,0759	12,8719	9,9764	5,1383	2,5287	1,9260	1,4652
	15	19,3770	13,3045	10,6260	8,2022	4,1450	1,9473	1,4331	1,0337
	10	16,0327	10,9770	8,7398	6,7122	3,3107	1,4590	1,0191	0,6714
	5	13,2241	9,0222	7,1556	5,4608	2,6101	1,0489	0,6714	0,3671
20	0	10,8652	7,3805	5,8252	4,4098	2,0216	0,7045	0,3794	0,1115
	-5	8,9218	6,0280	4,7290	3,5439	1,5369	0,4207	0,1388	-0,0991
	-10	7,2836	4,8878	3,8051	2,8140	1,1282	0,1815	-0,0639	-0,2766
	-15	5,9027	3,9267	3,0262	2,1987	0,7837	-0,0201	-0,2349	-0,4262
	-20	4,7386	3,1166	2,3696	1,6801	0,4933	-0,1901	-0,3790	-0,5523
	-25	3,7574	2,4337	1,8162	1,2429	0,2486	-0,3334	-0,5004	-0,6586
	-30	2,9303	1,8581	1,3497	0,8744	0,0422	-0,4541	-0,6028	-0,7482
	30	39,3686	27,2231	21,9099	17,1212	9,1507	4,8902	3,9340	3,2287
	25	32,8292	22,6718	18,2215	14,2076	7,5194	3,9354	3,1245	2,5202
	20	27,3371	18,8495	15,1239	11,7606	6,1494	3,1335	2,4447	1,9251
	15	22,7246	15,6393	12,5223	9,7054	4,9988	2,4600	1,8737	1,4254
	10	18,8507	12,9432	10,3374	7,9795	4,0324	1,8944	1,3942	1,0056
	5	15,5973	10,6789	8,5024	6,5299	3,2208	1,4194	0,9914	0,6531
15	0	12,8649	8,7772	6,9613	5,3125	2,5392	1,0204	0,6532	0,3571
	-5	10,6138	7,2105	5,6916	4,3095	1,9776	0,6917	0,3745	0,1132
	-10	8,7161	5,8898	4,6213	3,4640	1,5043	0,4146	0,1396	-0,0924
	-15	7,1165	4,7765	3,7191	2,7513	1,1052	0,1811	-0,0584	-0,2657
	-20	5,7682	3,8380	2,9586	2,1505	0,7689	-0,0158	-0,2253	-0,4118
	-25	4,6316	3,0470	2,3175	1,6441	0,4853	-0,1818	-0,3660	-0,5350
	-30	3,6736	2,3802	1,7772	1,2173	0,2463	-0,3216	-0,4846	-0,6388
	30	46,2509	32,0164	25,7973	20,1956	10,8804	5,9116	4,8040	3,9943
	25	38,6138	26,7011	21,4898	16,7929	8,9753	4,7965	3,8586	3,1668
	20	32,1998	22,2372	17,8722	13,9352	7,3753	3,8600	3,0646	2,4719
	15	26,8130	18,4881	14,8339	11,5351	6,0315	3,0734	2,3978	1,8882
	10	22,2889	15,3394	12,2822	9,5194	4,9029	2,4129	1,8378	1,3980
	5	18,4893	12,6950	10,1392	7,8265	3,9551	1,8581	1,3674	0,9864
10	0	15,2983	10,4741	8,3394	6,4047	3,1591	1,3921	0,9724	0,6406
	-5	12,6692	8,6444	6,8566	5,2333	2,5032	1,0083	0,6470	0,3558
	-10	10,4531	7,1020	5,6066	4,2459	1,9504	0,6847	0,3726	0,1156
	-15	8,5850	5,8018	4,5530	3,4136	1,4844	0,4119	0,1414	-0,0868
	-20	7,0103	4,7059	3,6648	2,7120	1,0916	0,1820	-0,0535	-0,2574
	-25	5,6829	3,7821	2,9161	2,1206	0,7604	-0,0118	-0,2179	-0,4012
	-30	4,5640	3,0034	2,2851	1,6221	0,4813	-0,1752	-0,3564	-0,5224
	30	54,7117	37,9069	30,5727	23,9700	12,9985	7,1566	5,8618	4,9226
	25	45,7222	31,6504	25,5024	19,9648	10,7560	5,8440	4,7491	3,9486
	20	38,1724	26,3959	21,2442	16,6010	8,8727	4,7416	3,8145	3,1306
	15	31,8317	21,9830	17,6679	13,7759	7,2910	3,8158	3,0296	2,4436
	10	26,5065	18,2767	14,6644	11,4032	5,9625	3,0383	2,3704	1,8666
	5	22,0341	15,1641	12,1418	9,4105	4,8469	2,3853	1,8168	1,3821
5	0	18,2780	12,5499	10,0233	7,7370	3,9099	1,8368	1,3518	0,9751
	-5	15,1834	10,3962	8,2779	6,3582	3,1379	1,3850	0,9687	0,6398
	-10	12,5748	8,5807	6,8066	5,1960	2,4872	1,0041	0,6458	0,3572
	-15	10,3759	7,0503	5,5664	4,2162	1,9387	0,6830	0,3736	0,1189
	-20	8,5223	5,7602	4,5209	3,3904	1,4763	0,4124	0,1442	-0,0819
	-25	6,9599	4,6728	3,6397	2,6943	1,0865	0,1843	-0,0492	-0,2512
	-30	5,6429	3,7562	2,8969	2,1075	0,7580	-0,0080	-0,2123	-0,3939

φ = 45		K_{pc}							
α	β	−φ	−2/3 φ	−1/2 φ	−1/3 φ	0	1/3 φ	1/2 φ	2/3 φ
	30	65,1665	45,1837	36,4704	28,6297	15,6090	8,6862	7,1595	6,0592
	25	54,5035	37,7626	30,4563	23,8788	12,9491	7,1293	5,8395	4,9039
	20	45,5482	31,5300	25,4054	19,8888	10,7151	5,8218	4,7310	3,9336
	15	38,0272	26,2955	21,1633	16,5378	8,8389	4,7236	3,8000	3,1187
	10	31,7106	21,8993	17,6007	13,7234	7,2632	3,8013	3,0181	2,4343
	5	26,4056	18,2072	14,6086	11,3598	5,9398	3,0267	2,3614	1,8595
0	0	21,9503	15,1064	12,0956	9,3747	4,8284	2,3762	1,8098	1,3768
	-5	18,2796	12,5517	10,0253	7,7393	3,9128	1,8402	1,3555	0,9791
	-10	15,1854	10,3982	8,2801	6,3607	3,1409	1,3885	0,9724	0,6438
	-15	12,5771	8,5829	6,8090	5,1986	2,4902	1,0076	0,6496	0,3612
	-20	10,3785	7,0527	5,5689	4,2190	1,9418	0,6866	0,3774	0,1230
	-25	8,5253	5,7629	4,5237	3,3932	1,4795	0,4160	0,1480	-0,0778
	-30	6,9631	4,6757	3,6426	2,6972	1,0898	0,1879	-0,0454	-0,2470
	30	78,1601	54,2264	43,7980	34,4174	18,8479	10,5803	8,7645	7,4632
	25	65,4154	45,3563	36,6097	28,7390	15,6686	8,7194	7,1868	6,0823
	20	54,7117	37,9069	30,5727	23,9700	12,9985	7,1566	5,8618	4,9226
	15	45,7222	31,6504	25,5024	19,9648	10,7560	5,8440	4,7491	3,9486
	10	38,1724	26,3959	21,2442	16,6010	8,8727	4,7416	3,8145	3,1306
	5	31,8317	21,9830	17,6679	13,7759	7,2910	3,8158	3,0296	2,4436
-5	0	26,5065	18,2767	14,6644	11,4032	5,9625	3,0383	2,3704	1,8666
	-5	22,1192	15,2233	12,1898	9,4485	4,8681	2,3977	1,8273	1,3913
	-10	18,4209	12,6494	10,1039	7,8007	3,9455	1,8577	1,3695	0,9906
	-15	15,3034	10,4797	8,3456	6,4117	3,1678	1,4025	0,9836	0,6528
	-20	12,6755	8,6507	6,8634	5,2408	2,5123	1,0188	0,6583	0,3681
	-25	10,4604	7,1091	5,6140	4,2539	1,9597	0,6954	0,3841	0,1281
	-30	8,5933	5,8096	4,5609	3,4220	1,4940	0,4228	0,1529	-0,0742
	30	94,4144	65,5369	52,9625	41,6548	22,8951	12,9440	10,7660	9,2127
	25	79,0639	54,8534	44,3045	34,8154	19,0658	10,7026	8,8658	7,5495
	20	66,1718	45,8808	37,0331	29,0713	15,8498	8,8202	7,2699	6,1527
	15	55,3443	38,3452	30,9262	24,2472	13,1488	7,2393	5,9296	4,9795
	10	46,2509	32,0164	25,7973	20,1956	10,8804	5,9116	4,8040	3,9943
	5	38,6138	26,7011	21,4898	16,7929	8,9753	4,7965	3,8586	3,1668
-10	0	32,1998	22,2372	17,8722	13,9352	7,3753	3,8600	3,0646	2,4719
	-5	26,9155	18,5594	14,8917	11,5807	6,0571	3,0884	2,4105	1,8993
	-10	22,4610	15,4592	12,3793	9,5961	4,9459	2,4380	1,8591	1,4167
	-15	18,7061	12,8459	10,2615	7,9231	4,0092	1,8897	1,3943	1,0098
	-20	15,5410	10,6430	8,4763	6,5128	3,2196	1,4276	1,0025	0,6669
	-25	12,8730	8,7862	6,9715	5,3241	2,5540	1,0380	0,6722	0,3778
	-30	10,6241	7,2210	5,7030	4,3221	1,9930	0,7097	0,3938	0,1342
	30	114,8950	79,7875	64,5083	50,7719	27,9913	15,9179	13,2833	11,4119
	25	96,2600	66,8181	53,9978	42,4691	23,3427	13,1970	10,9765	9,3928
	20	80,6094	55,9256	45,1705	35,4960	19,4385	10,9118	9,0391	7,6971
	15	67,4653	46,7777	37,7570	29,6396	16,1596	8,9927	7,4120	6,2729
	10	56,4262	39,0947	31,5307	24,7212	13,4058	7,3808	6,0455	5,0769
	5	47,1550	32,6422	26,3016	20,5904	11,0931	6,0271	4,8979	4,0724
-15	0	39,3686	27,2231	21,9099	17,1212	9,1507	4,8902	3,9340	3,2287
	-5	32,9537	22,7585	18,2917	14,2630	7,5505	3,9536	3,1399	2,5337
	-10	27,5461	18,9949	15,2418	11,8537	6,2015	3,1640	2,4705	1,9478
	-15	22,9878	15,8224	12,6708	9,8227	5,0644	2,4984	1,9063	1,4539
	-20	19,1454	13,1482	10,5036	8,1107	4,1059	1,9374	1,4306	1,0376
	-25	15,9065	10,8941	8,6768	6,6677	3,2979	1,4645	1,0297	0,6866
	-30	13,1764	8,9940	7,1370	5,4513	2,6169	1,0659	0,6917	0,3908
	30	140,9105	97,8887	79,1733	62,3513	34,4623	19,6925	16,4774	14,2016
	25	118,1025	82,0149	66,3092	52,1893	28,7727	16,3623	13,6541	11,7304
	20	98,9473	68,6834	55,5052	43,6547	23,9943	13,5654	11,2829	9,6550
	15	82,8598	57,4869	46,4315	36,4869	19,9812	11,2165	9,2915	7,9120
	10	69,3487	48,0835	38,8110	30,4670	16,6108	9,2437	7,6190	6,4481
	5	58,0014	40,1861	32,4109	25,4113	13,7801	7,5869	6,2143	5,2186
-20	0	48,4714	33,5535	27,0358	21,1652	11,4028	6,1954	5,0346	4,1860
	-5	40,6200	28,0891	22,6075	17,6670	9,4442	5,0490	4,0627	3,3354
	-10	34,0015	23,4828	18,8745	14,7181	7,7931	4,0826	3,2434	2,6183
	-15	28,4224	19,5999	15,7278	12,2324	6,4014	3,2680	2,5528	2,0138
	-20	23,7196	16,3268	13,0753	10,1371	5,2283	2,5813	1,9706	1,5042
	-25	19,7555	13,5679	10,8394	8,3708	4,2394	2,0025	1,4799	1,0747
	-30	16,4140	11,2424	8,9548	6,8821	3,4058	1,5147	1,0663	0,7127
	30	174,2586	121,0915	97,9712	77,1937	42,7559	24,5292	20,5700	17,7756
	25	146,1011	101,4945	82,0897	64,6481	35,7318	20,4179	17,0844	14,7248
	20	122,4530	85,0361	68,7517	54,1117	29,8326	16,9650	14,1571	12,1625
	15	102,5921	71,2134	57,5498	45,2627	24,8782	14,0651	11,6985	10,0107
	10	85,9120	59,6045	48,1419	37,8309	20,7172	11,6296	9,6337	8,2034
	5	71,9032	49,8547	40,2407	31,5893	17,2226	9,5842	7,8996	6,6856
-25	0	60,1380	41,6664	33,6048	26,3473	14,2877	7,8663	6,4432	5,4108
	-5	50,4449	34,9203	28,1378	22,0286	11,8697	6,4511	5,2433	4,3606
	-10	42,2741	29,2336	23,5292	18,3881	9,8314	5,2580	4,2319	3,4753
	-15	35,3864	24,4400	19,6445	15,3193	8,1133	4,2523	3,3793	2,7291
	-20	29,5806	20,3993	16,3698	12,7325	6,6650	3,4046	2,6606	2,1000
	-25	24,6867	16,9932	13,6096	10,5520	5,4441	2,6901	2,0548	1,5697
	-30	20,5615	14,1222	11,2829	8,7141	4,4151	2,0877	1,5441	1,1228
	30	217,4505	151,1432	122,3176	96,4170	53,4972	30,7932	25,8700	22,4040
	25	182,3641	126,7239	102,5282	80,7843	44,7446	25,6702	21,5268	18,6024
	20	152,8968	106,2155	85,9081	67,6551	37,3938	21,3676	17,8791	15,4097
	15	128,1487	88,9914	71,9497	56,6287	31,2202	17,7541	14,8156	12,7283
	10	107,3641	74,5259	60,2267	47,3681	26,0354	14,7193	12,2427	10,4763
	5	89,9081	62,3769	50,3812	39,5906	21,6809	12,1706	10,0818	8,5850
-30	0	75,2477	52,1737	42,1124	33,0587	18,0237	10,0300	8,2671	6,9966
	-5	63,1695	43,7676	35,3001	27,6773	15,0107	8,2664	6,7719	5,6879
	-10	52,9880	36,6815	29,5575	23,1409	12,4709	6,7798	5,5116	4,5848
	-15	44,4055	30,7083	24,7168	19,3170	10,3299	5,5267	4,4492	3,6549
	-20	37,1710	25,6732	20,6364	16,0936	8,5252	4,4704	3,5536	2,8710
	-25	31,0728	21,4291	17,1969	13,3766	7,0040	3,5800	2,7987	2,2103
	-30	25,9325	17,8516	14,2977	11,0864	5,7217	2,8294	2,1624	1,6533

12.7.16 Erddruckbeiwerte K_{pch} für gekrümmte Gleitflächen bei $\alpha = \beta = 0$ nach E DIN 4085-2002-12, Seite 59 - 60

$-\varphi$	$-2/3\ \varphi$	$-1/2\ \varphi$	$-1/3\ \varphi$	0	$1/3\ \varphi$	$1/2\ \varphi$	$2/3\ \varphi$	Bodenreibungswinkel φ [°]
2,0000	2,0000	2,0000	2,0000	2,0000	2,0000	2,0000	2,0000	0,0
2,5647	2,4532	2,3915	2,3258	2,1826	2,0104	1,9217	1,8310	5,0
3,1221	2,9179	2,7998	2,6713	2,3835	2,0041	1,8174	1,6324	10,0
3,4492	3,1896	3,0367	2,8692	2,4919	1,9979	1,7626	1,5341	12,5
3,8157	3,4930	3,2999	3,0872	2,6065	1,9912	1,7094	1,4420	15,0
4,2284	3,8332	3,5934	3,3279	2,7277	1,9856	1,6602	1,3584	17,5
4,6952	4,2166	3,9219	3,5945	2,8563	1,9821	1,6166	1,2857	20,0
5,2251	4,6502	4,2909	3,8911	2,9932	1,9821	1,5799	1,2247	22,5
5,8291	5,1427	4,7073	4,2220	3,1394	1,9864	1,5513	1,1758	25,0
6,5199	5,7046	5,1789	4,5929	3,2959	1,9962	1,5315	1,1392	27,5
7,3127	6,3484	5,7156	5,0099	3,4641	2,0124	1,5210	1,1144	30,0
8,2258	7,0895	6,3288	5,4808	3,6455	2,0358	1,5201	1,1011	32,5
9,2809	7,9464	7,0330	6,0152	3,8420	2,0673	1,5293	1,0987	35,0
10,5037	8,9423	7,8454	6,6242	4,0556	2,1079	1,5486	1,1070	37,5
11,9252	10,1051	8,7876	7,3217	4,2890	2,1586	1,5785	1,1254	40,0
13,5829	11,4704	9,8863	8,1250	4,5453	2,2206	1,6195	1,1539	42,5
15,5212	13,0825	11,1749	9,0553	4,8284	2,2952	1,6720	1,1923	45,0

12.7.17 Neues Diagramm für die Erddruckbeiwerte K_{pch} für gekrümmte Gleitflächen bei $\alpha = \beta = 0$ nach DIN 4085-2002-12, Seite 59-60

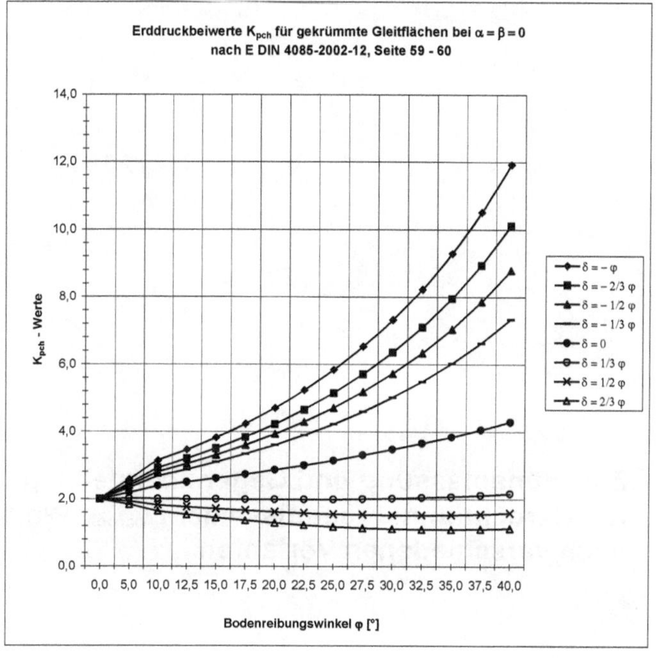

12.8 Zusammenfassung und Gegenüberstellung der Berechnungsergebnisse der $K_{pc/pch}$-Werte nach verschiedenen Verfahren

12.8.1 Zusammenfassung und Gegenüberstellung der Berechnungsergebnisse der $K_{pc/pch}$-Werte nach verschiedenen Verfahren

$\varphi > 0$

$\alpha = \beta = 0$

K_{pc} - Werte	DIN 4085, Februar 1987								DIN 4085-100, April 1996								E DIN 4085, Dezember 2002								Coulomb								
φ [°]	$\delta_p = -\varphi$	$\delta_p = -2/3\,\varphi$	$\delta_p = -1/2\,\varphi$	$\delta_p = -1/3\,\varphi$	$\delta_p = 0$	$\delta_p = 1/3\,\varphi$	$\delta_p = 1/2\,\varphi$	$\delta_p = 2/3\,\varphi$	$\delta_p = -\varphi$	$\delta_p = -2/3\,\varphi$	$\delta_p = -1/2\,\varphi$	$\delta_p = -1/3\,\varphi$	$\delta_p = 0$	$\delta_p = 1/3\,\varphi$	$\delta_p = 1/2\,\varphi$	$\delta_p = 2/3\,\varphi$	$\delta_p = -\varphi$	$\delta_p = -2/3\,\varphi$	$\delta_p = -1/2\,\varphi$	$\delta_p = -1/3\,\varphi$	$\delta_p = 0$	$\delta_p = 1/3\,\varphi$	$\delta_p = 1/2\,\varphi$	$\delta_p = 2/3\,\varphi$	$\delta_p = -\varphi$	$\delta_p = -2/3\,\varphi$	$\delta_p = -1/2\,\varphi$	$\delta_p = -1/3\,\varphi$	$\delta_p = 0$	$\delta_p = 1/3\,\varphi$	$\delta_p = 1/2\,\varphi$	$\delta_p = 2/3\,\varphi$	φ [°]
10,0	3,040	2,780	2,668	2,564	2,384	2,232	2,166	2,105	3,436	3,236	3,073	2,876	2,384	1,863	1,614	1,372	3,170	2,938	2,811	2,676	2,384	2,008	1,824	1,644	---	---	---	---	---	---	---	---	**10,0**
15,0	4,000	3,397	3,156	2,947	2,606	2,347	2,241	2,149	4,084	3,772	3,536	3,261	2,607	1,929	1,620	1,332	3,950	3,547	3,328	3,099	2,607	1,999	1,724	1,464	3,732	3,295	3,103	2,925	2,607	---	---	---	**15,0**
17,5	4,690	3,799	3,460	3,175	2,728	2,403	2,276	2,168	4,490	4,096	3,810	3,484	2,728	1,961	1,623	1,314	4,434	3,914	3,636	3,345	2,728	1,996	1,680	1,387	4,266	3,644	3,380	3,142	2,728	---	---	---	**17,5**
20,0	5,599	4,287	3,817	3,433	2,856	2,459	2,309	2,185	4,968	4,468	4,121	3,732	2,856	1,994	1,624	1,295	4,997	4,333	3,982	3,619	2,856	1,996	1,642	1,321	4,944	4,059	3,702	3,387	2,856	---	---	---	**20,0**
22,5	6,828	4,889	4,239	3,727	2,993	2,515	2,341	2,200	5,536	4,899	4,474	4,009	2,993	2,026	1,624	1,277	5,656	4,814	4,375	3,925	2,993	1,999	1,611	1,268	5,828	4,562	4,078	3,664	2,993	---	---	---	**22,5**
25,0	8,549	5,645	4,746	4,067	3,139	2,569	2,369	2,213	6,216	5,401	4,880	4,321	3,139	2,057	1,622	1,257	6,432	5,368	4,822	4,267	3,139	2,008	1,589	1,227	7,022	5,180	4,523	3,981	3,139	---	---	---	**25,0**
27,5	11,059	6,611	5,361	4,461	3,296	2,622	2,396	2,223	7,041	5,993	5,349	4,674	3,296	2,087	1,617	1,236	7,350	6,010	5,332	4,652	3,296	2,022	1,577	1,200	8,701	5,957	5,058	4,348	3,296	---	---	---	**27,5**
30,0	14,928	7,878	6,122	4,924	3,464	2,673	2,419	2,231	8,052	6,696	5,895	5,077	3,464	2,116	1,609	1,211	8,444	6,756	5,917	5,087	3,464	2,043	1,575	1,186	11,196	6,960	5,712	4,775	3,464	---	---	---	**30,0**
32,5	21,346	9,589	7,080	5,474	3,646	2,723	2,440	2,235	9,310	7,541	6,539	5,540	3,646	2,143	1,595	1,181	9,753	7,629	6,592	5,580	3,646	2,073	1,583	1,185	15,184	8,282	6,526	5,280	3,646	---	---	---	**32,5**
35,0	33,163	11,984	8,313	6,136	3,842	2,770	2,456	2,236	10,896	8,570	7,306	6,078	3,842	2,168	1,575	1,143	11,330	8,654	7,374	6,142	3,842	2,111	1,604	1,197	22,253	10,104	7,561	5,885	3,842	---	---	---	**35,0**
37,5	58,695	15,495	9,943	6,947	4,056	2,815	2,469	2,234	12,933	9,841	8,229	6,708	4,056	2,190	1,548	1,095	13,240	9,867	8,285	6,785	4,056	2,159	1,635	1,221	36,943	12,727	8,153	6,621	4,056	---	---	---	**37,5**
40,0	131,65	20,963	12,170	7,957	4,289	2,857	2,478	2,228	15,598	11,433	9,357	7,455	4,289	2,210	1,511	1,036	15,567	11,308	9,352	7,525	4,289	2,218	1,680	1,259	77,253	16,741	10,746	7,534	4,289	---	---	---	**40,0**
42,5	525,58	30,221	15,342	9,244	4,545	2,895	2,482	2,218	19,163	13,466	10,755	8,352	4,545	2,228	1,465	0,961	18,423	13,032	10,608	8,380	4,545	2,290	1,738	1,311	---	---	---	---	---	---	---	---	**42,5**
45,0	- - -	47,925	20,109	10,928	4,828	2,928	2,480	2,203	24,058	16,113	12,520	9,443	4,828	2,245	1,408	0,870	21,950	15,106	12,096	9,375	4,828	2,376	1,810	1,377	---	---	---	---	---	---	---	---	**45,0**

entspricht den verglichenen Werten

K_{pch} - Werte	DIN 4085, Februar 1987								DIN 4085-100, April 1996								E DIN 4085, Dezember 2002								Coulomb								
φ [°]	$\delta_p = -\varphi$	$\delta_p = -2/3\,\varphi$	$\delta_p = -1/2\,\varphi$	$\delta_p = -1/3\,\varphi$	$\delta_p = 0$	$\delta_p = 1/3\,\varphi$	$\delta_p = 1/2\,\varphi$	$\delta_p = 2/3\,\varphi$	$\delta_p = -\varphi$	$\delta_p = -2/3\,\varphi$	$\delta_p = -1/2\,\varphi$	$\delta_p = -1/3\,\varphi$	$\delta_p = 0$	$\delta_p = 1/3\,\varphi$	$\delta_p = 1/2\,\varphi$	$\delta_p = 2/3\,\varphi$	$\delta_p = -\varphi$	$\delta_p = -2/3\,\varphi$	$\delta_p = -1/2\,\varphi$	$\delta_p = -1/3\,\varphi$	$\delta_p = 0$	$\delta_p = 1/3\,\varphi$	$\delta_p = 1/2\,\varphi$	$\delta_p = 2/3\,\varphi$	$\delta_p = -\varphi$	$\delta_p = -2/3\,\varphi$	$\delta_p = -1/2\,\varphi$	$\delta_p = -1/3\,\varphi$	$\delta_p = 0$	$\delta_p = 1/3\,\varphi$	$\delta_p = 1/2\,\varphi$	$\delta_p = 2/3\,\varphi$	φ [°]
10,0	2,994	2,761	2,658	2,560	2,384	2,228	2,158	2,091	3,383	3,214	3,061	2,871	2,384	1,860	1,608	1,363	3,122	2,918	2,800	2,671	2,384	2,004	1,817	1,632	---	---	---	---	---	---	---	---	**10,0**
15,0	3,864	3,345	3,129	2,936	2,606	2,338	2,222	2,116	3,945	3,714	3,505	3,248	2,607	1,921	1,607	1,312	3,816	3,493	3,300	3,087	2,607	1,991	1,709	1,442	3,675	3,245	3,056	2,880	2,567	---	---	---	**15,0**
17,5	4,473	3,721	3,420	3,159	2,728	2,391	2,250	2,123	4,282	4,011	3,766	3,466	2,728	1,951	1,604	1,286	4,228	3,833	3,593	3,328	2,728	1,986	1,660	1,358	4,178	3,569	3,310	3,077	2,671	---	---	---	**17,5**
20,0	5,261	4,171	3,759	3,410	2,856	2,442	2,274	2,126	4,668	4,348	4,058	3,706	2,856	1,980	1,600	1,260	4,695	4,217	3,922	3,595	2,856	1,982	1,617	1,286	4,811	3,950	3,602	3,295	2,779	---	---	---	**20,0**
22,5	6,308	4,722	4,158	3,695	2,993	2,493	2,296	2,125	5,114	4,732	4,388	3,975	2,993	2,008	1,593	1,233	5,225	4,650	4,291	3,891	2,993	1,982	1,580	1,225	5,630	4,406	3,939	3,539	2,891	---	---	---	**22,5**
25,0	7,748	5,408	4,634	4,024	3,139	2,542	2,313	2,120	5,634	5,174	4,764	4,275	3,139	2,035	1,584	1,205	5,829	5,143	4,707	4,222	3,139	1,986	1,551	1,176	6,727	4,963	4,333	3,814	3,008	---	---	---	**25,0**
27,5	9,809	6,275	5,207	4,404	3,296	2,589	2,327	2,110	6,245	5,689	5,195	4,614	3,296	2,061	1,571	1,173	6,520	5,705	5,179	4,593	3,296	1,996	1,532	1,139	8,259	5,655	4,802	4,127	3,129	---	---	---	**27,5**
30,0	12,928	7,403	5,913	4,849	3,464	2,632	2,337	2,096	6,974	6,292	5,694	4,999	3,464	2,084	1,554	1,138	7,313	6,348	5,716	5,010	3,464	2,012	1,521	1,114	10,521	6,540	5,368	4,487	3,255	---	---	---	**30,0**
32,5	18,003	8,912	6,797	5,376	3,646	2,674	2,343	2,077	7,852	7,008	6,278	5,441	3,646	2,105	1,531	1,097	8,226	7,090	6,329	5,481	3,646	2,036	1,520	1,101	14,111	7,697	6,065	4,907	3,388	---	---	---	**32,5**
35,0	27,166	11,004	7,928	6,009	3,842	2,713	2,342	2,053	8,926	7,869	6,968	5,952	3,842	2,123	1,502	1,049	9,281	7,946	7,033	6,015	3,842	2,067	1,529	1,099	20,433	9,278	6,943	5,404	3,528	---	---	---	**35,0**
37,5	46,566	14,043	9,415	6,782	4,056	2,748	2,338	2,025	10,260	8,919	7,793	6,549	4,056	2,138	1,466	0,993	10,504	8,942	7,845	6,624	4,056	2,108	1,549	1,107	33,482	11,535	7,389	6,001	3,676	---	---	---	**37,5**
40,0	100,85	18,733	11,436	7,743	4,289	2,780	2,329	1,991	11,948	10,217	8,793	7,254	4,289	2,151	1,420	0,925	11,925	10,105	8,788	7,322	4,289	2,159	1,578	1,125	69,036	14,960	9,603	6,733	3,833	---	---	---	**40,0**
42,5	387,50	26,601	14,299	8,963	4,545	2,807	2,313	1,952	14,129	11,852	10,024	8,098	4,545	2,160	1,365	0,846	13,583	11,470	9,886	8,125	4,545	2,221	1,619	1,154	---	---	---	---	---	---	---	---	**42,5**
45,0	- - -	41,504	18,578	10,556	4,828	2,828	2,291	1,908	17,011	13,954	11,567	9,122	4,828	2,168	1,301	0,753	15,521	13,083	11,175	9,055	4,828	2,295	1,672	1,192	---	---	---	---	---	---	---	---	**45,0**

Zeitfracht Medien GmbH
Ferdinand-Jühlke-Straße 7
99095 Erfurt, Deutschland
produktsicherheit@kolibri360.de